U0791403

普通高等教育“十二五”规划教材

超临界火电机组仿真运行

主　编　饶金华　赵玉莲　黄志明
副主编　李　庆
主　审　石　平　程文峰

中国水利水电出版社
www.waterpub.com.cn

内 容 提 要

本书主要以600MW超临界火电机组为例，紧密联系机组运行实际，以培养相关专业学生的火电机组运行操作能力为目的，结合仿真机操作界面，系统地叙述了仿真机组设备概况、电气系统运行、汽轮机辅助系统运行、锅炉辅助系统运行、机组冷态启动、机组运行调整、机组停运及事故处理等。同时，注重超临界机组系统组成、流程、功能和运行的阐述。

本书为高职高专院校热能动力工程专业、火电厂集控运行、电力系统自动化和发电厂及电力系统等专业火电机组仿真教材，也可作为电厂运行人员的仿真培训教材，并可供有关专业工程技术人员参考。

图书在版编目（CIP）数据

超临界火电机组仿真运行 / 饶金华，赵玉莲，黄志明主编. -- 北京：中国水利水电出版社，2014.1（2023.2重印）
普通高等教育"十二五"规划教材
ISBN 978-7-5170-1720-2

Ⅰ. ①超… Ⅱ. ①饶… ②赵… ③黄… Ⅲ. ①火电厂－发电机组－超临界机组－仿真运行－电力系统运行－高等职业教育－教材 Ⅳ. ①TM621.3

中国版本图书馆CIP数据核字（2014）第015638号

书　　名	普通高等教育"十二五"规划教材 **超临界火电机组仿真运行**
作　　者	主　编　饶金华　赵玉莲　黄志明
出版发行	中国水利水电出版社 （北京市海淀区玉渊潭南路1号D座　100038） 网址：www.waterpub.com.cn E-mail：sales@mwr.gov.cn 电话：（010）68545888（营销中心）
经　　售	北京科水图书销售有限公司 电话：（010）68545874、63202643 全国各地新华书店和相关出版物销售网点
排　　版	北京零视点图文设计有限公司
印　　刷	北京印匠彩色印刷有限公司
规　　格	184mm×260mm　16开本　12印张　292千字
版　　次	2014年1月第1版　2023年2月第2次印刷
印　　数	3001—4500册
定　　价	**45.00**元

前　言

本书注重理论与实践相结合，以解决火电机组生产运行过程中的实际问题为基础，以培养职业技能为核心，结合省级示范高职院校重点建设专业的教育教学改革与实践经验，按照项目驱动教学方法，形成了火电机组集控运行仿真操作的学习体系。在编写过程中，本书既注意内容的科学性、系统性和实用性，又考虑到高职学生的基础现状，尽量贴近超临界火电机组的实际运行。

本书由江西电力职业技术学院饶金华、赵玉莲、黄志明任主编，李庆任副主编。参编人员有黄建荣、朱小军、廖庆庆、平莉。全书由赵玉莲、李庆负责统稿工作。本书共包括七个项目，其中，平莉编写绪论，朱小军编写项目一，赵玉莲、李庆编写项目二，黄建荣编写项目三，黄建荣、黄志明、廖庆庆编写项目四，廖庆庆编写项目五，黄志明编写项目六，黄志明、平莉、朱小军编写项目七。

本书由江西电力职业技术学院石平、中国电力投资集团公司江西分公司程文峰担任主审。审稿专家在审稿过程中提出了许多具有建设性的意见和建议，使编者受益匪浅。同时，本书在编写过程中，参考了有关兄弟院校和北京同方电子科技有限公司的诸多文献和资料，在此一并表示由衷的感谢。

由于编者水平所限，书中不足和疏漏之处在所难免，恳请读者批评指正。

编者

2013 年 11 月

目　　录

绪　论

随着我国经济实力的不断增强，电力工业也在飞速发展。近10年来，大容量、高参数、高效率的超临界火电机组在我国已成为主力机组。要确保超临界机组安全、稳定、经济运行，仿真培训显得十分重要。

为了更好地结合超临界机组运行实际，本书选取一典型600MW超临界火电机组为仿真对象，并以此为基础，全面讲述机组的仿真运行操作。本章介绍了仿真机组的各设备系统的组成、流程和功能，在此基础上，讲述七个项目的运行知识与操作技能仿真。

一、锅炉设备概述

600MW超临界机组锅炉为东方锅炉厂引进技术制造的国产超临界参数、变压、直流、本生型锅炉，锅炉型号DG1900/25.4－Ⅱ1型，单炉膛，一次中间再热，尾部双烟道，固态排渣，全钢构架，全悬吊结构，平衡通风，露天布置，采用内置式启动分离系统。

设计用煤：锅炉设计燃用贫煤与烟煤的混煤，在BMCR工况下，燃用发热量$Q_{ar,net}$=22570kJ/kg的设计煤种时，燃料消耗量约为245t/h。

调温方式：过热汽温主要通过调节燃料和给水配比并配合一、二级减温水调整，再热汽温主要通过置于尾部烟道的调温烟气挡板调节。

锅炉运行方式：带基本负荷并参与调峰，30%～90%ECR（额定工况）负荷段滑压运行，其余负荷段定压运行。

制粉系统：采用双进双出钢球磨煤机冷一次风正压直吹式制粉系统，每台炉配置6台磨煤机，5台运行1台备用。

燃烧设备：采用HT－NR3旋流燃烧器，前后墙布置、对冲燃烧；每面墙3层，每层4只燃烧器，每只燃烧器都配备有一阀双枪控制的小出力点火油枪，前、后墙中层各燃烧器中心还配置有大出力的启动油枪；在三层燃烧器上方，前、后墙各布置了一层燃尽风口，以实现分阶段按需送风、组织合理的炉内气流结构、防止火焰贴墙、使燃烧完全的目的。

给水调节：机组配置2×50%BMCR汽动给水泵和1台30%BMCR容量的电动调速给水泵。

配用汽轮机旁路系统：采用30%BMCR容量高、低压串联旁路。

锅炉设计最低不投油稳燃负荷：不大于45%BMCR负荷。

1. 锅炉设备规范

锅炉设备规范见表0-1。

表 0-1 锅炉设备规范

项目 \ 负荷	单位	BMCR	BRL	THA	高加切除	75% THA	50% THA	30% THA
过热蒸汽出口流量	t/h	1913	1810.6	1664.1	1461.5	1226	807.8	520.0
过热器蒸汽出口压力	MPa	25.4	25.3	25.0	24.8	24.4	16.4	11
过热器蒸汽出口温度	℃	571	571	571	571	571	571	571
再热蒸汽流量	t/h	1582.1	1493.5	1388.2	1433.5	1040.1	700.4	457.8
再热蒸汽进口压力	MPa	4.336	4.087	3.802	4.002	2.852	1.9	1.184
再热蒸汽出口压力	MPa	4.146	3.907	3.632	3.852	2.701	1.8	1.104
再热器蒸汽进口温度	℃	311	305	299	309	280	288	293
再热器蒸汽出口温度	℃	569	569	569	568	569	569	531
给水温度	℃	281	277	272	186	254	232	210
过热器一级喷水量	t/h	76.5	72.4	66.6	58.5	49.0	32.3	31.2
过热器二级喷水量	t/h	76.5	72.4	66.6	58.5	61.4	40.4	26.0
再热器喷水量	t/h	0	0	0	0	0	0	0
空气预热器进口一次风温	℃	30	28	26	30	30	35	40
空气预热器进口二次风温	℃	22	21	19	30	30	35	40
空气预热器出口一次风温	℃	325	321	313	294	297	285	269
空气预热器出口二次风温	℃	339	334	326	307	307	292	273
空气预热器出口烟气温度（未修正）	℃	127	123	117	118	112	105	101
空气预热器出口烟气温度（修正）	℃	122	118	111	113	107	101	96
实际燃料消耗量	t/h	245.21	234.21	218.23	222.31	167.23	116.07	76.24
炉膛截面热负荷	MW/m^3	5.03	4.81	4.48	4.56	3.43	2.38	1.56
炉膛容积热负荷	kW/m^2	84.43	80.6	75.1	76.5	57.6	40	26.2
燃烧器区域面积热负荷	MW/m^2	1.68	1.60	1.49	1.52	1.14	0.79	0.52
锅炉计算热效率（按低位发热量）	%	92.99	93.13	93.41	92.98	93.04	92.85	92.66
炉膛出口过剩空气系数		1.14	1.14	1.14	1.14	1.21	1.34	1.45
省煤器出口过剩空气系数		1.15	1.15	1.15	1.15	1.22	1.35	1.46

注 BMCR—锅炉最大连续蒸发量工况；BRL—锅炉额定工况；THA—热耗率验收工况。

2. 燃煤成分及特性

燃煤成分及特性见表 0-2。

表 0-2 燃煤成分及特性

项目		符号	单位	设计煤种	校核煤种(1)	校核煤种(2)
元素分析	收到基碳	C_{ar}	%	60.06	52.3	66.52
	收到基氢	H_{ar}	%	2.52	3.2	2.16
	收到基氧	O_{ar}	%	3.49	5.3	2.29
	收到基氮	N_{ar}	%	1.11	1.4	0.95
	收到基全硫	$S_{t,ar}$	%	0.98	0.5	1.43
工业分析	收到基灰分	A_{ar}	%	23.54	29.2	18.07
	收到基水分	M_{ar}	%	8.23	8	8.56
	空气干燥基水分	M_{ad}	%	1.38		1.38
	干燥无灰基固定碳	C_{daf}	%	85.03	79	89.15
	干燥无灰基挥发分	V_{daf}	%	14.93	21	10.85
收到基低位发热量		$Q_{ar,net}$	kcal/kg	5391	4850	5876
			kJ/kg	22570	20300	24605
可磨系数		H_{GI}		70	70	58
		K_{VTI}				
收到基原煤堆积比重		$\rho_{c,b}$	t/m^3			
灰熔点	变形温度	D_T	℃	1450	1450	1230
	软化温度	S_T	℃			1380
	熔化温度	F_T	℃			＞1450
灰成分	二氧化硅	SiO_2	%	50.69	57.00	44.55
	三氧化二铝	Al_2O_3	%	32.49	29.50	35.41
	三氧化二铁	Fe_2O_3	%	4.69	4.75	4.64
	氧化钙	CaO	%	4.23	2.15	6.1
	氧化镁	MgO	%	1.41	0.85	1.96
	氧化钾	K_2O	%	1.16	1.2	1.12
	氧化钠	Na_2O	%	0.71	1.0	0.44

续表

项　目		符　号	单　位	设计煤种	校核煤种(1)	校核煤种(2)
灰成分	三氧化硫	SO_3	%	2.23	1.4	3.05
	二氧化钛	TiO_2	%	0.57	0.95	0.21
灰比电阻	20℃，500V	R_{20}	Ω·cm			
	80℃，500V	R_{80}	Ω·cm		2.12×109	2.96×1012
	100℃，500V	R_{100}	Ω·cm		4.0×109	8.69×1012
	120℃，500V	R_{120}	Ω·cm		2.9×1010	5.6×1012
	150℃，500V	R_{150}	Ω·cm		6.5×1011	7.65×1012
	180℃，500V	R_{180}	Ω·cm		4.2×1011	7.11×1011
燃料消耗	总燃料消耗量	B	t/h	245.2	272.8	225.4
	计算燃料消耗量	B	t/h	240.9	268.01	220.9

3. 炉受热面有关技术规范

炉受热面有关技术规范见表 0-3。

表 0-3　炉受热面有关技术规范

设备名称	项　目	单　位	设计数据
启动分离器	型式		旋风分离
	规格	mm	ϕ 876×98
	材质		SA—336F12
	水容积	m^3	28（分离器、储水罐合计）
储水罐	规格	mm×mm	ϕ 972×111
	材质		SA—336F12
	水容积	m^3	28（分离器、储水罐合计）
	直段高度	mm	17500
	总长	mm	18950
	材质		SA—106B
炉膛下部水冷壁	型式		螺旋盘绕膜式管圈,内螺纹管
	数量	根	456
	外径×壁厚	mm×mm	ϕ 38.1×7.5
	材质		SA—213T2
炉膛上部水冷壁	型式		膜式
	数量	根	759

续表

设备名称	项　目	单　位	设计数据
炉膛上部水冷壁	外径×壁厚	mm×mm	ϕ 31.8×9
	水容积	m^3	51（全部水冷壁）
	材质		15CrMoG
凝渣管	数量	根	42
	外径×壁厚	mm×mm	ϕ 70×22
	材质		15CrMoG
省煤器	水容积	m^3	98
	管数量	排	168
	管径	mm	ϕ 50.8×7.1
	材质		SA—210C
水平低温过热器	型式		顺列布置
	管数量	排	168
	管径	mm	ϕ 45×7
	材质		12Cr1MoVG
	材质		15CrMoG　　20G
屏式过热器	型式		半辐射式
	管径	mm	ϕ 50.8×8.4，ϕ 45×7.4
	数量	片	26
	材质		SA—213TP347H
高温过热器	型式		对流式
	管径	mm	ϕ 50.8×8.9，ϕ 45×7.8
	数量	片×根	31×20
	材质		SA—213T91，SA—213T23
	水容积	m^3	144（全部过热器）
低温再热器	型式		对流式
	管径	mm	ϕ 57×4.5，ϕ 50.8×4.5
	数量	排	168
	材质		SA□210C，15CrMoG
高温再热器	型式		对流式
	管径	mm	ϕ 50.8×4.5
	数量	片×根	84×10
	材质		SA□213T91，SA□213T23
	水容积	m^3	352（全部再热器系统）

4. 燃烧设备

燃烧设备见表 0-4。

表 0-4 燃烧设备

设备名称	项 目	单 位	设计数据
炉膛	宽度	mm	19419.2
	深度	mm	15456.8
	高度	mm	67000
	上排火咀中心至屏底高度	mm	27100
	炉膛截面热负荷	MW/m^2	5.03（BMCR）
	炉膛容积热负荷	kW/m^3	84.43（BMCR）
启动油枪	型式		伸缩式、蒸汽雾化
	数量	层×只	2×4
	布置方式		前后墙布置
	单只枪出力	kg/h	约 4700
	工作油压	MPa	2.06
	油品		0 号轻柴油
	油枪雾化方式		蒸汽雾化
	雾化蒸汽压力	MPa	1.04～1.33
	雾化蒸汽温度	℃	220～250
点火油抢	型式		伸缩式、机械雾化
	数量	层×只	6×4
	布置方式		前、后墙布置
	单只枪出力	kg/h	≤250
	工作油压	MPa	1.08
	油品		0 号轻柴油
	油枪雾化方式		机械雾化
	吹扫空气压力	MPa	0.35
煤燃烧器	型式		HT—NR3 旋流燃烧器
	数量	层×只	6×4
	布置方式		前、后墙布置
	实际煤耗量	kg/s	68.1

二、汽轮机设备概述

600MW 汽轮机为上海汽轮机厂生产的超临界、单轴、三缸四排汽、一次中间再热、凝汽式汽轮机，型号为 N600-24.2/566/566。汽轮机为具有冲动式调节级和反动式压力级的混合型式，共 48 级叶轮，其中高压缸 1+11 级，中压缸 8 级，低压缸 2×2×7 级，具有 8 段不调整抽汽。主蒸汽通过汽轮机两侧的高压主汽阀—调节阀组件进入汽轮机，其中高压进汽管两根接在上缸，两根接在下缸，分别经进汽套管连接到高压缸上。

1. 高压调节阀布置图

高压调节阀布置图如图 0-1 所示。

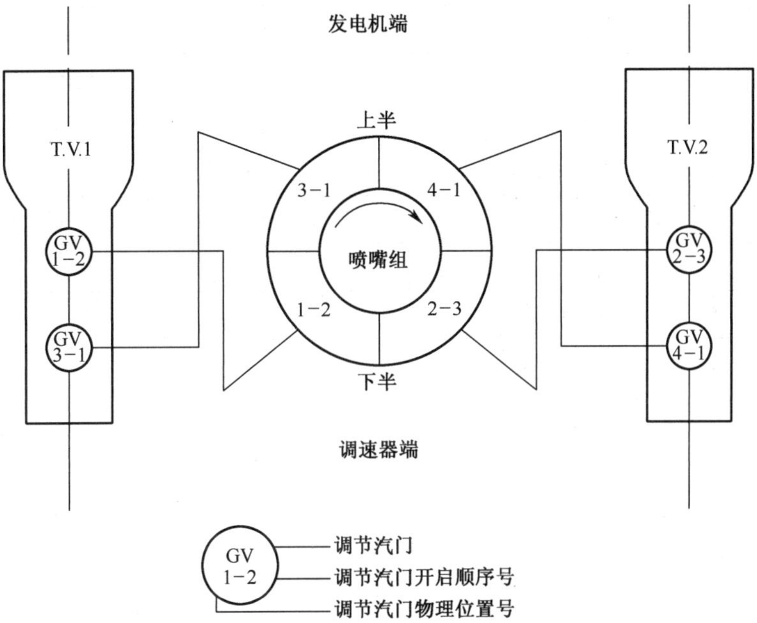

图 0-1 调节气阀—主蒸汽管—喷嘴组布置图
（从调速器端向发电机看）

2. 汽轮发电机组临界转速

汽轮发电机组临界转速见表 0-5。

表 0-5 汽轮发电机组临界转速

轴段名称	一阶临界转速（r/min）		二阶临界转速（r/min）	
	设计值（轴系）	设计值（轴段）	设计值（轴系）	设计值（轴段）
高中压转子	1640	1610	>4000	>4000
低压转子 I	1680	1600	>4000	>4000
低压转子 II	1690	1600	>4000	>4000
发电机转子	820	763	2300	2200

3. 汽轮机主要设计参数

汽轮机主要设计参数见表 0-6。

表 0-6 汽轮机主要设计参数

项 目	单 位	设 计 数 据							
		THA 工况	TRL 工况	TMCR 工况	VWO 工况	高加切除	75% THA	50% THA	30% THA
功率	MW	600.3	600.2	647.3	679.3	600.2	450.2	300.1	180.1
主蒸汽流量	t/h	1664.0	1810.5	1810.5	1913	1461.5	1229.7	809.9	500.9
主汽阀前蒸汽压力	MPa	24.2	24.2	24.2	24.2	24.2	24.2	24.2	24.2
主汽阀前蒸汽温度	℃	566	566	566	566	566	566	566	566
再热蒸汽流量	t/h	1388.1	1493.4	1502.5	1582.0	1433.4	1042.8	699.7	439.9
再热蒸汽压力	MPa	3.583	3.845	3.873	4.074	3.767	2.715	1.835	1.164
再热蒸汽温度	℃	566	566	566	566	566	566	566	566
排汽压力	kPa	5.4	11.8	5.4	5.4	5.4	5.4	5.4	5.4
给水温度	℃	273.7	278.8	279.1	282.6	187.3	255.7	232.3	208.1
设计循环水温度	℃	20							
最高循环水温度	℃	33							
大轴绝对振动	mm	≤0.076							
热耗	kJ/(kW·h)	7556	8102	7513	7491	7791	7780	8088	8699
汽耗	kg/(kW·h)	2.77	3.016	2.797	2.816	2.43	2.73	2.7	2.78

注 TRL—铭牌工况；TMCR—最大保证工况；VWO—调节阀全开工况。

4. 汽轮机各级抽汽参数

汽轮机各级抽汽参数见表 0-7。

表 0-7 汽轮机各级抽汽参数

抽汽级数	抽汽压力（MPa）				抽汽温度（℃）				抽汽量（t/h）			
	THA	TRL	TMCR	VWO	THA	TRL	TMCR	VWO	THA	TRL	TMCR	VWO
一	5.859	6.336	6.363	6.715	349.8	358.2	358.7	364.6	101	119	115	125
二	3.982	4.272	4.303	4.526	300.6	307.3	308.1	313	147	169	163	175
三	1.801	1.919	1.944	2.042	455.8	454.7	455.5	455.3	57	66	63	68
四	0.935	0.982	1.007	1.056	360.7	357.8	360	359.6	78	88	86	91
五	0.385	0.402	0.413	0.433	251	247.9	250.2	249.7	81	91	89	95
六	0.117	0.123	0.126	0.132	125.6	122.9	125.1	124.8	40	46	45	47
七	0.057	0.06	0.061	0.064	84.86	85.96	86.69	87.89	60	63	66	70
八	0.016	0.018	0.016	0.017	54.87	57.8	56.3	57.24	30	38	36	40

三、发电机设备概述

1. 发电机冷却系统

600MW 发电机为上海电机厂生产的 QFSN-600-2 水—氢—氢汽轮发电机。定子线圈采用水内冷，定子铁芯及定子端部采用氢外冷，转子采用氢内冷。

2. 发电机的结构

发电机定子铁芯采用高导磁、低损耗的无取向冷轧硅钢板冲制并绝缘叠装而成，紧固成整体。发电机定子共设 42 槽，每槽设上、下两层线棒，线圈由空实心铜线由 1:2 的比例交叉组成线棒。为保证氢气的冷却和防止氢气外漏，在两端各设有两组氢气冷却器和一个双流双环式密封瓦。

3. 发电机励磁系统

600MW 发电机励磁系统采用静态自并励方式：发电机出口励磁变（3×2300kVA，$\frac{20}{\sqrt{3}}$/0.88kV）经励磁功率柜整流调节后由磁场开关通过发电机集流器送入发电机转子；励磁调节器（ABB UN5000）为双自动通道（内含自动/手动）加双手动通道。励磁功率柜按 n-1 方式配置，共设 5 柜。

4. 发电机规范

发电机规范见表 0-8。

表 0-8　发电机规范

项　目	单位	设 计 数 据
型式		三相交流隐极式同步发电机
型号		QFSN-600-2
冷却方式		水—氢—氢
额定容量	MVA	667
功率(最大连续/额定)	MW	680/600
额定功率因数		0.9（滞后）
额定定子电压	kV	20
定子电流(最大功率/额定)	A	19245
额定励磁电压（计算值）	V	407
额定励磁电流（计算值）	A	4145
空载励磁电压	V	139
空载励磁电流	A	1480
额定效率（计算值）	%	98.85
额定频率	Hz	50
额定转速	r/min	3000

续表

项　目	单位	设 计 数 据
定子绕组连接方式		YY
绝缘等级		F 级
定子槽数		42
转子槽数		32
短路比		0.54
发电机负序承载能力	%	I_2（最大稳态值）：10
	s	$I_2^2 \cdot t$（最大暂态值）：10
定子绕组每相对地电容 C_{ph}	μF	0.213
转子绕组电感 L	H	0.701
发电机飞轮力矩	$kg \cdot m^2$	38000
发电机临界转速（一阶/二阶）	r/min	760/2120
定子绕组每相直流电阻（75 ℃）	Ω	1.51×10^{-3}
转子绕组直流电阻（75℃）	Ω	0.0936
直轴同步电抗 X_d	%	215.5
直轴瞬变电抗 X_d'（非饱和值/饱和值）	%	30.1/26.5
直轴超瞬变电抗 X_d''（非饱和值/饱和值）	%	22.3/20.5
交轴同步电抗 X_q	%	210
交轴瞬变电抗 X_q'（非饱和值/饱和值）	%	44.8/26.5
交轴超瞬变电抗 X_q''（非饱和值/饱和值）	%	21.8/20.1
零序电抗 X_0（非饱和值/饱和值）	%	10.1/9.59
负序电抗 X_2（非饱和值/饱和值）	%	22.1/20.3
定子绕组出水温度	℃	85
定子绕组层间温度	℃	90
定子铁芯温度	℃	120
定子端部结构件温度	℃	120
发电机总重量	kg	490×10^3
制造厂家		上海汽轮发电机有限责任公司

四、机组控制系统

1. 模拟量控制系统（MCS）

模拟量控制系统（Modulation Control System，MCS）是将汽轮发电机组的锅炉——汽机当作一个整体进行控制的系统。炉侧 MCS 指锅炉主控制系统、锅炉燃料量控制系统、送风控制系统、引风控制系统、启动分离器储水箱水位控制系统及蒸汽温度控制等系统；机侧 MCS 指除氧器压力与水位调节系统、凝汽器水位调节系统、闭式水箱水位调节系统、高加与低加水位调节系统及辅汽压力调节系统等。MCS 担负着生产过程中水、汽、煤、油、风、烟诸系统的主要过程变量的闭环自动调节及整个单元汽轮发电机组的负荷控制任务。

2. 顺序控制（SCS）

顺序控制系统（Sequence Control System，SCS）是将机组的部分操作按热力系统或辅助机械设备划分成若干个局部控制系统，按照事先规定的顺序进行操作，以达到顺序控制的目的。炉侧顺序控制的范围包括送风机、引风机、一次风机、空气预热器、炉膛吹灰系统等。机侧顺序控制的范围包括汽机润滑油系统、凝泵、高加、除氧器、低加、真空泵、轴封系统、循环水系统、闭式水系统、汽泵、电泵、内冷水系统、密封油系统、胶球清洗系统等。

3. 锅炉炉膛安全监控（FSSS）

炉膛安全监控系统（Furnace Safeguard Supervisory System，FSSS）能在锅炉正常工作和启停等各种运行方式下，连续地密切监视燃烧系统的大量参数和状态，不断地进行逻辑判断和运算，必要时发出动作指令，通过各种顺序控制和联锁装置，使燃烧系统中的有关设备（如磨煤机、给煤机、油枪、火检冷却风机等）严格按照一定的逻辑顺序进行操作或处理未遂事故，以保证锅炉的安全。同时炉膛安全监控系统还具有燃烧管理功能，它通过对锅炉的各层燃烧器进行投切控制，满足机组启停和增减负荷的需要，对锅炉的运行参数和状态进行连续监视，并自动地完成各种操作和保护动作，如紧急切断燃料供应和紧急停炉，以防止事故扩大。

4. 电气控制（ECS）

电气 ECS 系统（Electrical Control System，ECS）的主要作用是发电机的启、停控制及逻辑，厂用电系统各开关的控制及逻辑，电气系统的各参数与设备状态的监视，继电保护动作情况、故障报警及事件顺序记录。

5. 汽轮机 DEH 系统

汽轮机 DEH 系统（Digital Electrical Hydraulic，DEH）的主要作用是调节汽轮机的转速，可完成挂闸、自动判断热状态、选择启动方式、升速、3000r/min 定速、发电机假同期试验、并网带负荷、升负荷、阀切换、单阀/顺序阀切换、调节级压力反馈、负荷反馈、一次调频、CCS 控制、ATR 热应力控制、高负荷限制、低负荷限制、阀位限制、主蒸汽压力限制、快卸负荷、超速限制 OPC、负荷不平衡、超速保护 OSP、喷油试验、超速试验、阀门活动试验、阀门在线整定、电磁阀试验、控制方式切换等功能。

6. 旁路控制系统（BCS）

旁路控制系统（Bypass Control System，BCS），旁路系统是一个独立的系统，旁路控制能够完成旁路操作的确切要求，并能完成安全功能或快开/快关功能，其基本组成部分为高旁控制器和低旁控制器，主要实现高低旁的压力控制和温度控制。

7. 汽泵组 MEH 系统

汽泵组 MEH（Micro Electrical Hydraulic，MEH）系统，其主要作用是调节汽泵组的转速，可完成挂闸、升速、定速、CCS 控制、超速保护等功能。

五、机组主要保护

1. 汽轮机 ETS 保护

汽轮机 ETS（Emergency Trip System，紧急跳闸系统）保护见表 0-9。

表 0-9 汽轮机 ETS 保护

项 目	单 位	停机值	备 注
DEH 电超速 110%	r/min	3300	四只 AST 电磁阀全动
TSI 电超速 110%	r/min	3300	四只 AST 电磁阀全动
DEH 失电			四只 AST 电磁阀全动
轴向位移大	mm	±1	四只 AST 电磁阀全动
X 方向轴振大	mm	0.254	四只 AST 电磁阀全动
Y 方向复合振动大	mm	0.254	四只 AST 电磁阀全动
发变组保护动作			四只 AST 电磁阀全动
高压胀差大	mm	–4.56，+10.28	四只 AST 电磁阀全动
低压胀差大	mm	–1.02，+16	四只 AST 电磁阀全动
锅炉 MFT 联跳汽轮机			四只 AST 电磁阀全动
手动打闸汽轮机			四只 AST 电磁阀全动
润滑油压低	MPa	0.06	四只 AST 电磁阀全动
EH 油压低	MPa	9.3	四只 AST 电磁阀全动
凝汽器真空低	kPa	20.3	四只 AST 电磁阀全动

注 TST 是汽轮机安全监视系统。

2. 汽轮机主要联锁保护

汽轮机主要联锁保护见表 0-10。

表 0-10 汽轮机主要联锁保护

项 目		单 位	整定值	联 动 内 容
润滑油压	低 I 值	MPa	0.075	启动交流润滑油泵
	低 II 值	MPa	0.07	启动直流润滑油泵
	低III值	MPa	0.031	主机盘车跳闸
抗燃油压	低 I 值	MPa	11.03	联起备用泵
	低 II 值	MPa	9.3	停机

3. 锅炉 MFT 保护

锅炉 MFT（Main Fuel Trip，燃料跳闸）保护见表 0-11。

表 0-11　锅炉 MFT 保护

	项　目	判　据
炉 MFT 动作条件	1. 手动 MFT	
	2. 主蒸汽压力高	≥28.3MPa，三取二逻辑，延时 20s
	3. 炉膛压力高Ⅱ值	≥+3000Pa，三取二逻辑
	4. 炉膛压力低Ⅱ值	不大于−3000Pa，三取二逻辑
	5. 炉膛风量低Ⅱ值	负荷>30%且总风量不大于 25%，三取二逻辑
	6. 主给水流量低Ⅰ值	给水流量不大于 281t/h，延时 20s，三取二逻辑
	7. 主给水流量低Ⅱ值	给水流量不大于 241t/h，延时 3s，三取二逻辑
	8. 两台空气预热器全停	无运行信号
	9. 两台引风机跳闸	
	10. 两台送风机跳闸	
	11. 无油燃烧时两台一次风机跳闸	无油层运行证实，且任一给煤机运行 35s 后一次风机全停
	12. 丧失火检冷却风	风压低至 5kPa 延时 5min，三取二逻辑
	13. 全部给水泵跳闸	
	14. 锅炉负荷大于 30%ECR 时，汽机跳闸	
	15. 全炉膛灭火	任意给煤机曾运行 35s，现无任一煤层有 3/4 煤火检且无任一油层 3/4 油角投运
	16. 失去所有燃料	任意层油燃烧器曾投运，先所有油角阀全关或油跳闸阀全关； 或 OFT/SUOFT 动作，且（所有给煤机停运达 10min 或一次风机全停）； 或首支油枪投运 3 次失败（3 次打开油角阀都 10s 内无火）
	17. 再热器失去保护	纯油燃烧且锅炉负荷不小于 30%时，出现再热器断流； 或有任一煤层运行时，出现再热器断流。 再热器断流释义： 高压主汽门全关且高旁阀关闭； 或高压调门全关且高旁阀关闭； 或中压主汽门全关且低旁阀关闭
	18. 再吹扫请求	吹扫完成 60min 内无任一油角阀开
	19. FSSS 电源丧失	
MFT 动作结果	1. 汽轮机跳闸	
	2. 所有给水泵跳闸	
	3.锅炉、汽机主控切手动	
	4. 关闭所有油枪角阀、油跳闸阀、回油电动门	
	5. 退所有油枪和点火枪，点火器停止打火	

续表

	判　据
MFT动作结果	6. 跳所有一次风机、密封风机、磨煤机和给煤机
	7. 关闭所有粉管关断门及粉管吹扫电动门，开启所有燃烧器三次风门
	8. 脱硫系统相关设备停运
	9. 关闭过热器和再热器减温水
	10. 电除尘器全停
	11. 吹灰器全停
	12. 如系炉膛压力异常造成的MFT，跳引、送风机

4. 发变组保护

发变组保护见表0-12。

表0-12　发变组保护

序号	功能描述	出　口
一、	保护A1、B1柜（双重保护）	
（一）	1. 发电机差动保护	发电机全停
	2. 发电机定子100%接地保护	延时发电机全停
	3. 静态励磁系统故障	程跳
	4. 发电机低频保护	延时程跳
	5. 发电机定子过电压保护	发电机全停
	6. 发电机失磁保护	延时 t_1 减出力、
		延时 t_2 程跳
	7. 发电机失步保护	延时发电机全停
	8. 发电机逆功率保护	延时发电机全停
	9. 发电机误上电保护	跳发电机主开关
	10. 发电机起停机保护	跳灭磁开关
	11. 发电机复合电压过流保护	延时发电机全停
	12. 发电机定子过负荷保护	延时 t_1 减出力
		延时 t_2 发电机全停
	13. 发电机负序过负荷保护	延时发电机全停
	14. 发电机程序跳闸逆功率保护	
	15. 发电机过激磁保护	延时 t_1 减励磁
		延时 t_2 发电机全停
（二）	励磁绕组过负荷保护	延时减励磁
		反时限全停

续表

序号	功能描述	出 口
（三）	1．发电机断口闪络保护	发电机全停
	2．发电机出口失灵保护启动	发变组全停Ⅱ
（四）	1．励磁变差动保护	发电机全停
	2．励磁变过流保护	程跳
	3．励磁变温度保护	程跳
	4．励磁系统故障	
（五）	发电机一点转子接地保护	程跳
二、	保护 *A*2、*B*2 柜（双重保护）	
（一）	1．主变差动保护	发变组全停Ⅰ
	2．主变零序保护	延时发变组全停Ⅰ
	3．主变通风及冷却系统故障保护	启动通风
	4．主变过激磁保护	反时限发变组全停Ⅰ
	5．主变复合电压过流保护	延时发变组全停Ⅰ
	6．20kV 侧接地保护	经发电机主开关分判据，延时发变组全停Ⅰ
（二）	1．厂用变差动保护	发变组全停Ⅰ
	2．厂用变复合电压过流保护	延时发变组全停Ⅰ
	3．厂用变 A 分支复合电压过流保护	延时 t_1 跳 A 分支
		延时 t_2 发变组全停Ⅰ
	4．厂用变 B 分支复合电压过流保护	延时 t_1 跳 B 分支，延时 t_2 发变组全停Ⅰ
	5．厂用变 A 分支复合电压电流限时速断保护	延时跳 A 分支
	6．厂用变 B 分支复合电压电流限时速断保护	延时跳 B 分支
	7．厂用变通风及冷却系统故障保护	启动通风
	8．厂用变 A、B 低压侧零序过流保护	延时 t_1 跳分支、延时
		t_2 发变组全停Ⅰ
（三）	A、B 侧分支复合电压保护	
（四）	1．公用变差动保护	发变组全停Ⅰ
	2．公用变复合电压过流保护	延时发变组全停Ⅰ
	3．公用变低压侧复合电压限时速断保护	延时跳低压侧
	4．公用变通风及冷却系统故障保护	启动通风
	5．公用变低压侧零序过流保护	跳低压侧
（五）	公用变低压侧复合电压保护	
三、	保护 C 柜（单重保护）	

续表

序号	功能描述	出　口
（一）	主变非电量保护装置及发电机断水保护，发电机热工保护	
	1．油位保护	发信
	2．油温保护	发信
	3．绕组温度保护	发信
	4．冷却器故障保护	程跳
	5．压力释放保护	延时发变组全停Ⅱ
	6．瓦斯保护	延时发变组全停Ⅱ
	7．发电机断水保护	程序跳闸
	8．热工保护	发电机全停
（二）	高厂变非电量保护装置	
	1．油位保护	发信
	2．油温保护	发信
	3．绕组温度保护	发信
	4．冷却器故障保护	发信
	5．压力释放保护	延时发变组全停Ⅱ
	6．瓦斯保护	延时发变组全停Ⅱ
（三）	公用变非电量保护装置	
	1．油位保护	发信
	2．油温保护	发信
	3．绕组温度保护	发信
	4．冷却器故障保护	发信
	5．压力释放保护	延时发变组全停Ⅱ
	6．瓦斯保护	延时发变组全停Ⅱ

注　1．发电机全停：跳发电机出口开关、灭磁开关，关主汽门。

2．发变组全停Ⅱ：发电机全停所有出口，跳内桥开关、跳主变高压侧开关、跳高厂变低压侧分支开关及切换分支电源、跳高公变低压侧开关。

3．发变组全停Ⅰ：发变组全停Ⅱ所有出口，启动500kV开关失灵保护。

4．程序跳闸：关主汽门，闭锁热工保护。

项目一　电气系统运行

发电厂电气系统是非常重要的部分，它关系着全厂的辅机设备能否启动。根据本书采用的仿真机的系统，送电次序为：

（1）110V、220V 直流系统（蓄电池组的操作）。

（2）直流 UPS 系统的送电。

（3）500kV 线路侧及主变、高厂变系统。

（4）厂用 6kV、380V 工作段和汽机、锅炉 MCC 段。

（5）汽机、锅炉保安段和直流系统工作电源的送电操作。

任务一　110V、220V 直流系统送电

一、直流系统概述

发电厂的直流系统主要用于对开关电器的远距离操作、信号设备、继电保护、自动装置及其他一些重要的直流负荷（如事故油泵、事故照明和不停电电源等）的供电。直流系统是发电厂厂用电中最重要的一部分，它应保证在任何事故情况下都能可靠和不间断地向其用电设备供电。在大型发电厂直流系统中，采用蓄电池组作为直流电源。蓄电池组是一种独立可靠的电源，它在发电厂内发生任何事故，甚至在全厂交流电源都停电的情况下，仍能保证直流系统中的用电设备可靠而连续地工作。

在冷态工况下，直流系统要先由已充电的蓄电池组进行供电，待厂用电系统已经受电后再转为由来自汽机锅炉工作段的电源对直流系统供电，蓄电池组转为浮充状态。

二、110V、220V 直流系统送电仿真运行

（1）进入就地的电气操作菜单，进入 110V 直流系统，首先由蓄电池组供电给直流母线如图 1-1 所示。

1）合上“110V 直流系统”图 1-1 中的 Q302、Q307 开关，由蓄电池对 110V 直流母线供电；之后直流母线变为红色，表示已送电，如图 1-2 所示。

2）依次合上 110V 直流系统中的馈线开关，如图 1-3 所示。

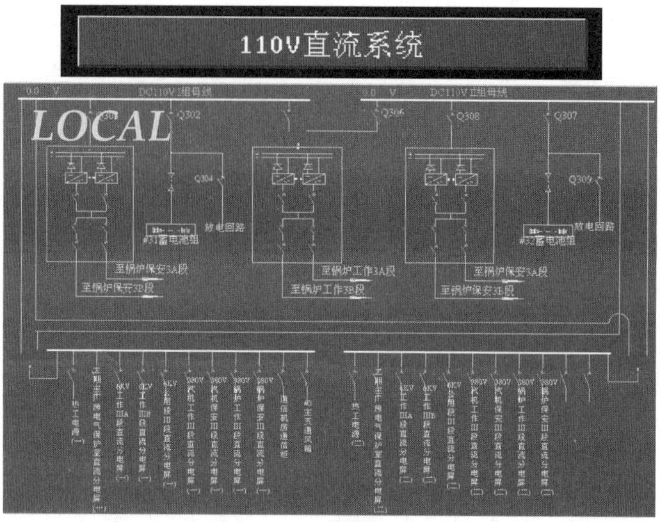

图 1-1 110V 直流系统

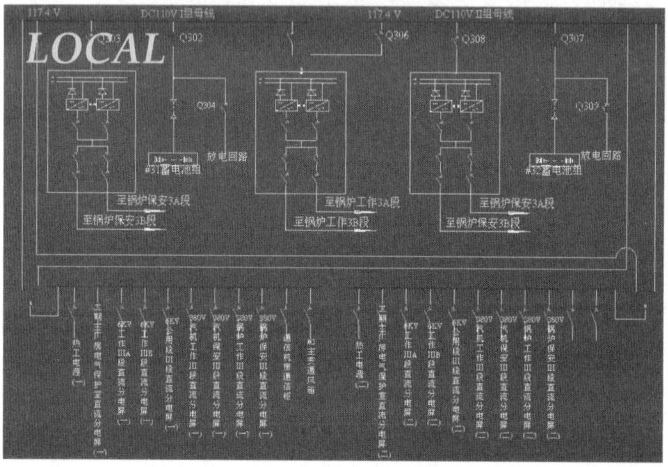

图 1-2 蓄电池给 110V 直流系统供电

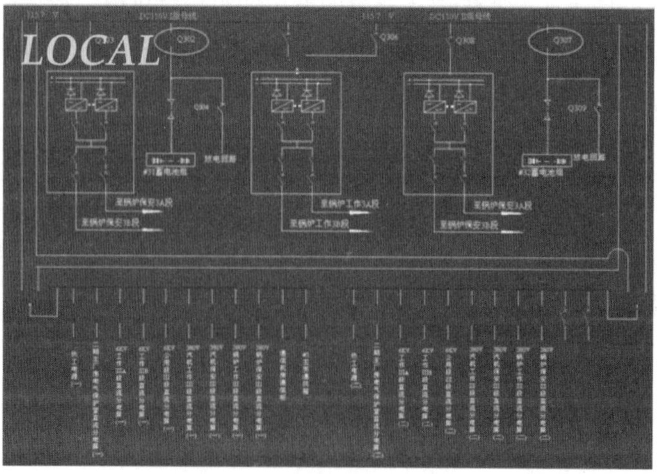

图 1-3 合上 110V 直流系统馈线开关

（2）进入“220V 直流系统”。

1）合上“220V 直流系统”图中的 Q32 开关，由蓄电池对 220V 直流母线供电，如图 1-4 所示。

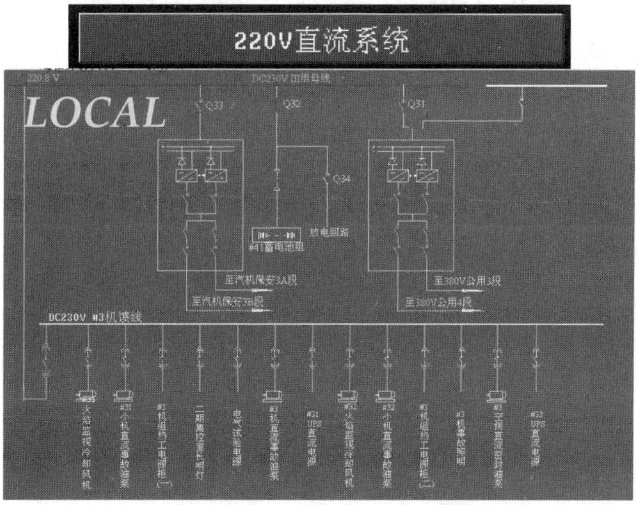

图 1-4　蓄电池给 220V 直流系统供电

2）依次合上 220V 直流系统中的馈线开关，如图 1-5 所示。

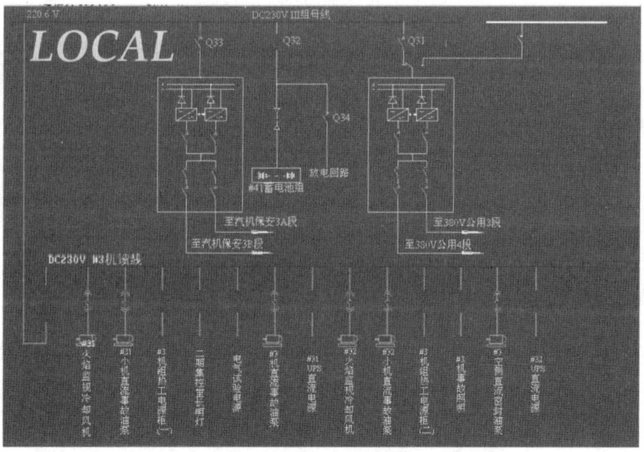

图 1-5　合 220V 直流系统馈线开关

任务二　直流 UPS 系统的送电

一、UPS 概述

UPS 是一种含有储能装置，以逆变器为主要元件，稳压、稳频输出的电源保护设备。其主要作用为：①应急使用，防止突然断电影响正常工作，甚至损坏系统；②消除市电的电涌、瞬间高电压、瞬间低电压、电线噪声和频率偏移等“电源污染”，为系统提供高质量稳定电源。

UPS 主要由整流器、蓄电池、逆变器和静态开关等组成。

1. 整流器

整流器可以将交流电转化为直流电，经滤波后供给负载或逆变器；同时，给蓄电池提供充电电压，起充电器作用。

2. 蓄电池

UPS 用来储存电能的装置，由若干电池串联而成，其容量大小决定了维持供电时间的长短。市电正常时，将电能转换成化学能储存于蓄电池；市电故障时，将化学能转换成电能提供给逆变器或负载。

3. 逆变器

逆变器由逆变桥、控制逻辑和滤波电路组成，将直流电转化为交流电。

4. 静态开关

静态开关是由两个可控硅反向并联组成的一种无触点开关，其闭合/断开由逻辑控制器控制，分转换型和并机型两种。前者多用于两路电源供电系统，能实现二者自动切换，后者多用于并联逆变器与市电或多台逆变器。

二、直流 UPS 系统的送电仿真

（1）在“UPS 直流系统”就地图中合上由 220V 直流系统过来的 312K、QS31、322K、QS32 四个开关，使直流 UPS 系统受电，如图 1-6 所示。

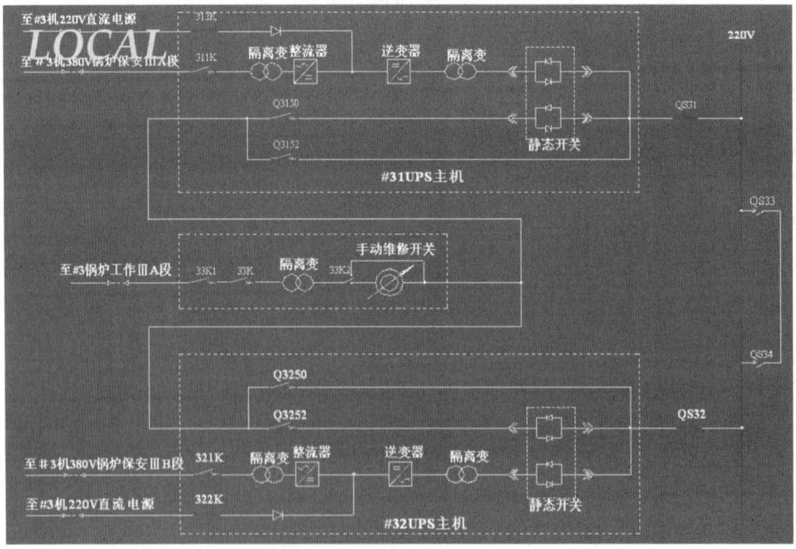

图 1-6 UPS 系统送电

（2）依次合上“#3 机 UPS 馈线一次系统”就地图上的各个出线开关，如图 1-7 所示。

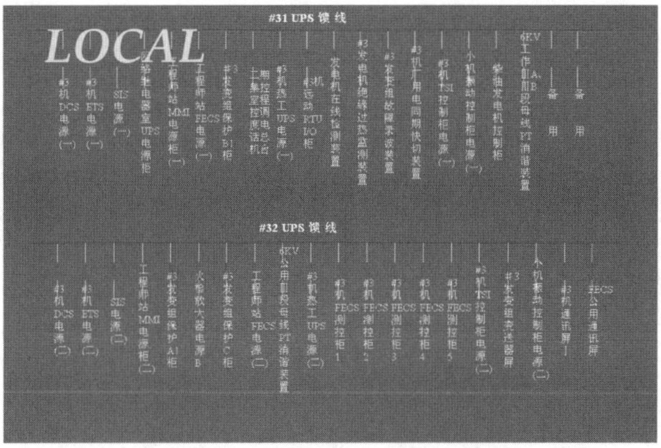

图 1-7　合 UPS 馈线开关

任务三　500kV 线路侧及主变、高厂变系统送电

一、厂用电系统概述

厂用电系统是指由机组高低压厂用变、启备变、停机检修变及其供电网络和厂用负荷组成的系统。供电范围包括主厂房内厂用负荷、输煤系统、脱硫系统、除灰系统、水处理系统、循环水系统等。

本仿真系统采用两种电压等级，即 6kV 和 400V。主厂房低压厂用变压器（如汽机变、锅炉变、除尘变、除灰变、检修变、照明变、厂区变等）分接在两段 6kV 母线上。大容量的辅机电动机（如循环水泵、凝结水泵、引风机、送风机等）由 6kV 供电，200kW 及以下容量的电动机由低压 400V 母线供电。

二、500kV 线路侧及主变、高厂变系统送电

1. 3 号主变送电

在就地图上依次合上 500kV I 线的线路刀闸、开关。当开关在就地图上进行操作时，开关面板上的“远方/就地”操作把手要打到“就地”位，如图 1-8 所示。

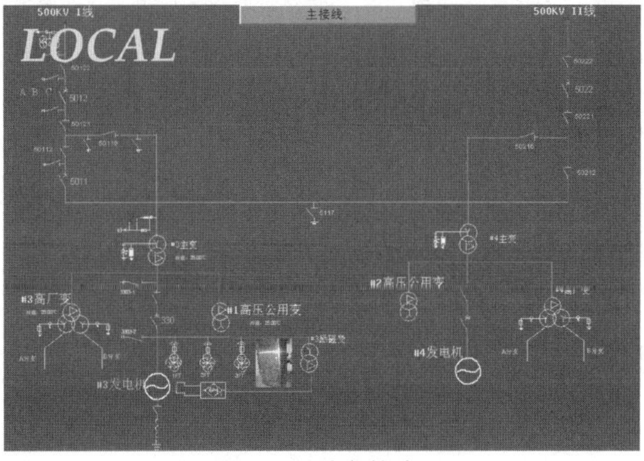

图 1-8　就地主接线图

在 3 号主变送电之前，要在“机组保护”中将主变、高厂变及公用变中的压板全部投入；将主变冷却器的 4 个风扇分别打到工作、工作、辅助、备用状态，如图 1-9 和图 1-10 所示。

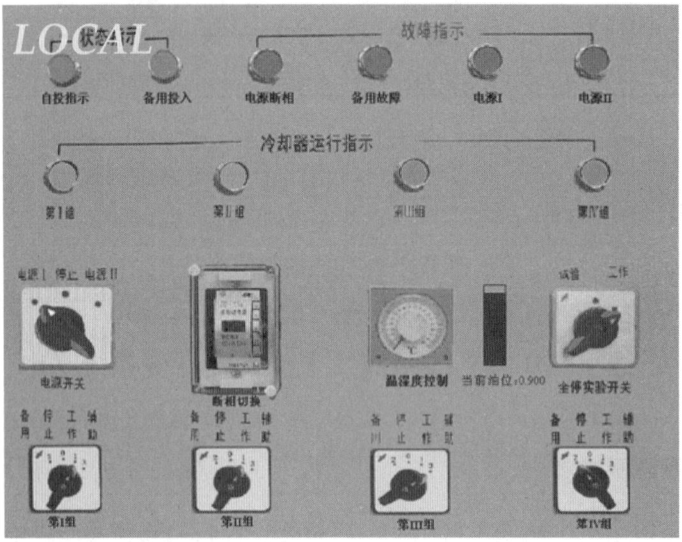

图 1-9 主变冷却器控制面板

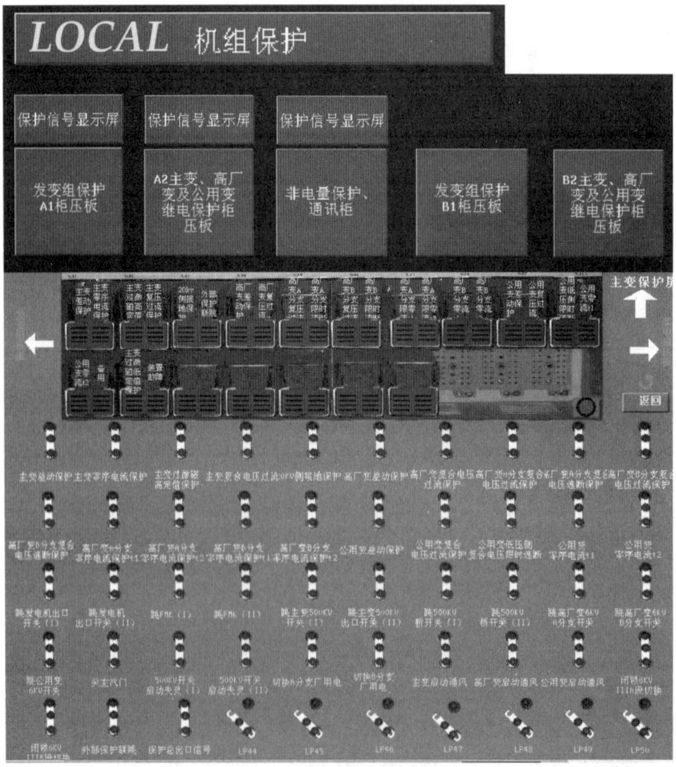

图 1-10 主变、高厂变及公用变继电保护柜压板

在就地图上依次将 50122、50121、50116、5012 合上（图 1-11）。

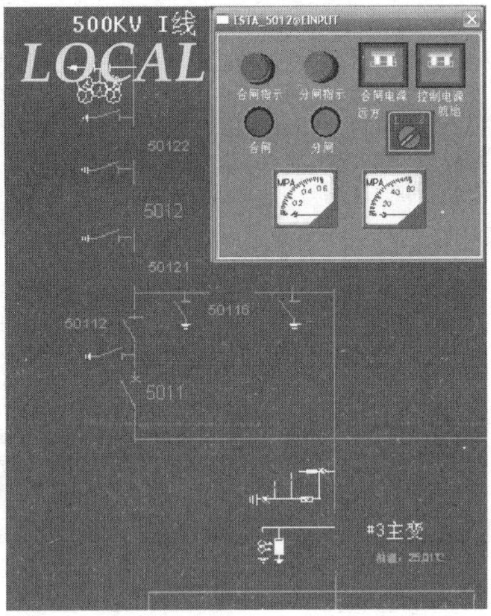

图 1-11　500kV I 线就地合闸

2. 4 号主变送电

4 号主变的送电过程做了简化处理，只需要将 500kV II 线刀闸、开关全部合上，然后合上 4 号高厂变低压侧开关和 4 号高公变低压侧开关即可，如图 1-12～图 1-14 所示。

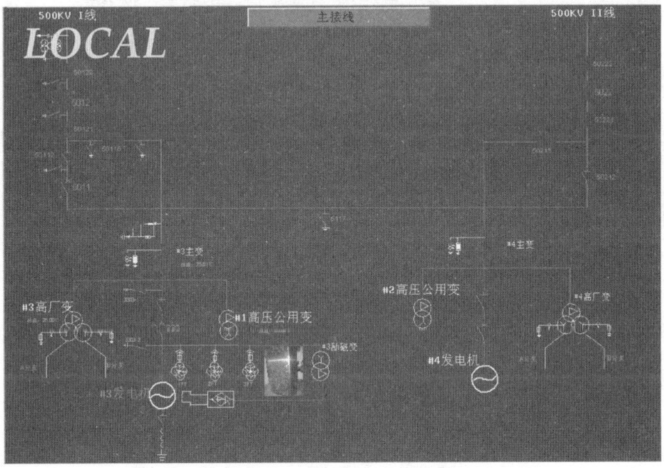

图 1-12　给 4 号主变送电

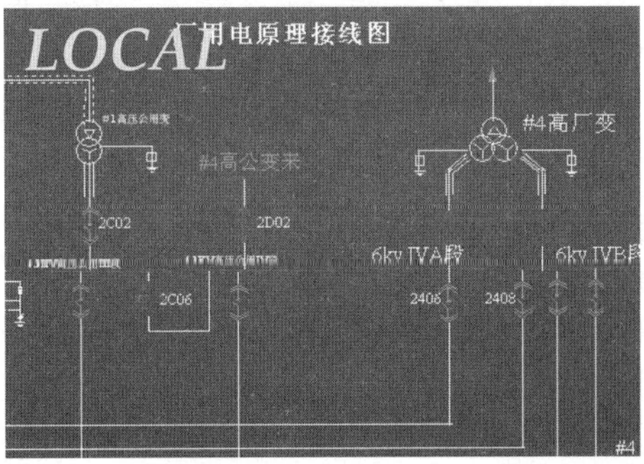

图 1-13　合上 4 号高厂变低压侧开关和 4 号高公变低压侧开关

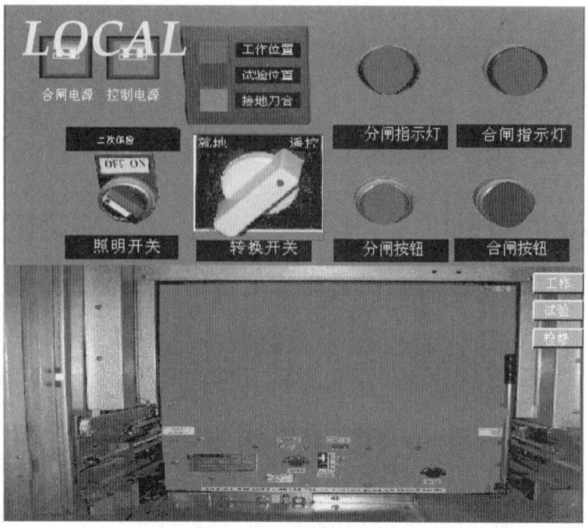

图 1-14 就地操作面板

3. 6kV 系统送电

首先将所有厂用母线的 TV 一、二次保险要在就地画面上打到“投入”位置（图 1-15）。

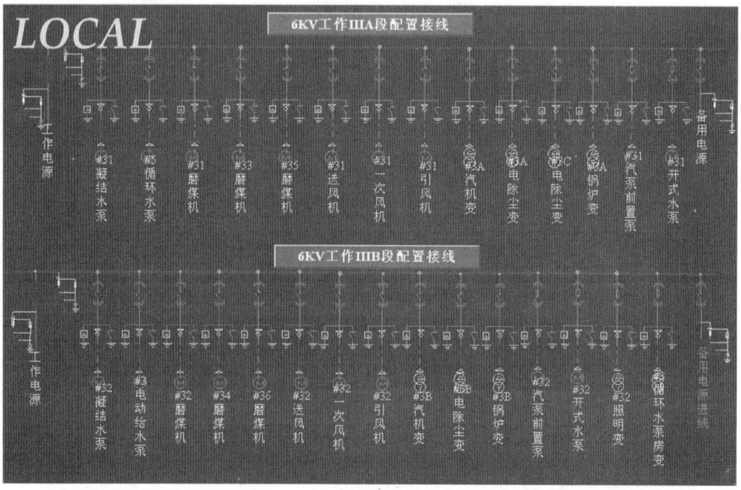

图 1-15 去就地操作 TA

注意：在操作 TV 面板时，如果在“工作”位，是看不到一次保险的，但这并不代表一次保险就投上了。可以先打到“检修”位，看一次保险是否投入，如果没有，将一次保险都投入，具体操作说明如下：

操作 TV 时，先将位置把手打到检修位，将交流一次保险投上，再打到工作位（不能直接打达到工作位置，要先打到试验然后再到工作），再投其他保险，如图 1-16 和图 1-17 所示。

除 6kV TV 外，其他 TV 的操作面板如图 1-18 所示。

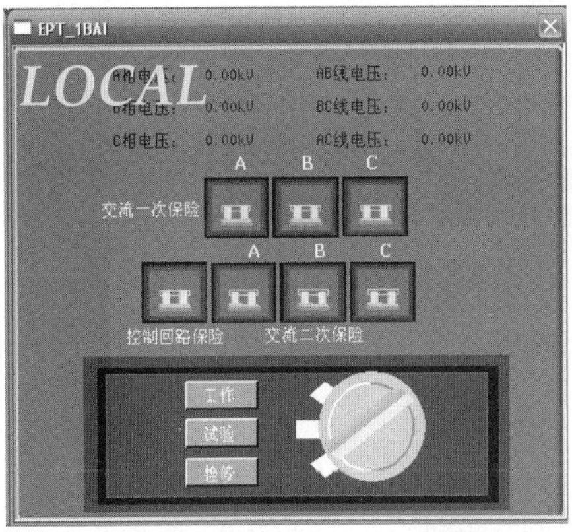

图 1-16　在检修位投一次保险

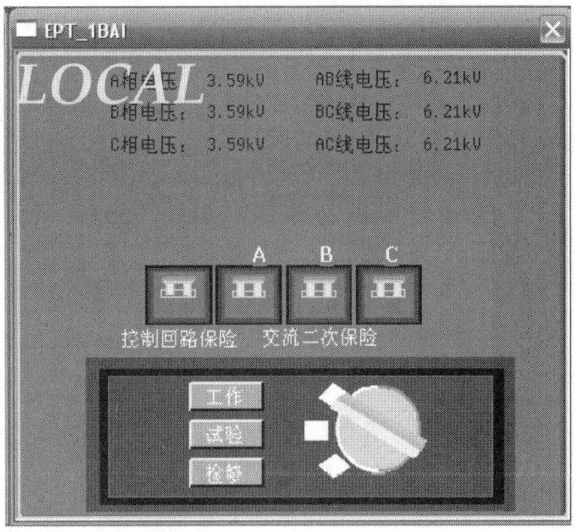

图 1-17　投二次保险

图 1-18　其他 TV 操作面板

在 DCS 操作画面中切换到“电气系统”“2、厂用及公用电源总貌”图中（图 1-19），对电气厂用电网络进行送电操作（在冷态的情况下，有些开关初始状态是黄色的，黄色状态表示的是开关从来没有被操作过，开关的指令与反馈不一致。在进行过操作后开关状态就会自动显示正常了）。合上 2C02、2D02、2302、2304。

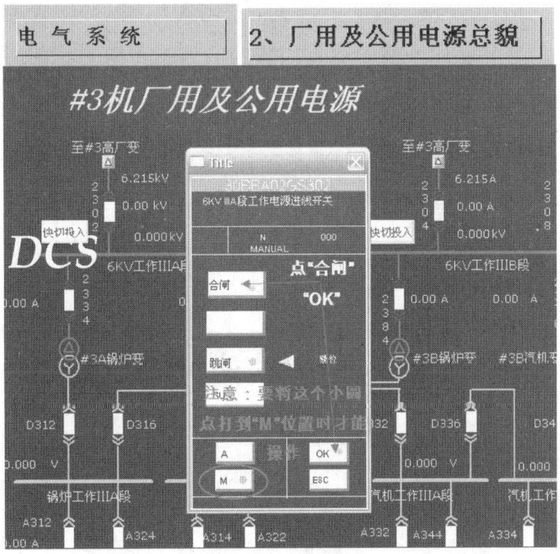

图 1-19　厂用及公用电源总貌图

合上开关后 DCS 画面如图 1-20 所示。

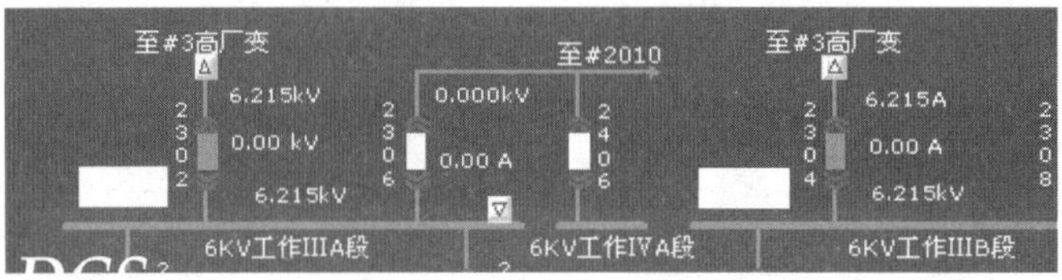

图 1-20　合上开关后 DCS 画面

4. 380V 系统送电

在 DCS 上由高压到低压依次合上往 380V 送电的各开关，如图 1-21 和图 1-22 所示。

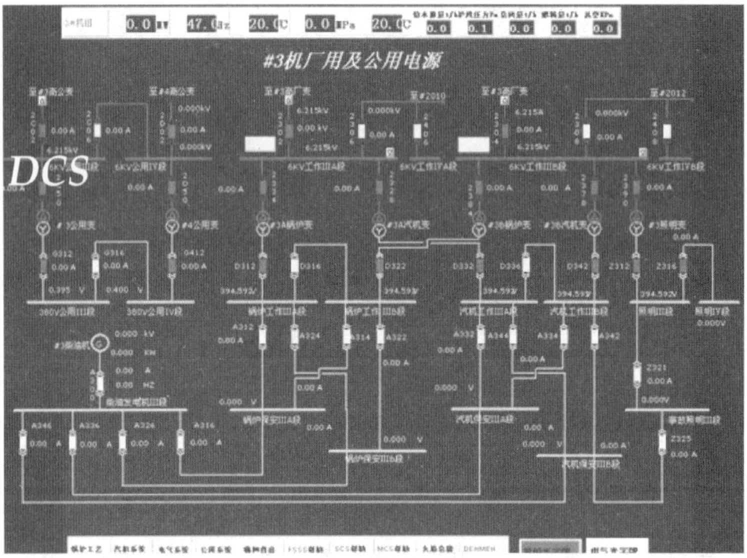

图 1-21　合上往 380V 送电的各开关

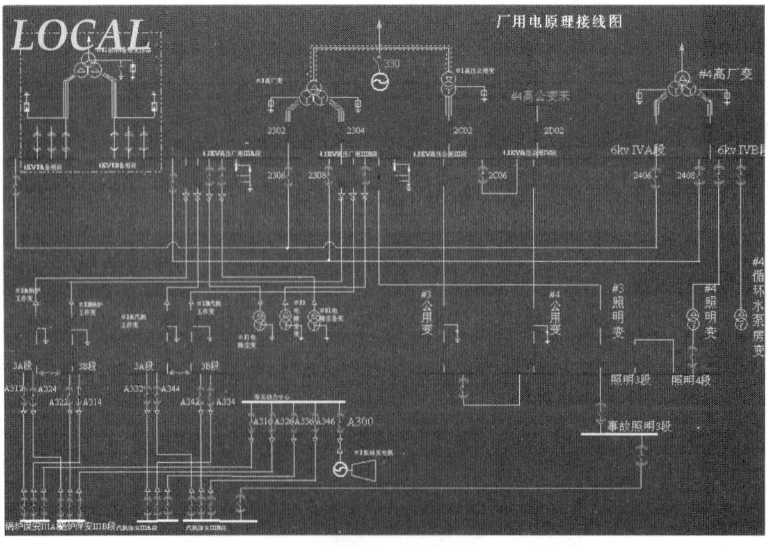

图 1-22　合上往 380V 送电的各开关后就地显示

任务四 保安段送电

一、保安段作用

发电厂的厂用母线有工作电源和备用电源，但有时仍然感觉到不够安全可靠，所以通常将最重要的设备，如汽机顶轴油泵、盘车等单独集中在一起组成“保安段”。保安段电源一旦中断，就将可能引起重大设备损坏。停机过程中及停机后一段时间内应保证供电的负荷，一般由保安段供电。这种负荷常配备柴油发电机作为备用电源，以保证可靠性。另外，保安段还为直流系统及 UPS 提供交流电源。

二、保安段送电

（1）将保安段的进线开关在就地合上（图 1-23）。点击开关后出现如图 1-24 所示，点击黑色按钮合上开关。

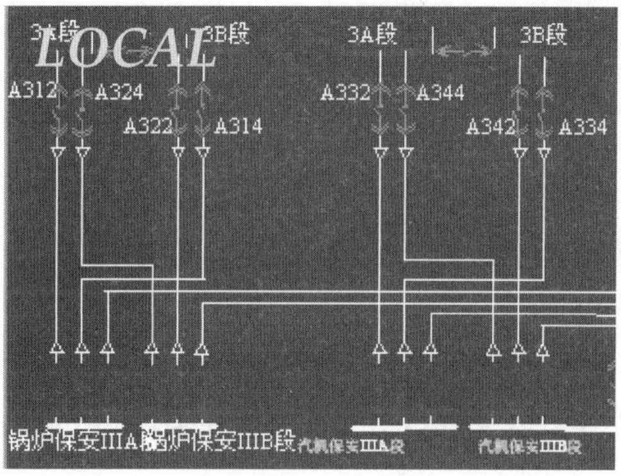

图 1-23 保安段的进线开关合上后就地显示

图 1-24 保安段的进线开关操作面板

（2）将 312 和 322 的备自投开关打到联锁（图 1-25），然后在 DCS 上合上 312 和 322（图 1-26）。

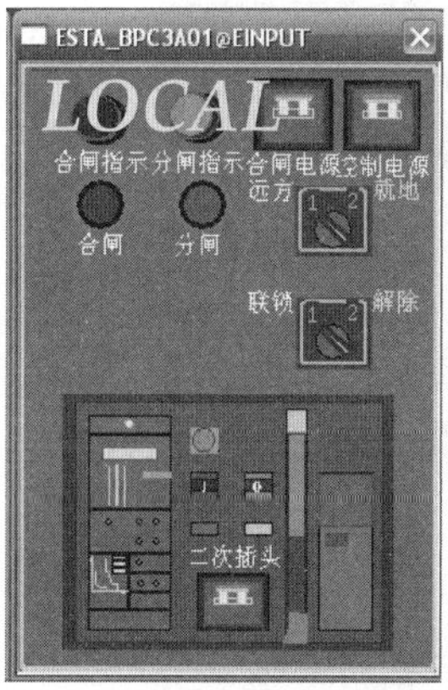

图 1-25 312 和 322 的备自投开关打到联锁

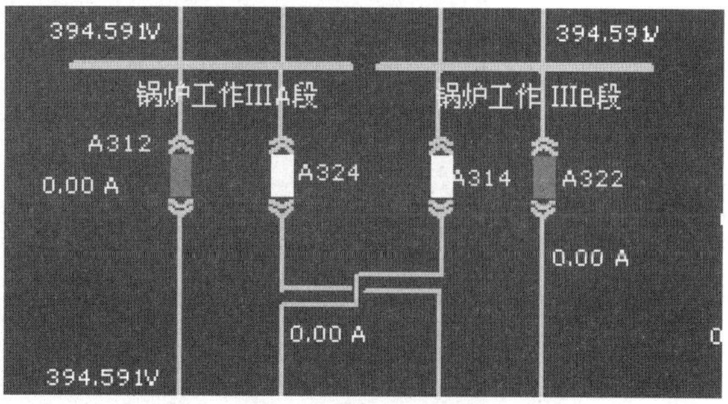

图 1-26 在 DCS 上合上 312 和 322

（3）操作完以后，要把备用状态的电源开关打到“联锁”位置；工作开关打到“解除”位置，即将 A312、A322 工作开关打到“解除”位置，将 A314、A324 工作开关打到“联锁”位置（图 1-27）。

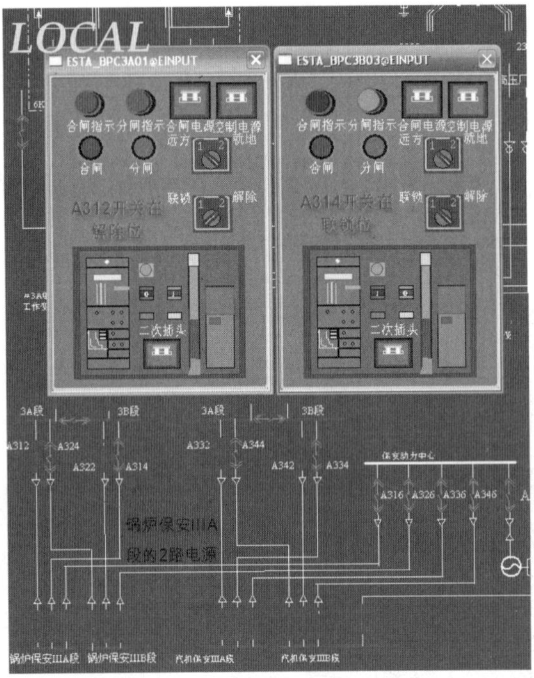

图 1-27　联锁和解除

（4）同理，将 332 和 342 的备自投开关打到“联锁”位置，然后在 DCS 上合上 332 和 342。将 A332、A342 工作开关打到“解除”位置，将 A334、A344 工作开关打到“联锁”位置。

（5）在柴油发电机的就地机头控制面板上把柴油机控制把手打到“自动”位置（图 1-28）。

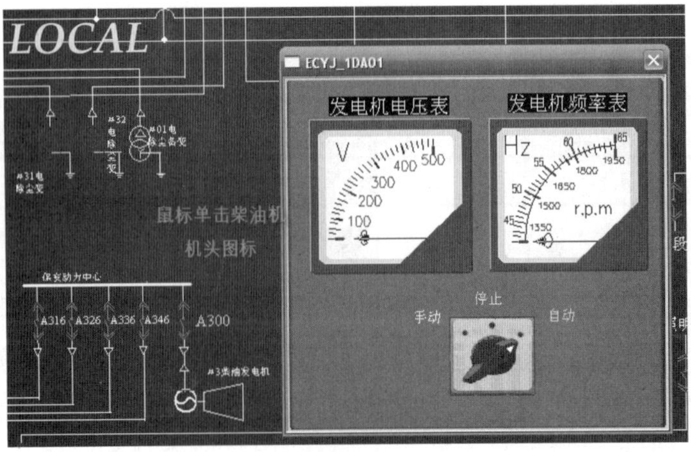

图 1-28　柴油机

（6）柴油机自启条件。

1）就地打到“手动”位置立即自启。

2）就地打到“自动位置”时，保安段任意一段失电则自启（不考虑其他任何条件!）。

（7）柴油机出口开关 A330 的自投条件。

1）柴油机启动成功并且失电的任意一个保安段上边没有开关在合位。

2）柴油发电机出口母线至各保安段开关的自投条件。

3)柴油机段带电、相应的保安段母线失电并且该保安段母线没有任何进线开关在合位。

（8）锅炉工作段去往各保安段开关的自动跳闸条件（汽机工作段条件与此相同）。以 A312 为例，要求本开关所带的母线失电(即锅炉保安 3A 段失电)，并且对侧备用开关(A314 开关）的备自投压板在“投入”位置。

（9）锅炉工作段去往各保安段开关的自动合闸条件（汽机工作段条件与此相同）。以 A312 为例（假设运行方式为 A314 开关运行，A312 开关在热备用位），要求本开关所带的母线失电（即锅炉保安 3A 段失电）、本开关的备自投联锁压板在“投入”位置，并且对侧备用开关（A314 开关）在跳闸位。

（10）在汽机或锅炉段送电完毕后要将给 110V 或 220V 直流系统供电的相应开关合上，把蓄电池组转为浮充状态；合上给 UPS 系统供电的相应开关。

1）合 380V 锅炉保安 IIIA 段去直流和 UPS 的开关（图 1-29）。

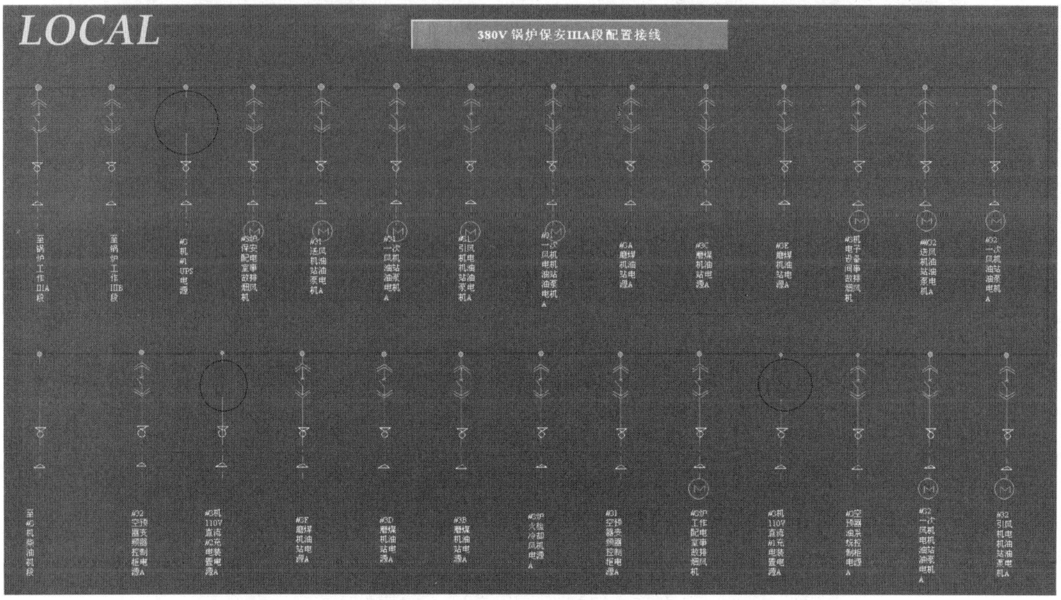

图 1-29　380V 锅炉保安 IIIA 段

2）合 380V 锅炉保安 IIIB 段去直流和 UPS 的开关（图 1-30）。

3）合 380V 汽机保安段去直流和 UPS 的开关（图 1-31）。

4）合 380V 锅炉工作段去直流和 UPS 的开关（图 1-32）。

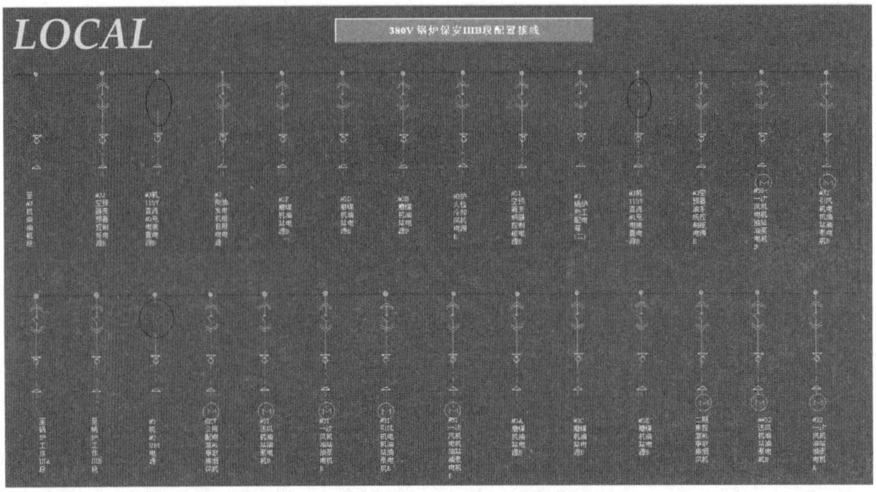

图 1-30　380V 锅炉保安 IIIB 段

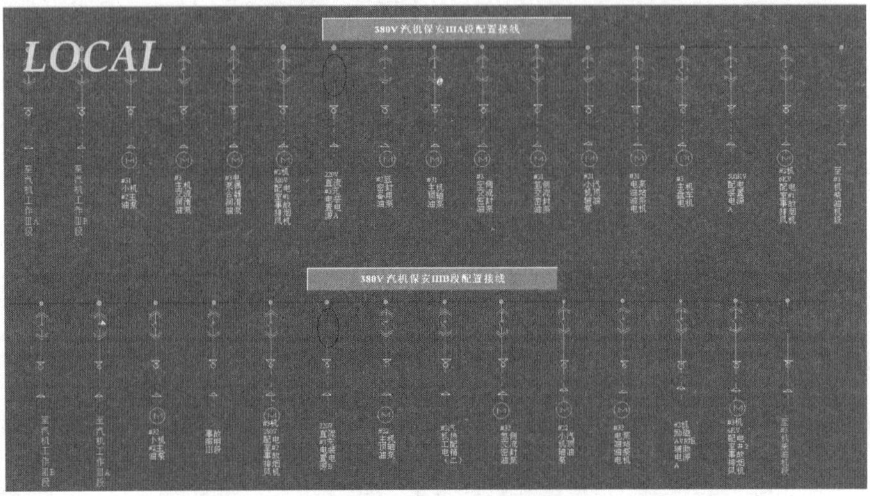

图 1-31　380V 汽机保安段

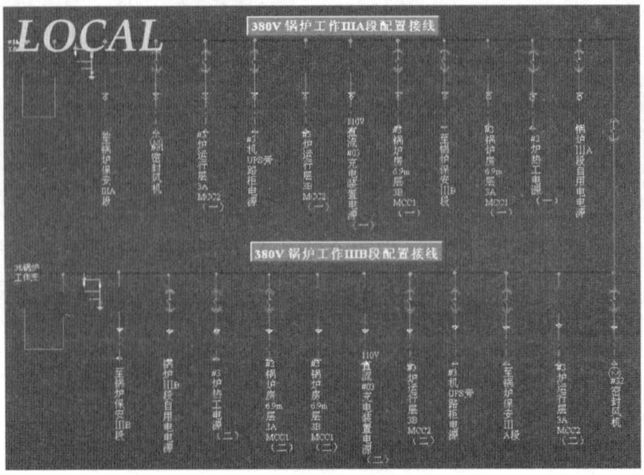

图 1-32　380V 锅炉工作段

5）110V 直流系统由保安段供电（图 1-33）。

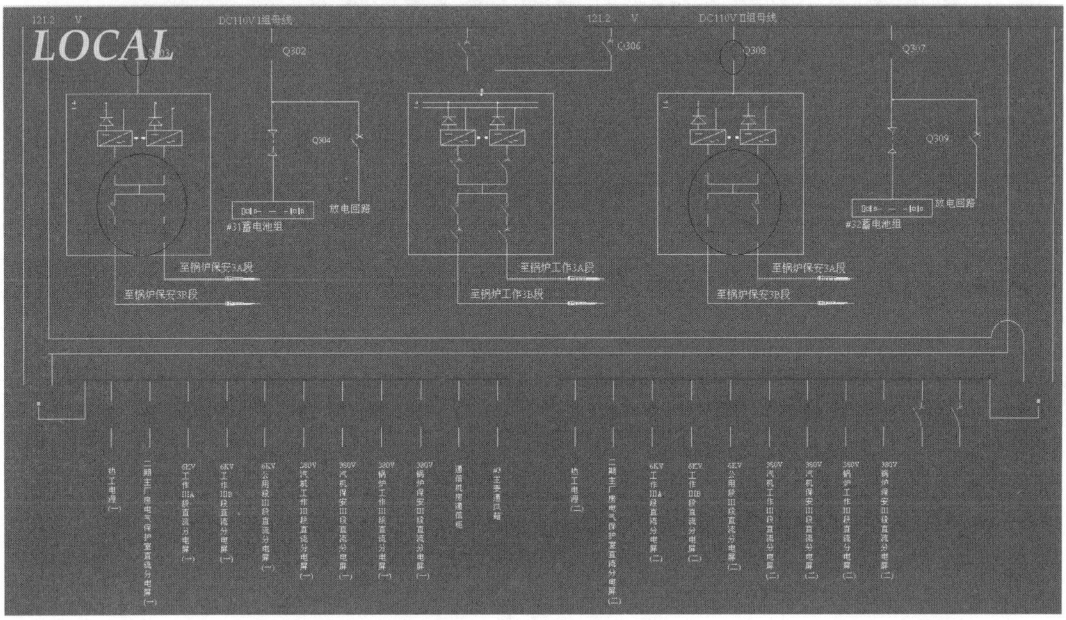

图 1-33　110V 直流系统

6）220V 直流系统由保安段供电（图 1-34）。

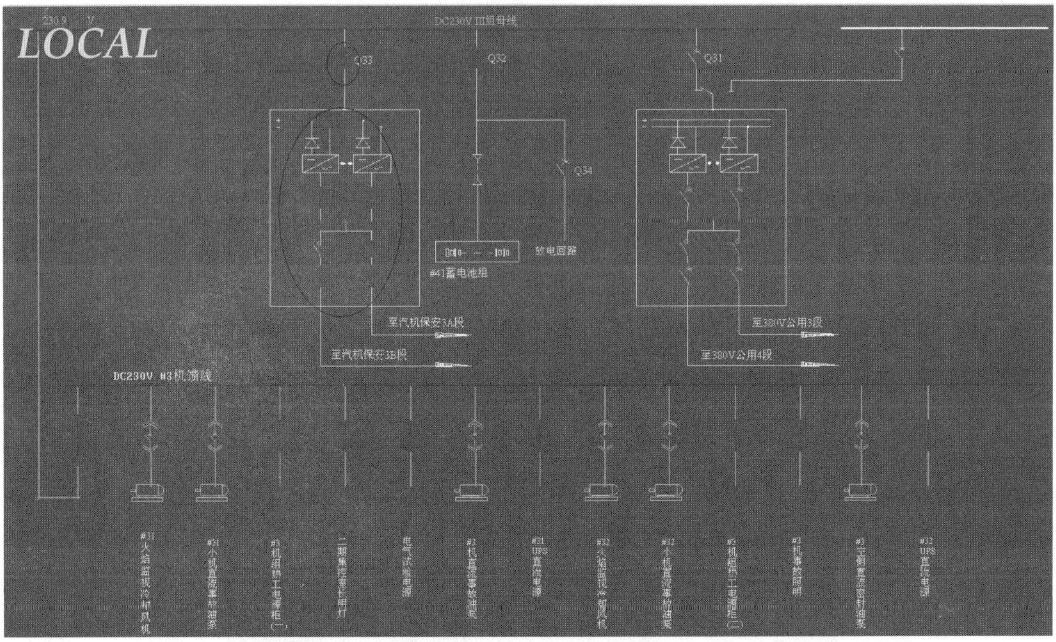

图 1-34　220V 直流系统

7）UPS 系统由保安段供电（图 1-35）。

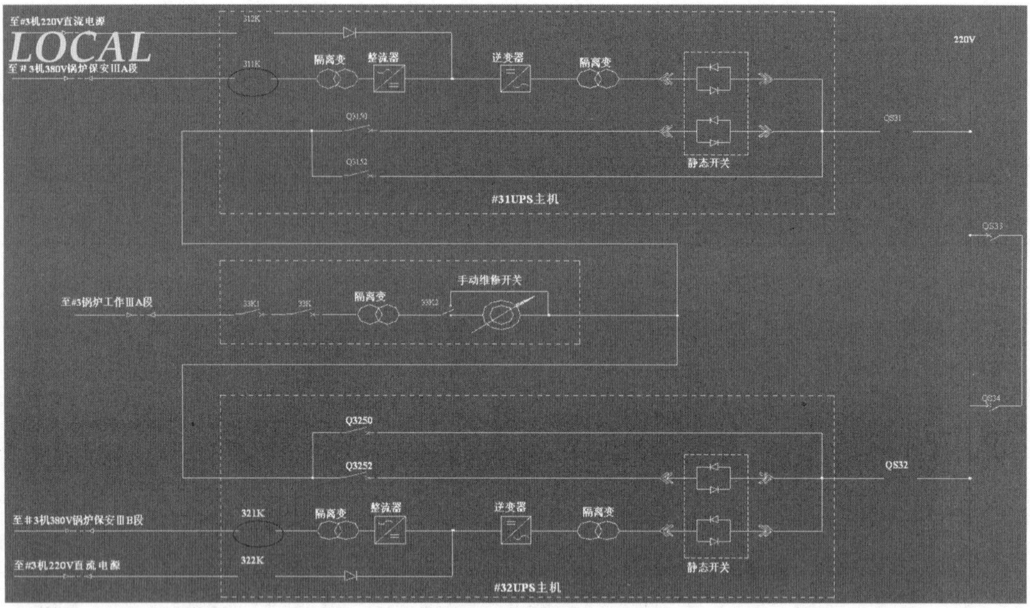

图 1-35　UPS 系统

三、MCC 系统送电

MCC 系统如图 1-36 所示。

图 1-36　MCC

（1）在就地把所有进线刀闸合上（图 1-37 和图 1-38）。

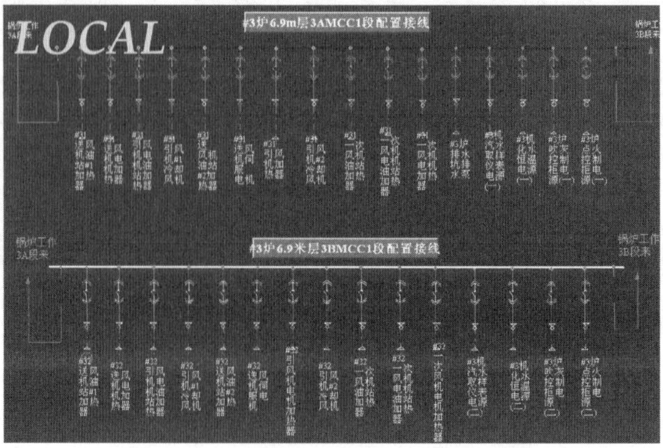

图 1-37　在就地把所有进线刀闸合上

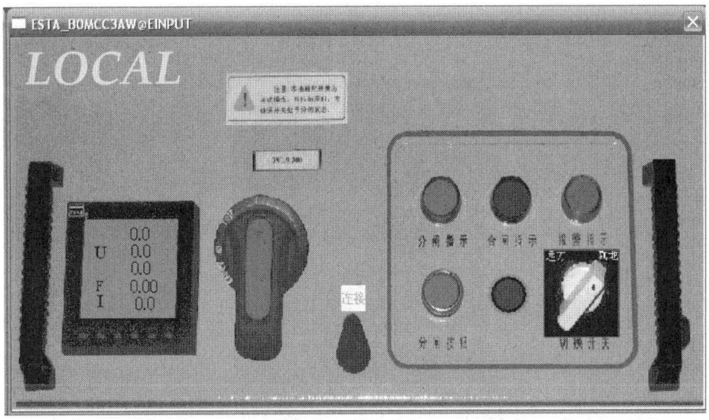

图 1-38 开关操作面板

（2）在 DCS 上依次合上往 MCC 送电的开关，注意负荷的平均分配（图 1-39 和图 1-40）。

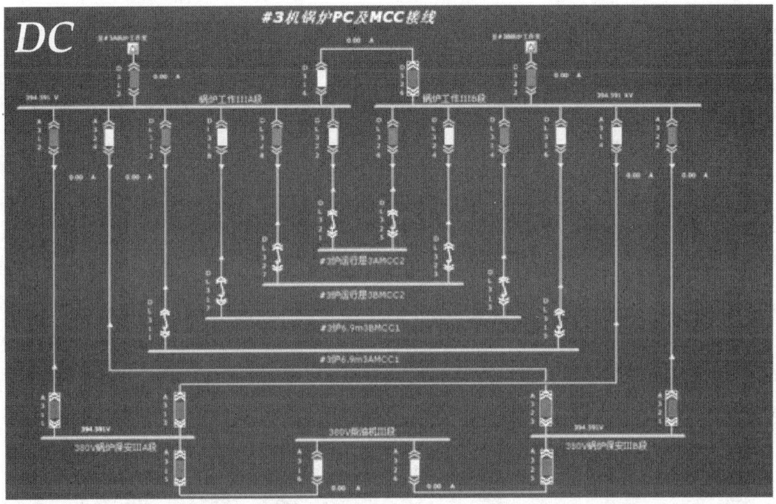

图 1-39 DCS 上 3 号机锅炉 PC 及 MCC 接线操作

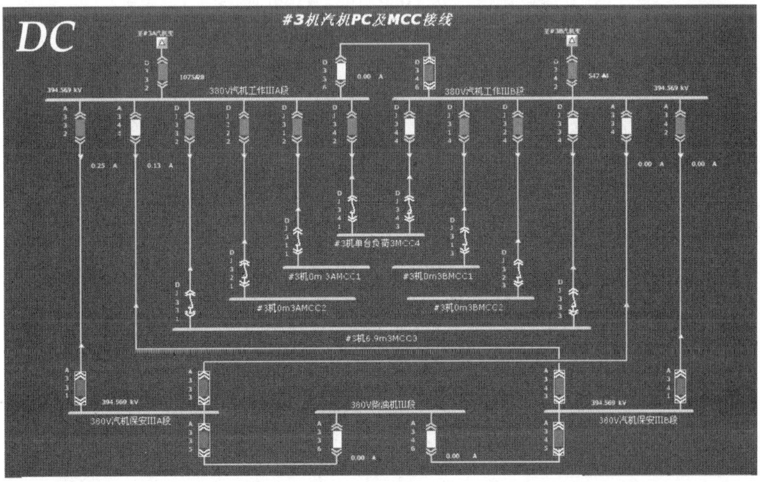

图 1-40 DCS 上 3 号机汽机 PC 及 MCC 接线操作照明段

（3）在 DCS 上合照明段 Z321 开关（图 1-41）。

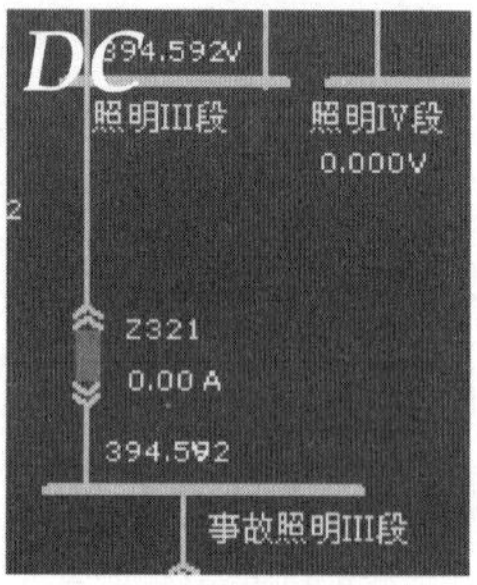

图 1-41　在 DCS 上合 Z321 开关

（4）在 DCS 上合 3 号循环水泵房变 2392 开关，后到就地合上 5 号循泵出口蝶阀和 6 号循泵出口蝶阀的开关（图 1-42～图 1-44）。

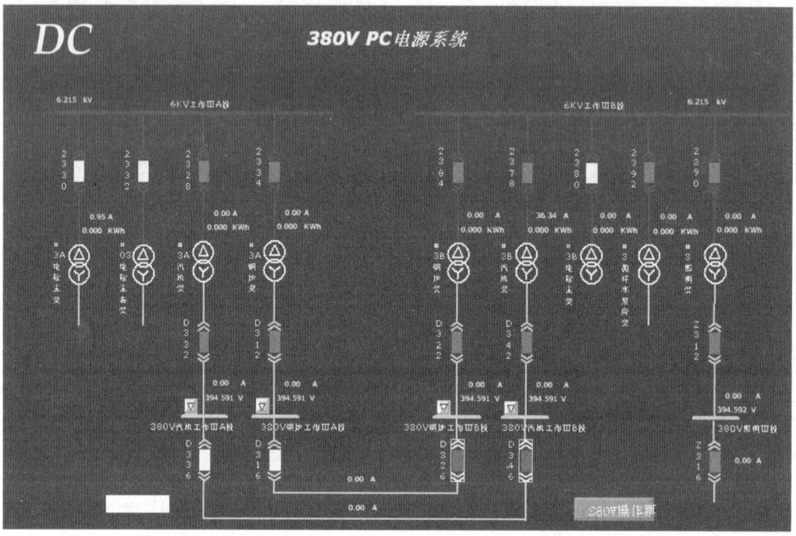

图 1-42　在 DCS 上合 2392 开关

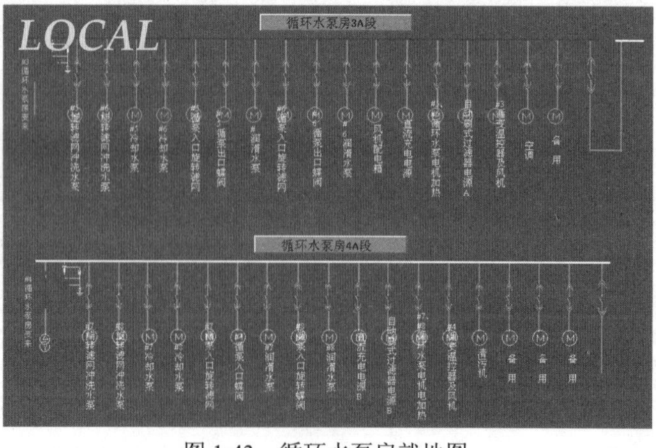

图 1-43　循环水泵房就地图

图 1-44　合上 5 号循泵出口蝶阀和 6 号循泵出口蝶阀的开关

任务五　将所有电机（开关）转热备用

1. 检查就地图中所有挂电机的开关（图 1-45）

（1）要在工作位（粉色的工作位置灯亮），如果不在工作位，操作开关面板右下方有三个按钮“工作”、“试验”、“检修”，将其打到工作位。

（2）储能电源把手和控制电源把手在投的位置（朝上）。

（3）转换开关在遥控位。

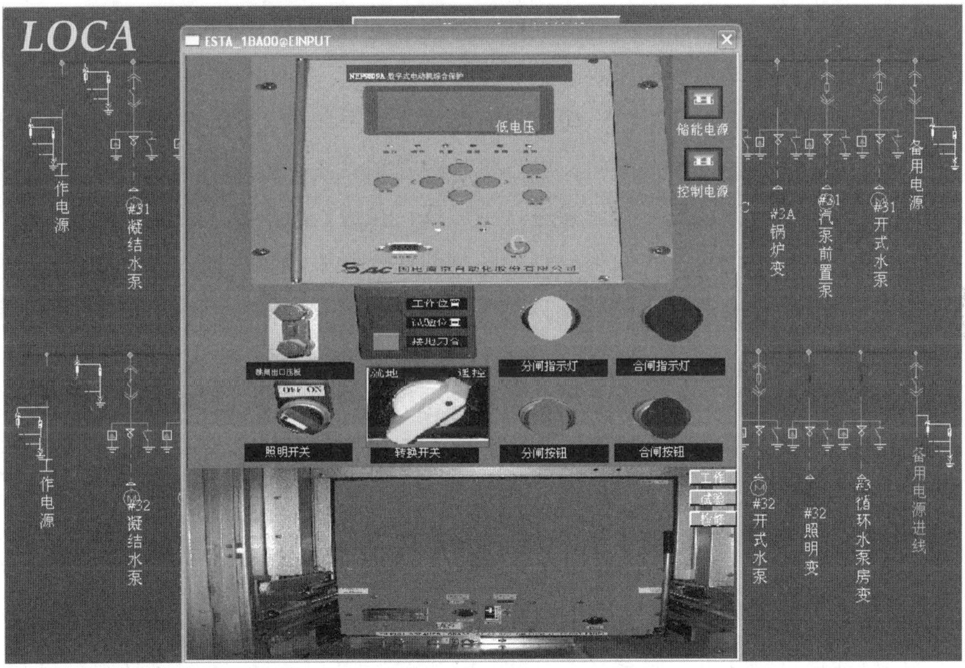

图 1-45　电机送电

2. 厂用电开关送电状态的检查

（1）所有开关在工作位，远方/就地切换把手要打到“远方”位。

（2）所有开关的直流电源或合闸电源在投入位，开关的合/分闸指示灯明亮。

（3）所有母线 TV 在工作位，一次/二次保险在投入位。

（4）DCS 操作图上所有开关的状态都要进行复位操作，不能显示为黄色状态。

（5）检查厂用母线各段供电正常，开关的“联锁/解除”把手在正确位置。

项目二　汽轮机辅助系统运行

任务一　循环水系统运行

一、循环水系统概述

火电机组的循环冷却水系统包括循环水系统、开式循环冷却水系统与闭式循环冷却水系统。在凝汽式发电机组中，汽轮机排汽需要在凝汽器中凝结成水，因此凝汽器需要大量的循环冷却水。另外，发电厂中还有许多转动机械因轴承摩擦而产生大量热量，发电机和各种电动机、变压器等在运行中因存在铁损和铜损也会产生大量热量，某些设备因高温流体流过而吸收热量等，所有这些热量如果不能被及时排出，设备或部件的温度就会越来越高，从而引起设备超温而损坏。为确保这些设备能够安全运行，发电厂根据冷却对象的要求，采用了开式循环冷却水系统和闭式循环冷却水系统。

在凝汽器中，用于冷却和凝结汽轮机排汽的水管路系统称为循环水系统。循环水系统主要由循环水泵、凝汽器进出口阀门、凝汽器换热管道系统、胶球清洗系统等组成。循环水经循环水泵升压后，通过循环水母管进入主厂房，在进入凝汽器之前分为两路，分别经过凝汽器循环水进口电动阀进入低压凝汽器两侧的换热管束，然后流入高压凝汽器两侧的换热管束，在凝汽器内冷却汽轮机低压缸的排汽后，通过凝汽器循环水出口电动阀，返回至循环水排水母管。

由于循环水水质不良，循环水系统长期运行会引起管束脏污、结垢，甚至会堵塞换热管束，降低传热效果，影响凝汽器真空。因此，在凝汽器的两侧各设一套胶球清洗系统，定期对凝汽器换热管束进行清洗。

在循环水系统里，分别引出了开式循环冷却水系统的供水和回水管路。

二、循环水系统投入

在汽轮机就地“循环水泵房系统”，按图 2-1 检查并开启 5 号、6 号循环水泵房系统中的相关就地门，只需要开启 5 号、6 号循环水泵的相关就地阀门。

在汽轮机 DCS“循环水泵房—1”系统，检查冷却水塔水位正常，如图 2-2 所示。

在汽轮机 DCS“凝汽器循环水”系统，开启凝汽器循环水进水和出水电动门，待循环水系统注水完毕，开启至开式循环水的进水电动门，如图 2-3 所示。

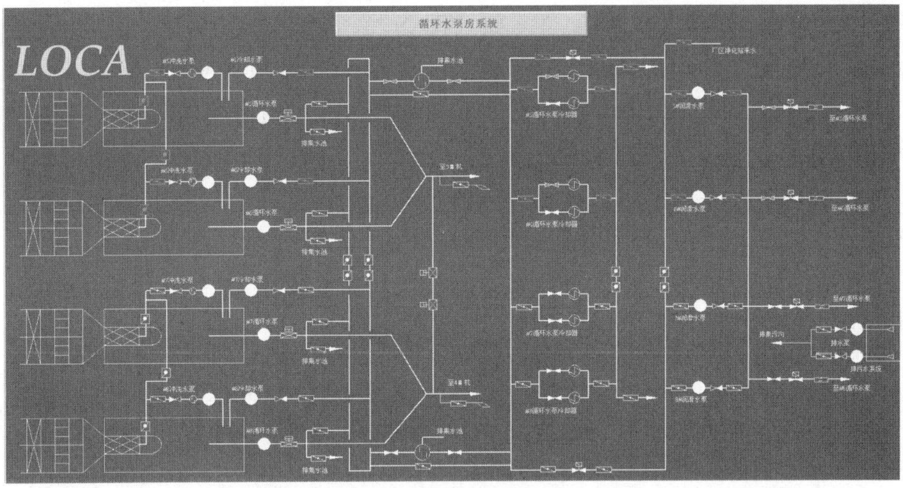

图 2-1　循环水泵房系统

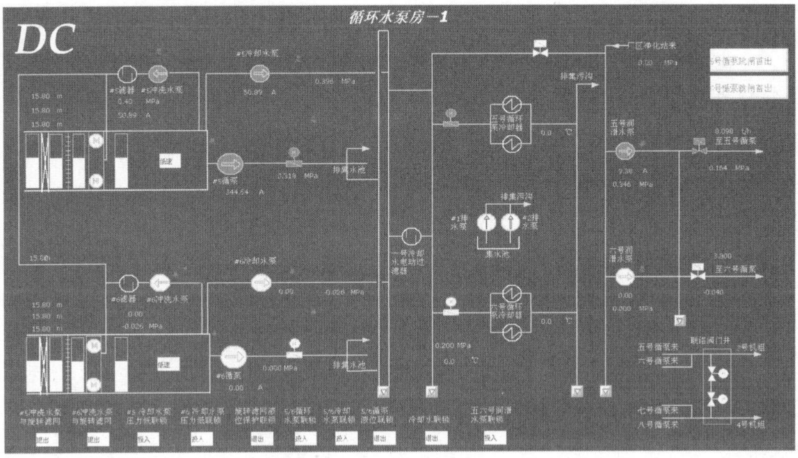

图 2-2　循环水泵房—1

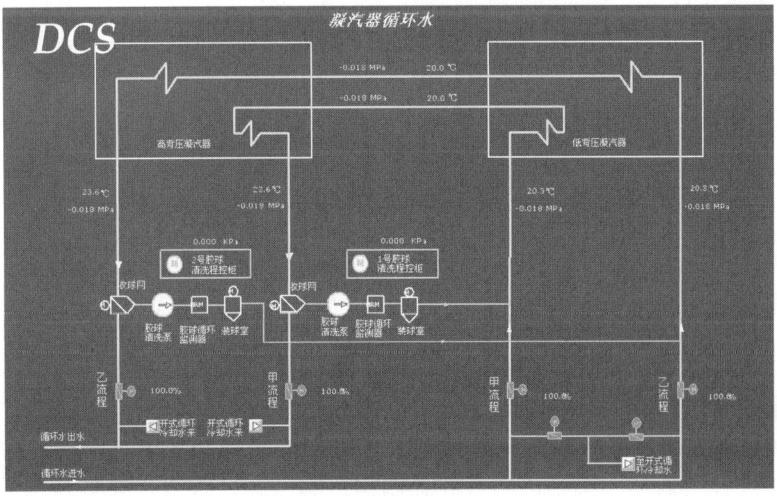

图 2-3　凝汽器循环水

在汽轮机 DCS“循环水泵房—1”系统（图 2-2），启动 5 号冲洗水泵，启动 5 号循环水冷却水泵，开启 5 号循环泵冷却器入口电动门，启动 5 号润滑水泵，开启 5 号润滑水泵出口电磁阀，待水压正常后启动一台循环水泵（循环水泵出口液动碟阀联开），检查循环水系统运行正常。分别投入另一台循环水泵、冷却水泵、润滑水泵联锁，分别投入 5 号冷却水泵、6 号冷却水泵压力低联锁。

注意：循环水泵的出口蝶阀要在电气就地把电源送上。

循环水泵的启动条件如下：

（1）循环水泵冷却水压力大于 0.15MPa。

（2）循环水泵润滑水压力大于 0.2MPa。

（3）循环水泵电气在远方位。

三、循环水系统运行调节

（1）检查循环水泵房集水池水位是否正常，排水泵是否正常备用。

（2）检查循环水泵电机电流、电机线圈温度、电机上、下轴承温度及推力轴承温度是否正常。

（3）检查泵组振动、声音、出口压力、回水情况、电机轴承油箱油位是否正常。

（4）检查循环水泵进水前池水位是否正常，循环水泵轴承润滑水压力是否正常，电机冷却水流量是否正常。

（5）检查清污机前后水位差是否正常，自动清污是否正常。

（6）检查液压油站运行是否正常。

（7）监视冷水塔水位是否正常，并加强远方水位与就地实际水位的对照。

（8）根据季节、循环水进水温度、凝汽器背压，及时调整循泵和冷水塔运行方式。

四、循环水系统停运

（1）确认循环水泵符合系统停运条件。

（2）解除备用循环水泵联锁。

（3）就地关下循环水泵出口蝶阀，当出口蝶阀关至 20%开度时，停运循环水泵，确认出口蝶阀逐渐全关。检查电机冷却水进口电动门自动关闭。

（4）根据情况，停运循环水泵轴承润滑水，停止液压油站。

任务二　开式循环冷却水系统运行

一、开式循环冷却水系统概述

开式循环冷却水系统是指冷却水取自水源，用开式循环水泵将循环水升压后，直接去冷却一些对水质要求不高、水温较低、用水量大的设备，吸热后再排入水源的冷却水系统，如向发电机氢气冷却器、闭式循环水冷却器、汽轮机润滑油冷却器等供给冷却水。

开式循环冷却水系统一般是由两台开式循环水泵、各设备冷却器及其连接管道、阀门和附件等组成。为保证冷却水的清洁，在开式循环水泵的入口管道上装有可自动反冲洗的过滤器。开式循环冷却水的流程为：循环水进水母管→过滤器→开式循环冷却水泵→止回阀→各设备冷却器→循环水排水母管。

开式循环水的进水管与出水管各有两根，在两根进水管道上均装有电动蝶阀。系统中设置两台100%容量开式循环水泵，正常情况下，一台运行，一台备用。泵前的进水管道上设有反冲洗滤网，滤网的进、出水侧各装有一只蝶阀，用于滤网检修。跨滤网接一只压差开关，在滤网压差高时，自动清洗滤网，并发出报警。每台开式循环泵的进口设置一只电动蝶阀，出口设置一只止回阀和一只电动蝶阀。各冷却设备的进出水管道上均设有阀门，出口管道上设置的流量调节阀组能够调节冷却水流量，用以控制被冷却介质的出口温度。

二、开式循环冷却水系统投入

在机组启动之前，开式循环冷却水系统即应投入运行。

在开式循环冷却水系统启动前，应进行充水放气工作，充水排至循环水回水管道。系统投运前，应做的检查有：①一台或两台循环水泵已经运行；②开式循环冷却水泵的出口阀门已开启；③凡需运行的各冷却器的进、出口阀门已开启。

在汽轮机就地“开式循环冷却水系统”中，开启各冷却器的就地阀门，如图2-4所示。

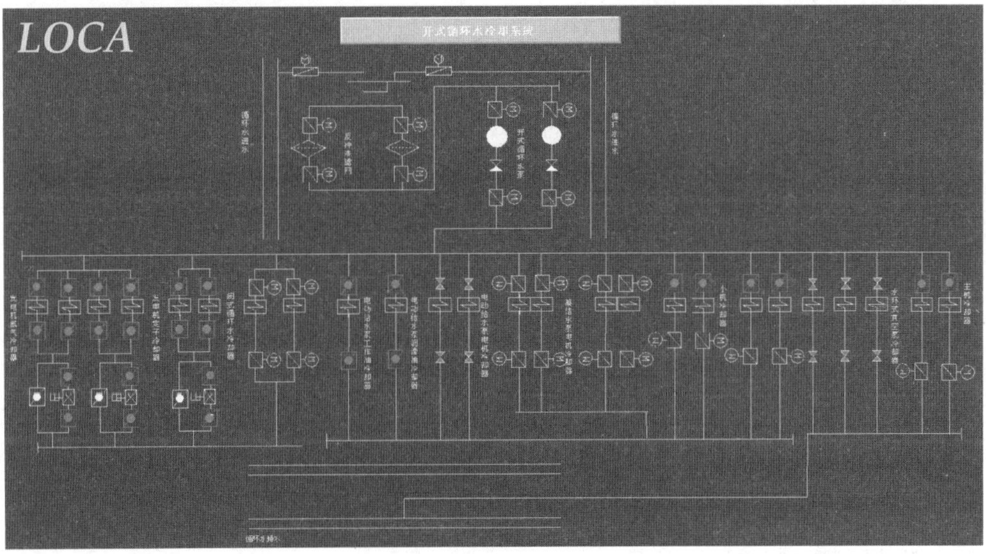

图2-4 开式循环冷却水系统

在汽轮机DCS“开式水系统”中，投入一套开式循环冷却水入口滤网（即开启一套反冲洗滤网出、入口电动门），开启开式循环冷却水泵入口电动门，待开式循环冷却水系统充水完毕，启动一台开式循环冷却水泵，将另一台开式循环冷却水泵投入备用，如图2-5所示。

在图2-5中，开启闭式循环水冷却器进、出口门，将闭式循环冷却水供水温度控制在38℃以下；开启主机冷油器出口电动门，将主机润滑油温控制在38～49℃；开启小汽轮机冷油器出口电动门，将小汽轮机润滑油温控制在38～49℃；将发电机定子内冷水温度气动调节阀投自动，设定值暂设为35℃，当定子内冷水温度升高后，再将设定值提升至45～50℃；将发电机氢气冷却器回水电动调节阀投自动，设定值设为35℃（30～40℃）；开启凝结水泵电机冷却器进、出口电动门。

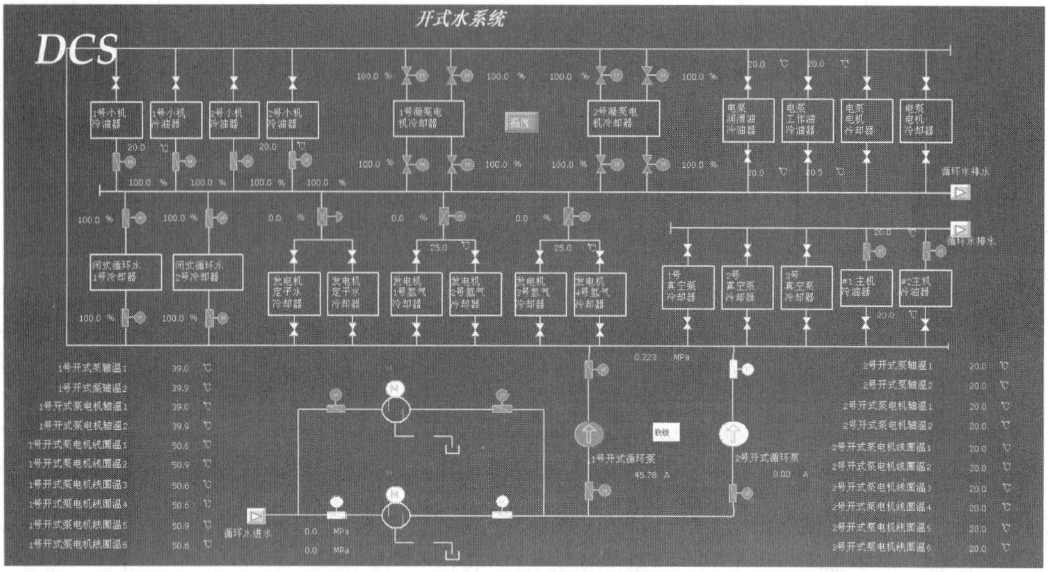

图 2-5 开式循环冷却水系统

三、开式循环冷却水系统运行调节

系统正常运行时，一台开式循环冷却水泵（简称开冷水泵）运行，供给系统中各设备冷却器所需的冷却水，设有温度调节阀的冷却器能自动根据被冷却介质的温度信号控制冷却水量，而对未设温度调节阀的冷却器，只能调节出口阀门并使之处于合适的位置。

检查开式循环冷却水泵进、出口压力等，正常时泵入口压力为 0.03MPa，出口压力为 0.2～0.3MPa。定期检查开式循环冷却水泵入口电动滤网，正常时自动排污良好，前后压差正常（<0.05MPa）；否则，需进行手动就地排污，并联系热工处理。

夏季，若闭式循环冷却水温度高，可投入两台开冷水泵并联运行；在循环水温度较低时，两台开冷水泵可停止备用，循环水经开式循环冷却水泵进出口碟阀进入各用户。

对于设置的备用冷却器（如闭式水冷却器、汽轮发电机组冷油器、小汽轮机冷油器等），当运行的冷却器出现故障时，可投入备用的冷却器，以保证机组的正常运行；若运行冷却器无备用冷却器，则当其退出运行时，可根据规定降低机组负荷，以保证设备安全运行。

四、开式循环冷却水系统停运

当机组停运时，确认开式循环冷却水用户完全停止后，方可停止开式循环冷却水系统。

若备用泵切换，应先启动备用开冷水泵，运行正常后，再停原运行泵，并检查其出口门联动关闭，泵无倒转。

若两台泵均停运，应确认系统满足停运条件。解除开冷泵联锁，关闭备用泵出口阀。停开冷水泵，检查出口阀自动关闭（或先关闭出口碟阀后停泵）。

若两台泵均停运，将开冷水电动滤网切至手动。关闭冷却器的开式冷却水进、出口阀。

无开式冷却水用户时，关开式冷却水电动滤网进口阀。

任务三　凝结水系统运行

一、凝结水系统概述

在凝汽器与除氧器之间用于输送凝结水的管路、设备、阀门、附件以及与此相关的支路等统称为凝结水系统。凝结水系统的主要功能是将凝汽器热水井中的凝结水由凝结水泵升压后送至除盐装置，再通过轴封加热器和各低压加热器加热后送至除氧器，期间对凝结水进行除盐净化、加热和除氧。同时，凝结水系统还在运行过程中提供有关设备的减温水、密封水、冷却水和控制水等，如汽轮机低压缸的喷水、减温器的减温水、各有关系统的补给水等。此外，凝结水系统还要对凝汽器热水井水位和除氧器水箱水位进行必要的调节，以保证整个系统能够安全可靠运行。

凝结水系统一般是由凝汽器、凝结水泵、凝结水精处理装置、轴封加热器、低压加热器、凝结水补水箱和凝结水补充水泵等主要设备及其连接管道、阀门、附件组成。系统设有两台容量为100%的凝结水泵，一台正常运行，一台备用，运行泵故障时联锁启动备用泵。系统还设有凝结水最小流量再循环管、低压加热器水侧旁路、凝结水补充水系统等。

二、凝结水系统投入

1. 除盐水箱与凝汽器上水

在汽轮机就地“凝汽器补充水系统”中，开启除盐水箱补水就地门，开启除盐水箱至凝汽器的补水就地门，开启除盐水箱至闭式膨胀水箱的补水就地门，开启凝结水母管注水门，开启凝结水母管至除盐水箱的回水就地门，如图2-6所示。

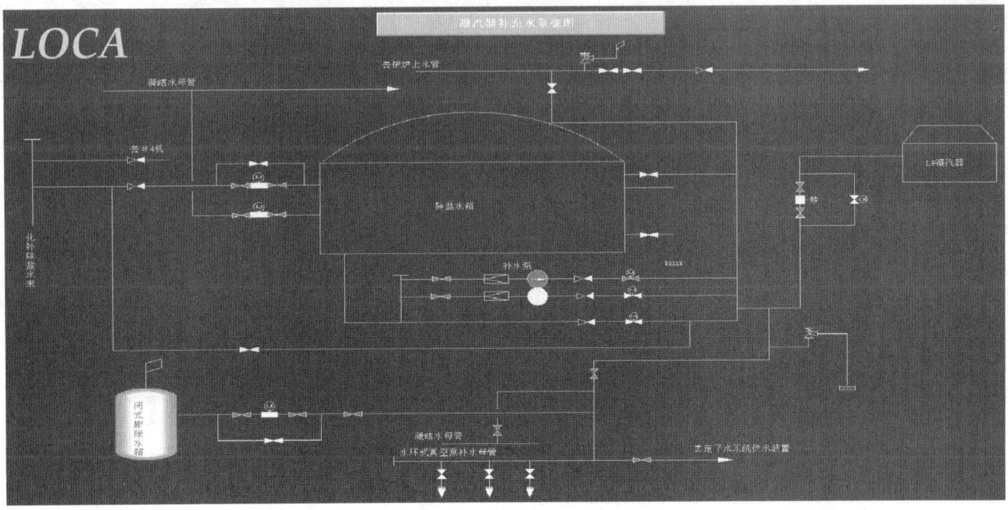

图2-6　凝汽器补充水系统

在汽轮机DCS“凝结水系统”中，开启化学除盐水至凝结水补水箱的电动调整门，向除盐水箱补水，待水箱水位正常后（4000mm以上），将该补水箱电动调整门投入自动，如图2-7所示。

在图 2-7 中，启动凝结水补水泵，开启凝汽器补水电动调整门向凝汽器上水，待凝汽器水位正常后（1080mm 左右），将该补水电动调整门投入自动。

2. 凝结水系统投入及除氧器上水

在汽轮机 DCS“凝结水系统”中，检查凝汽器水位正常（1080mm 左右），如图 2-7 所示。

在汽轮机就地“凝结水系统”中，开启凝结水泵再循环手动门，开启轴封加热器再循环手动门，如图 2-8 所示。

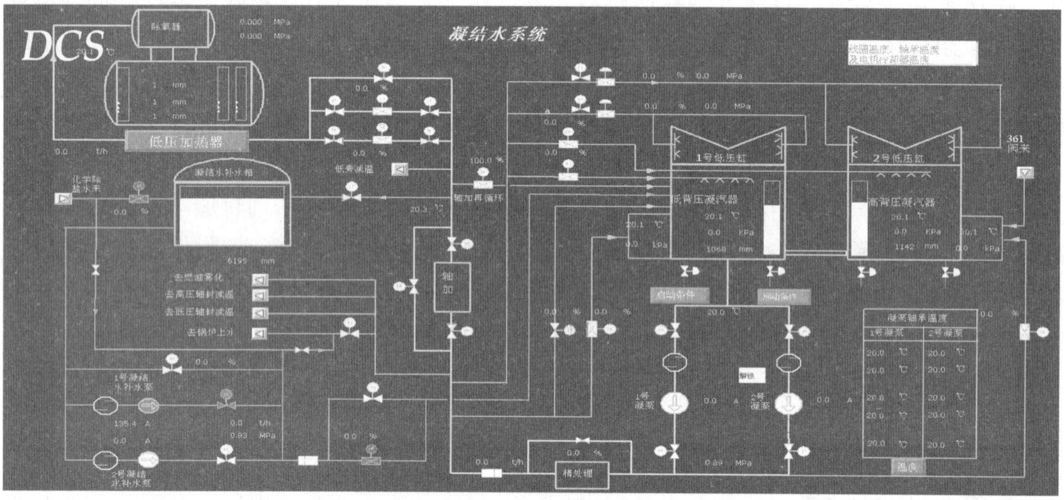

图 2-7 凝结水系统

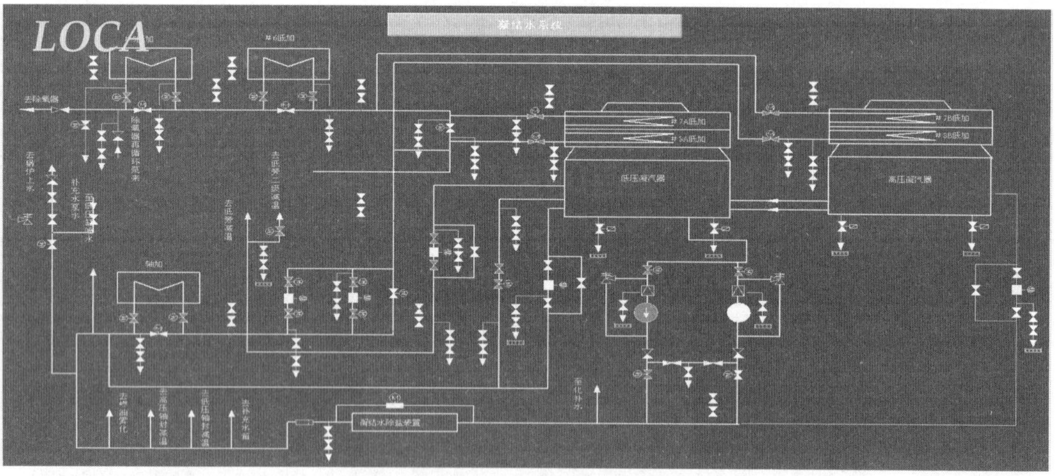

图 2-8 汽轮机就地凝结水系统

在汽轮机 DCS“低加抽汽及疏水”中，开启各低压加热器进、出水电动门，关闭各低压加热器旁路电动门，如图 2-9 所示。

在汽轮机 DCS“给水除氧系统”中，开启除氧器排气电动门，如图 2-10 所示。

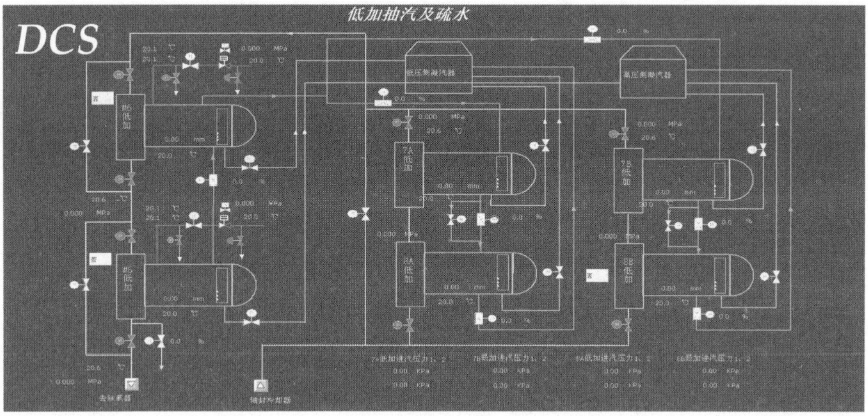

图 2-9　低压加热器抽汽及疏水

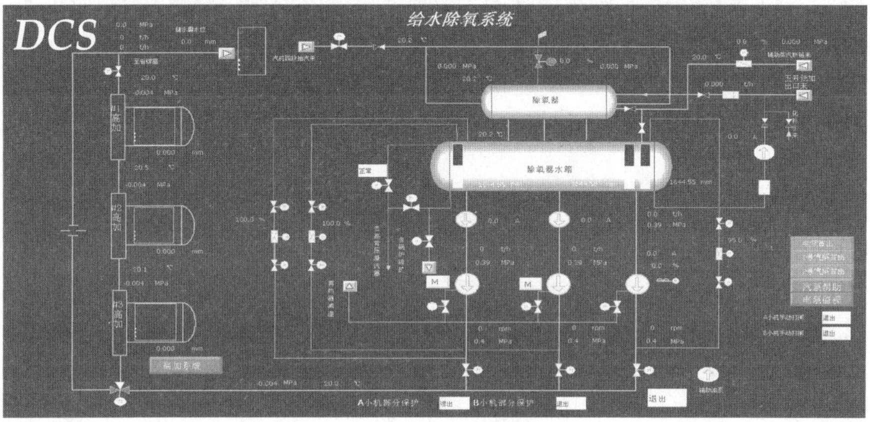

图 2-10　给水除氧系统

在汽轮机 DCS“凝结水系统”中，开启凝结水泵再循环电动门，启动一台凝结水泵向除氧器上水，另一台投联锁，如图 2-11 所示。当除氧器水位上升至 1600mm 左右（水位范围 500～2800mm）时，将除氧器水位电动调节门投入自动。

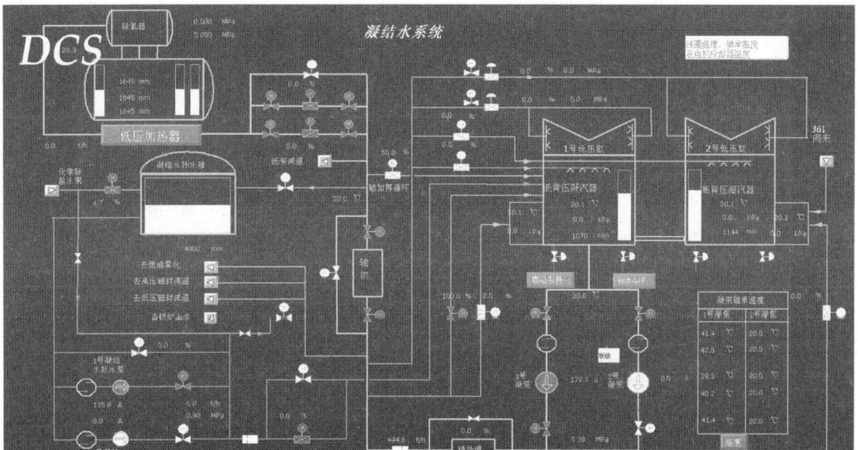

图 2-11　凝结水系统

三、凝结水系统运行调节

机组正常运行时，凝结水系统应根据汽轮发电机组的要求，在各种变负荷工况下运行，除氧器给水箱、凝汽器热水井、凝结水补水箱等水位均自动维持在正常值，凝结水泵出口母管压力正常，凝结水泵电机电流、线圈温度、推力轴承温度正常，各低压加热器进、出水温及除氧器水温正常，凝汽器及除氧器水位调节站调节正常，凝结水泵密封水压力正常。

当凝结水泵出口压力低于 2.5MPa 时，备用泵应自启动，否则手动启动。

运行中当发生除氧器水位难以维持、凝结水泵过负荷运行、电流超限时，应立即启动第二台凝结水泵运行，同时检查高压加热器疏水是否正常，凝结水泵再循环是否误开，系统是否泄漏等，及时加以消除。

当凝汽器水位异常变化，其保护联锁未动作时，应人为强制动作，并通过改变水位调节器定值、切手动等方法加以调整，维持水位正常。

正常运行中，凝结水补水箱水位应保持较高水平，水位不低于 6m，否则应及时补水。

四、凝结水系统停运

在机组停运后，锅炉、除氧器停止进水，轴封系统停运，汽机排汽温度小于 60℃后，凝结水泵的停运方可进行。

停止凝结水泵前，必须将闭式冷却水系统和发电机定子冷却水系统补水切换到凝结水补充水泵补水。

停运凝结水泵，其出口压力、流量、电流降为零，同时凝结水泵出口母管压力低报警。

根据检修需要，停电并做好相应隔离工作，必须注意：系统停运后应及时隔离凝结水泵密封冷却水，防止凝汽器满水。

若备用泵切换，应先启动备用凝结水泵正常后，凝结水压力达 3.0 MPa 以上，方可停用原运行泵，注意凝结水压力正常。

机组正常运行中，隔绝某台凝结水泵时，应将其进口门、出口门、空气门均关闭。

若两台凝结水泵均停运（停用凝结水系统）时，应确认凝结水无用户，凝结水泵满足停运条件，然后完成如下操作：

（1）将凝结水泵密封水切至凝结水补水供给。

（2）通知化学，关闭凝结水加药门，退出凝结水精处理装置。

（3）解除备用凝结水泵联锁，关闭备用凝结水泵出水阀。

（4）停凝结水泵，检查出水阀自动关闭。凝结水泵停用后，检查泵无倒转。

（5）凝汽器热井水位调节阀切至手动并关闭。

（6）确认系统不需要凝结水补水，可停用凝结水补水泵。

（7）凝汽器停运时间超过一周，应将凝汽器内的水排净并吹干，以防止钢管锈蚀。

（8）根据需要完成其他隔离工作。

任务四　闭式循环冷却水系统运行

一、闭式循环冷却水系统概述

闭式循环冷却水系统是在电厂各种运行工况下，向冷却水质要求较高、冷却水量较小的一些设备提供水质、温度均符合要求的冷却水（包括各转动机械的密封水、轴承冷却水、润滑油冷却水、抗燃油冷却水等）。

闭式循环冷却水系统一般由一台高位布置的膨胀水箱、两台100%容量的闭式循环冷却水泵、两台100%容量的闭式循环冷却水热交换器、各闭式循环冷却水冷却器、药品混合箱以及管道、阀门和附件等组成。其冷却水的流程是：闭式膨胀水箱→闭式循环冷却水泵→闭式循环冷却水热交换器→闭式循环冷却水供水母管→各闭式循环冷却水冷却器→闭式循环冷却水回水母管→闭式循环冷却水泵进口，补充水通过闭式膨胀水箱供给。

闭式循环冷却水系统的正常补充水为凝结水系统来的凝结水，而其初期注水由补充水泵来的除盐水完成。补充水补入闭式膨胀水箱。在补充水管上装有调节阀，前后有手动隔离阀，并设有手动旁路阀，用以调节补充水量，维持膨胀水箱水位。

闭式膨胀水箱高位布置，为冷却水泵提供了足够的净正吸入压头，膨胀水箱的正常水位只能维持水箱容积的一半，以使其有一定的富余空间，以适应系统流量变化或在水膨胀时起缓冲作用。

为了预防系统中管道和设备腐蚀，应定期向闭式循环系统中加入磷酸三钠。

闭式循环冷却水热交换器为表面式，闭式冷却水在管外流动，开式冷却水在管内流动。闭式冷却水压力高于开式冷却水压力，以防止在管子泄漏时，开式冷却水进入闭式冷却水系统，污染闭式冷却水。

开式循环冷却水系统运行正常后，才能投运闭式循环冷却水系统。

二、闭式循环冷却水系统投入

在汽轮机就地“闭式循环冷却水系统”中，开启各相关就地阀门，如图2-12所示。

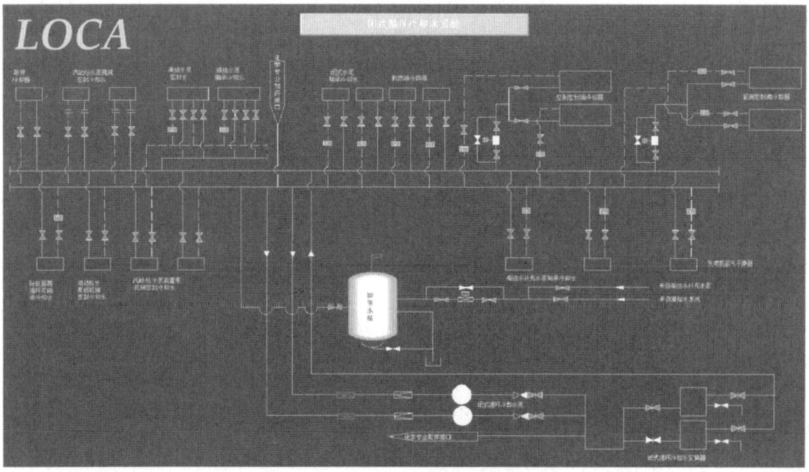

图2-12　闭式循环冷却水系统

在汽轮机 DCS“闭式水系统”中，开启闭式膨胀水箱补水调节门，待水箱水位正常（1700～2000mm）后，将该调节门投自动，如图 2-13 所示。

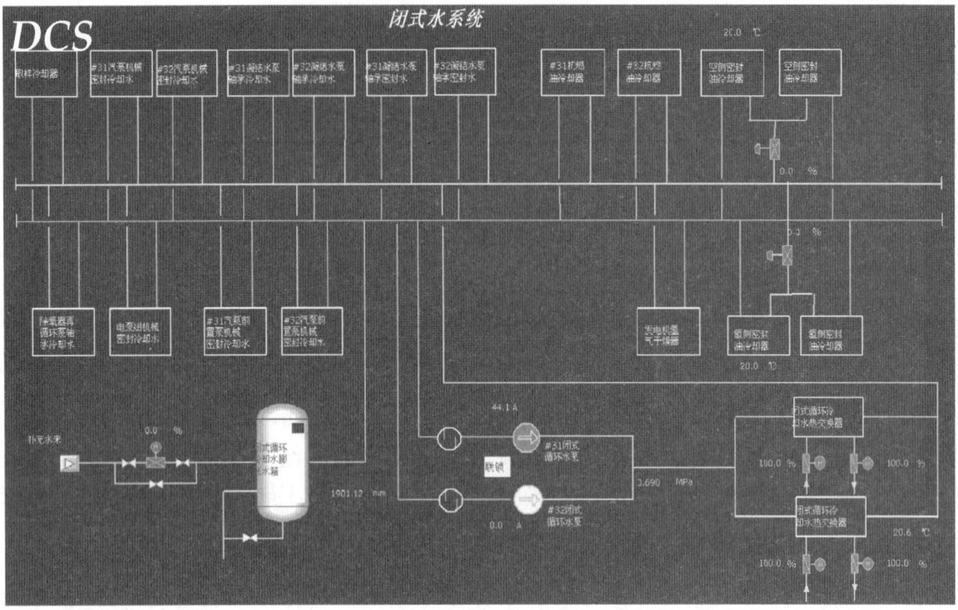

图 2-13 闭式水系统

在图 2-13 中，启动一台闭式循环冷却水泵，在检查闭式循环冷却水系统运行正常后，将另一台闭式循环冷却水泵投入备用。

三、闭式循环冷却水系统运行调节

正常运行时，一台闭式循环冷却水泵（简称闭冷水泵）和一台闭式循环冷却水热交换器运行，另一套处于备用联锁状态。

在系统运行时，闭式循环膨胀水箱水位必须正常，闭式冷却水泵与电机各部无异音、无异常振动、无过热现象。闭式冷却水泵密封部有少量滴水，回水畅通，无过热现象。闭式冷却水泵及电机轴承温度小于 80℃（跳闸值 90℃），经确认温度超过限额，立即启动备用闭冷泵，停用运行泵。闭式冷却水泵进口压力大于 0.15MPa，出口压力在 0.6MPa 左右，入口滤网压差小于 0.05MPa。监视闭式循环冷却水泵电流不超限。

单台闭式循环冷却水泵运行时，若闭冷水母管压力不能维持正常，应保持两台闭式循环冷却水泵运行，并检查各负荷分配情况是否正常，及时调整。

定期清洗滤网，定期进行设备倒换。

检查闭式循环冷却水热交换器进、出口水温正常。

定期进行闭式水系统换水及放空气工作。

四、闭式水系统停运

确认闭式冷却水系统已具备停水条件。

机组停运后，可停止闭式冷却水系统运行。手动停止闭式冷却水泵运行，根据需要关闭闭冷泵出口门。确认泵无倒转。

解除闭冷泵联锁，关闭备用泵出水阀。可以手动关闭各设备冷却器的进、出口阀，切除各冷却器，也可不切除。

闭式冷却水系统停运后，应将各设备水室和管道的余水通过放水阀排尽。

若备用泵切换，应先启动备用闭冷泵正常后，闭冷水母管压力达 0.5MPa 左右，方可停用运行泵，注意闭冷水压力正常。

任务五 汽轮机润滑及顶轴油系统运行

一、汽轮机润滑及顶轴油系统概述

汽轮机调节和保护系统的执行机构以及汽轮机的润滑系统等都是以油为工作介质的，因此，汽轮机的调节系统、保护系统、润滑系统和供油系统密不可分，成为保证汽轮发电机组正常安全稳定运行非常重要的部分。供油系统的主要作用为：供给调节和保护系统的用油；供给润滑系统用油；向发动机氢密封油系统提供密封油；供给盘车装置和顶轴装置用油。

汽轮发电机组的供油系统有采用汽轮机油作为润滑油和氢密封油，采用抗燃油作为调节用油的系统，也有所有用油都采用汽轮机油的系统。前者的汽轮机油和抗燃油是两个完全独立的油系统，而后者的油系统为一个。600MW 汽轮发电机组采用前者。系统如图 2-14 所示。系统主要由润滑油主油箱、主油泵、交流电动油泵、密封油备用泵、直流事故油泵、注油器、冷油器、顶轴装置、油烟分离装置和油净化装置等组成。

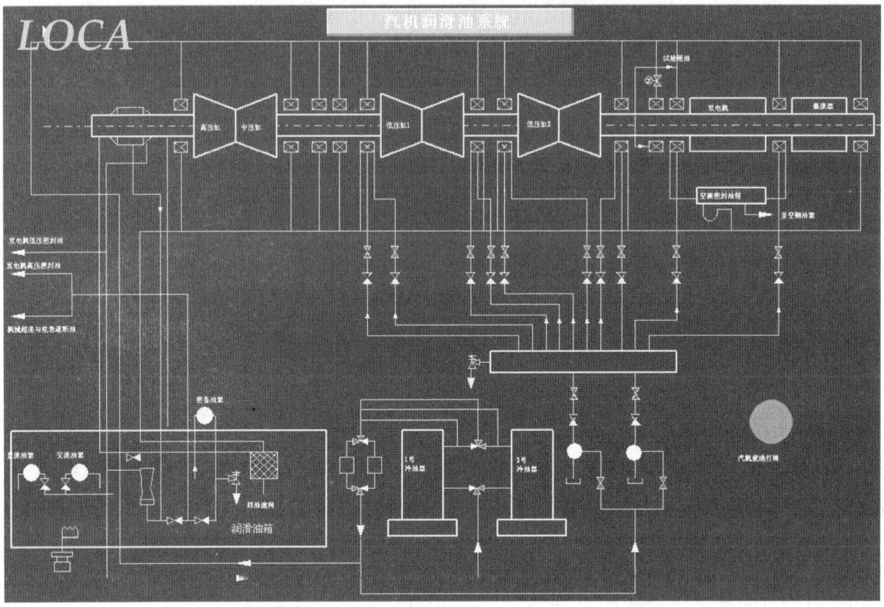

图 2-14 汽轮机主机润滑油系统

在正常运行时，润滑油系统的全部需油由主油泵和注油器提供，主油泵的出口压力油先进入润滑主油箱，然后经油箱内油管路分为两路：一路向汽轮机机械式超速危急遮断装置供油，以及作为发电机高压备用密封油；另一路作为注油器的射流动力油。注油器的出油分为三路：

（1）主油泵进口油。

（2）经冷油器送至各径向轴承、推力轴承以及盘车装置的冷却润滑油。

（3）发电机低压备用氢密封油。

润滑油系统中有两台冷油器。正常运行时，一台冷油器工作，一台备用，可以轮换进行清洗和维护。两台冷油器间装有三通转换阀，可以在运行中进行冷油器的切换，备用冷油器在切换前必须充满油，以防止在切换后的瞬间造成轴承断油而引起事故。如需要，两台冷油器可并联使用。润滑油经过轴承和盘车装置后，温度要升高，油温的高低不但反映了轴承的工作情况，并且影响着机组的安全运行，因此必须将轴承回油温度限制在一个允许的范围内。一般要求所有轴承回油温度不高于 70℃，相应的冷油器的出口温度应在 43～49℃之间，为了达到这一要求，需要对冷油器的冷却水量进行调节。

机组运行对油质的要求很高，因而专门配置了一套油净化装置。当润滑油系统运行时（包括盘车装置在运行时），油净化装置同时投入工作，以不断清除油中的杂质和水分。油净化后，其中水分应少于 0.05%。

在启动和停机过程中，当主轴转速小于 2700～2800r/min 时，主油泵不能提供足够的油压和油量，故注油器也达不到正常出力，此时启动交流电动辅助油泵，以满足系统供油需要。辅助油泵有轴承润滑油泵和氢密封备用油泵，轴承润滑油泵提供低压备用氢密封油和轴承润滑油的全部油量，密封油备用泵提供高压氢密封备用油和危机遮断装置的全部需油量。供油系统中还设有直流事故备用油泵，在交流电源或者交流电动油泵发生故障时，它是保证汽轮发电机组轴承润滑油和氢密封油供应的最后保障。

在机组投入盘车时，盘车装置用油由电动轴承润滑油泵提供。轴承润滑油泵出油分为两路：一路进入盘车装置集油堰，为盘车齿轮提供油；另一路经电磁阀后由装在油管上的喷嘴连续地向传动齿轮喷油。喷油管上的电磁阀受汽轮机转速监控装置控制，当汽轮机转速在 200r/min 以下时，电磁阀开启，润滑油由喷嘴喷出。在电磁阀后装有油压继电器，该继电器有两组触点：一组与盘车电动机串接；另一组与顶轴泵串接。油压继电器触点的整定断路压力为 0.0276～0.0345MPa，即在油压低于该值时将切断盘车电动机线路，从而防止汽轮发电机组在没有轴承润滑油时投入盘车。当汽轮机转速在 200r/min 以上时，电磁阀关闭，切断对喷油管的供油，电磁阀后油压失去，继电器断路，盘车电动机电源被断开，盘车退出。可通过装在继电器油管路中的手动节流阀产生的局部压力降来调整和试验继电器的动作油压。为保证盘车用油，机组都装有零转速监控装置并与油系统联动。

600MW 机组的两个低压转子轴承（3～6 号）和发动机前后轴承（7 号、8 号）处，设有顶轴装置。机组设置两台顶轴油泵，在汽轮机启、停时投入，将高压油送进 3～8 号轴承，以减轻转子对轴瓦面的正压力，减少启停时的摩擦阻力矩，防止轴颈与轴瓦干摩擦。

主油箱上设置两台排烟风机：一台运行；一台备用。

二、汽轮机润滑及顶轴油系统投入

就地检查润滑油系统各手动阀门位置正确；在就地润滑油净油系统向润滑油主油箱进行补油，开启净油箱相关阀门，将油补至主油箱，直到主油箱油位正常，如图 2-14 和图 2-15 所示。

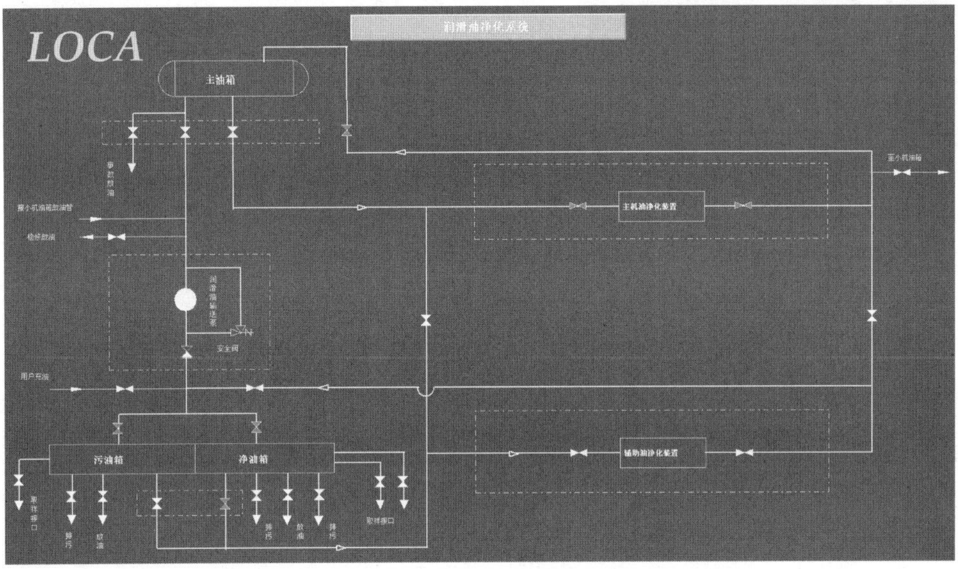

图 2-15　汽轮机油净化系统

DCS 上启动一台排烟风机运行，将另一台排烟风机投入联锁备用。启动交流润滑油泵，检查润滑油系统运行正常后，投入润滑油冷油器，投入润滑油温度自动，投入直流油泵联锁，检查润滑油压力正常。

确认顶轴油系统阀门已检查处于正常开启位置，启动一台顶轴油泵运行，检查出口压力正常，另一台顶轴油泵备用，如图 2-16 所示。

当发电机密封油系统、氢气系统、内冷水系统投入正常后，可启动盘车装置运行。

盘车在就地启动，把控制按钮打到“就地”位，按“就地启动”，“手动”“运行”“啮合”灯亮，检查盘车转速 2.8r/min，盘车电流正常 15A 左右，大轴偏心率不大于 0.075 mm，如图 2-17 所示，且 DCS 上显示盘车已啮合，电流正常，如图 2-16 所示。

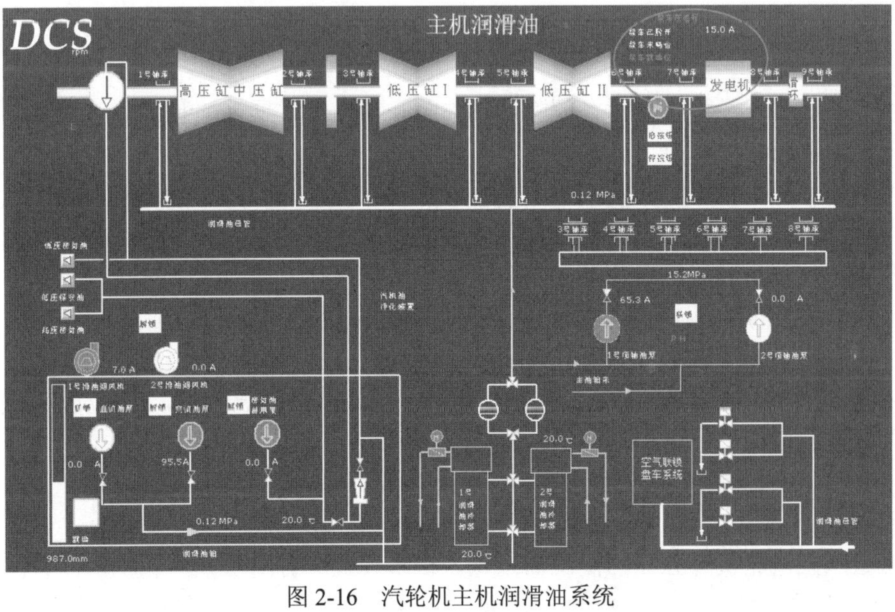

图 2-16　汽轮机主机润滑油系统

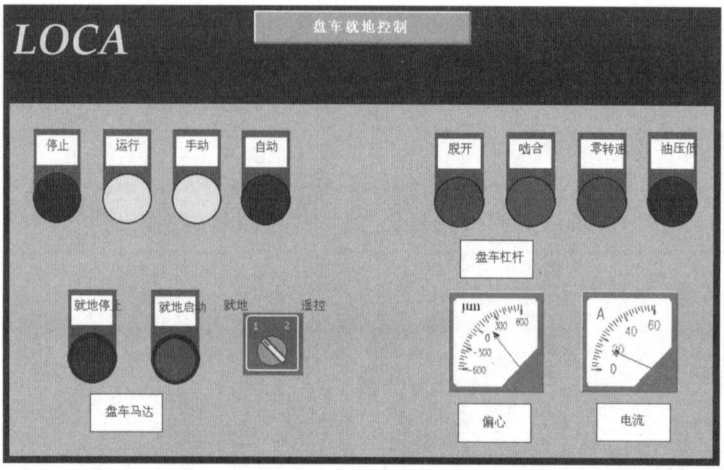

图 2-17 汽轮机盘车就地控制装置

汽轮机发电机组停机过程中，当机组转速下降到 600r/min 左右时，检查顶轴油泵应自启动或手动启动。转速至零，检查盘车装置啮合后自投，或手动投入，记录转子惰走时间、转子偏心度、盘车电流。

三、汽轮机润滑及顶轴油系统运行

机组正常运行时，交、直流润滑油泵，氢密封油泵，顶轴油泵，盘车装置应投入联锁在自动启动位置；定期进行润滑油的油质化验，定期投入油净化装置运行。保持一台排油烟风机运行，以保证润滑油箱在微负压状态。

机组正常运行时，主机各轴承进油管的油压为 0.1～0.12MPa；冷油器出口油温保持（40±5）℃；轴承回油的正常温度应小于 65℃；润滑油箱正常油位维持在 1000 mm 左右，过低时应立即补油至正常油位。

顶轴油系统运行时，各轴承顶轴油压在 8.0～15MPa 范围内。

四、汽轮机润滑及顶轴油系统停运

确认盘车装置已经停止运行，解除顶轴油泵联锁，停运顶轴油泵。

在机组启动过程中，机组转速超过 20r/min 时，盘车装置啮合齿轮应自动脱扣，盘车装置电机自停；机组转速达到 600r/min 时，顶轴油泵自启动，或解除顶轴油泵联锁，停运顶轴油泵；当机组转速稳定 3000r/min 额定转速，且各油压正常稳定后，投入交流润滑油泵低油压联锁，停运交流润滑油泵，停密封油备用泵。

交流润滑油泵的停运：确认主机盘车装置、顶轴油泵及发电机密封油系统均已停止运行。

机组停机时，高压缸调节级金属温度低于 150℃，并且各轴承金属温度均在正常范围内，方可停止交流润滑油泵运行；解除交、直流润滑油泵低油压联锁，停运交流润滑油泵；解除排油烟风机联锁，停止排烟风机运行。

五、小机润滑油系统的操作

主机给水泵汽轮机有独立的润滑油系统。机组设置两台给水泵汽轮机，故有两套相同的小机润滑油系统。

主机启动过程中，一般主机润滑油系统启动完毕后，就可以启动小机润滑油系统。就地检查 1 号（A）和 2 号（B）小机润滑油系统就地门开启正确；小机润滑油冷却器一组投入，一组备用；DCS 上启动小机排油烟风机；再开启一台交流润滑油泵和顶轴油泵，润滑油压在 0.1MPa 左右，另一台交流润滑油泵投备用。

润滑油系统正常后在 DCS 上开启小机盘车进油电磁阀，投入小机盘车，转速为 400r/min。小机润滑油温控制要求与主机一致，由润滑油冷却器出水电磁阀调整，如图 2-18 和图 2-19 所示。

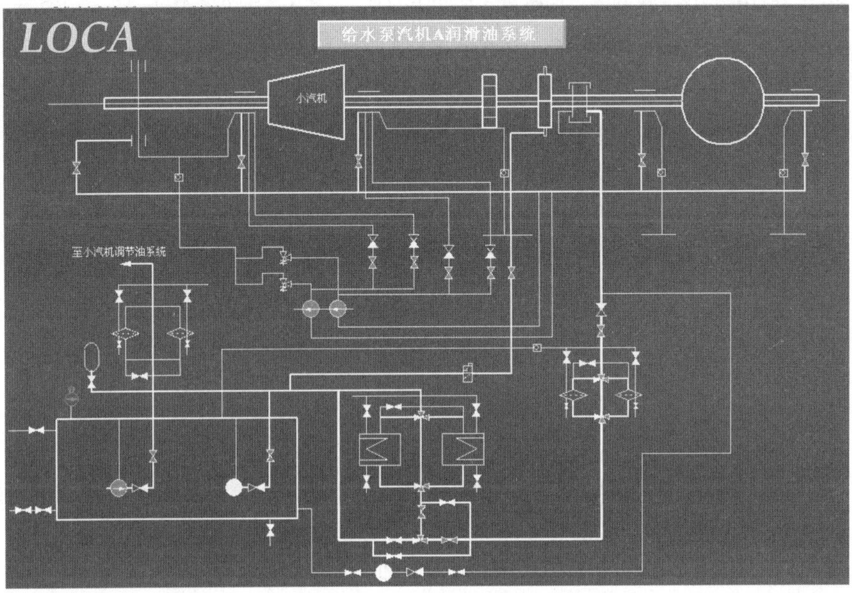

图 2-18 给水泵汽机 A 润滑油系统

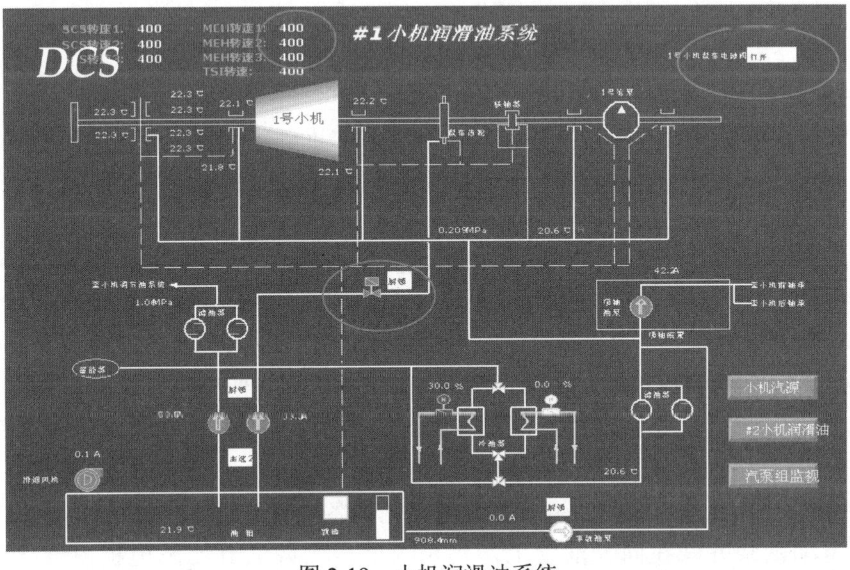

图 2-19 小机润滑油系统

任务六　发电机密封油系统运行

一、发电机密封油系统概述

机组发电机采用水—氢—氢冷却方式，发电机的转子要穿出发电机的端盖，机内的氢气可能由此向外泄漏。因此，必须向发电机两侧的轴瓦提供压力略高于氢气压力的密封油，完成密封氢气的任务。密封油既起密封作用，又能够润滑和冷却密封瓦。机组的发电机密封油系统如图 2-20 所示。发电机密封油系统分为两个独立循环又相互联系的密封油路，即氢侧密封油油路和空侧密封油油路。分别向密封瓦氢气侧供油和密封瓦空气侧供油。两路密封油路均包括密封油箱、密封油泵、冷油器等设备。

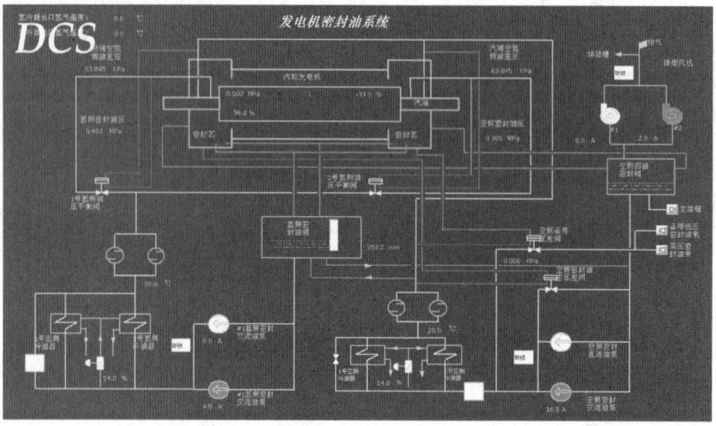

图 2-20　发电机密封油系统（一）

1. 空侧密封油油路

空侧密封油的正常工作油源由交流电动油泵供给。在油泵旁路位置设置一主压差阀，调节密封瓦油压与电机内氢气压力，保持一个近似的恒定压差，使密封油压高于氢气压力 0.1MPa 左右。

空侧密封油箱由主机主油箱补油。密封油经密封油泵升压后，通过冷却器降温，经过油过滤器过滤后，进入发电机两端密封瓦的空侧。回油回到空侧油箱，再回到油泵入口，形成空侧闭式循环油系统。

为保证可靠供油，空侧密封油备用油源由三部分组成。

空侧密封油的主要备用油源是汽轮机主轴油泵来的油源。它通过密封油管路上的减压阀减压并经备用压差阀调节后，通过冷却器降温，再经过滤器过滤后，进入发电机两端密封瓦的空侧。该油源在主工作油源发生故障，密封油压力降低到比发电机内部氢气压力高 0.056MPa 时自动投入。这时，备用压差阀自动开启，并保持密封油压力比氢气压力高 0.056MPa。正常运行时，备用压差阀关闭。

空侧密封油的第二备用油源是由密封油系统内自备的直流电动油泵提供的。直流电动油泵与交流电动油泵并联在同一油管上，当密封油压力降低到比发电机内气体压力仅高 0.035MPa 时，直流油泵启动，使密封油压力恢复，并保持密封油压力高于氢气压力 0.084MPa。

但由于备用直流电源容量有限，因而备用直流油泵运行时间不宜过长，应在两小时以内。

第三备用油源由汽轮机轴承润滑油泵提供，油压为0.035～0.105MPa。由于此时提供的油压较低，它只能保证发电机轴转动时密封瓦不发生磨损事故，因此，当其他备用油源都失去后应立即停止机组运行，并及时将机内氢气压力降低到0.014MPa以下，以防止氢气外溢，发生着火、爆炸事故。

空侧密封油油路主要包括空侧回油密封箱、排烟风机、空侧交流密封油泵、空侧直流密封油泵、空侧密封油冷却器、空侧密封油加热器、油－氢差压调节阀等。油箱顶部连接排烟风机，它可使空侧回油密封箱内的气体压力保持负压状态，从而保证氢气不随轴承回油一同进入润滑油系统主油箱。

2. 氢侧密封油油路

氢侧密封油的正常工作油源由交流电动油泵供给。从交流油泵出来的压力油经管式密封油冷却器、自清洗油过滤器后，分成汽轮机端和励磁机端两路，再经过一个平衡阀进入发电机的汽轮机端和励磁机端的密封瓦氢侧油槽。回油沿管路回到氢侧密封油箱，再回到氢侧油泵入口，形成一个闭式循环油路。

为了保证氢侧密封油路能提供连续不断的可靠工作油源，设有氢侧备用直流油泵。当交流油泵发生故障时，备用直流油泵自动投入。

氢侧密封油油路主要包括氢侧回油控制箱、氢侧交流密封油泵、氢侧密封油冷却器、氢侧密封油加热器等。

二、发电机密封油系统投入

发电机密封油系统先投空侧系统，再投氢侧系统。就地检查密封油系统各阀门位置是否正确、空侧密封油箱补油是否至正常油位，设备是否送电完毕。首先在DCS上启动一台排油烟风机运行，将另一台排油烟风机投入备用联锁。

DCS上启动一台空侧交流密封油泵，检查油泵电流、出口压力正常后，投入空侧直流事故密封油泵联锁。检查氢侧密封油回油箱油位正常后，启动一台氢侧交流密封油泵，检查运行正常后，将另一台氢侧交流密封油泵投入备用；检查系统正常，如图2-21所示。

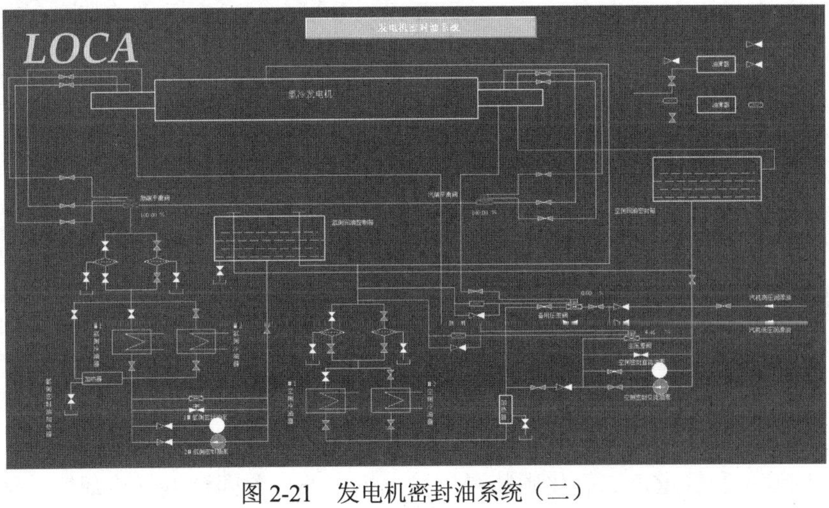

图2-21　发电机密封油系统（二）

三、发电机密封油系统运行调节

正常运行注意检查空、氢侧油箱油位正常，各密封油泵电流、出口压力等应正常。检查发电机密封瓦进油温度应控制在40～50℃范围，出油温度应不大于65℃。检查密封油压应大于发电机内氢气压力（0.06±0.02）MPa，氢油压差应在正常范围；空侧密封油压比氢侧密封油压大0.001MPa左右。

四、发电机密封油系统停运

机组停机后，确认汽轮机转子已停止，发电机内氢气或二氧化碳放尽后，且盘车装置停运后，才可停用密封油泵。停运原则为先停氢侧系统，再停空侧系统。解除交直流密封油泵联锁，停止密封油泵。解除排油烟风机联锁，停止空侧密封油箱排油烟风机。

任务七　发电机氢气系统运行

一、发电机氢气系统概述

水—氢—氢冷却发电机采用氢气冷却其铁芯和转子线圈。发电机转子的两端对称安装有轴流式风扇，驱动氢气在发电机内循环流动。发电机机座两端各安装两台氢气冷却器，对吸热后温度升高的氢气进行冷却，被冷却后的氢气又重新进入发电机铁芯和转子线圈吸热。

图2-22所示为本机组的发电机氢气冷却系统。

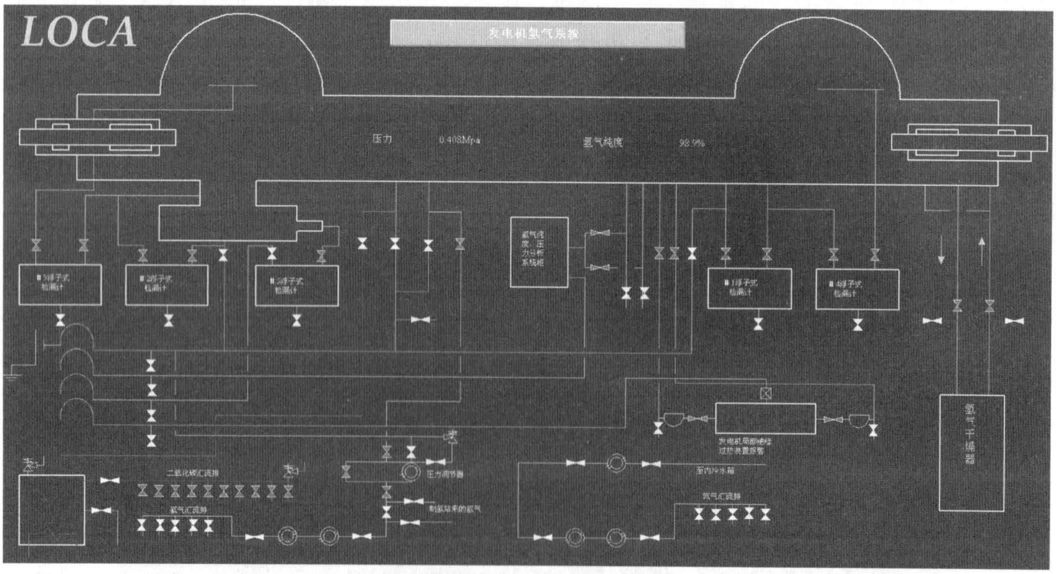

图2-22　发电机氢气冷却系统

发电机氢气冷却系统可分为三个部分，即发电机内部的氢气冷却器和风扇，发电机外部的氢气连接设备和管道，二氧化碳装置。发电机内部设置四台氢气冷却器，采用开式循环冷却水来冷却氢气。氢气冷却器为表面式热交换器，壳侧介质是氢气，管侧介质是开式循环水。氢气冷却器的进口水管上安装气动调节阀，能够通过调节冷却水流量保持氢气温度恒定。

氢气连接系统主要完成氢气的补充、置换、干燥、监测和控制。系统主要包括供气装置、氢气减压器、氢气干燥器、液体检漏计、氢气参数监测装置和发电机工况监视器。

氢气是一种易燃易爆气体，在充氢和排氢的过程中，都需要二氧化碳作为中间介质，去置换发电机内的空气和氢气。

气体置换应在发电机静止、盘车时进行，同时应保持轴密封瓦处的密封油压力。启动时，充氢过程中，必须先用二氧化碳置换发电机内的空气，再用氢气置换二氧化碳。首先，从发电机底部汇流管道，充入约 1.5 倍发电机容积的二氧化碳气体，以排除机内空气。充入二氧化碳期间，由于其密度较大，发电机顶部二氧化碳的纯度较小，因此从发电机顶部的汇流管道采样，连接至氢气纯度监测装置。当二氧化碳纯度为 95%时，充二氧化碳过程结束。然后，用氢气置换二氧化碳。打开制氢站到发电机的氢气通路，缓慢向发电机内充氢；同时打开发电机底部排气阀，排出二氧化碳气体。由于氢气密度较小，应从发电机底部汇流管道采样。当氢气纯度达到 98%时，充氢过程结束。

发电机的排氢过程是通过在发电机底部汇流管道充入二氧化碳，同时从发电机顶部汇流管道排出氢气。为了使发电机内混合气体中的氢气含量达 5%，应充入两倍于发电机容积的二氧化碳。当二氧化碳纯度大于 90%时，再用空气置换二氧化碳。

二、发电机氢气系统投入

检查密封油系统运行正常后，检查各阀门状态正确，发电机进行氢置换：首先用二氧化碳置换出空气，向发电机内充二氧化碳，并维持发电机内二氧化碳压力 0.02MPa，待发电机内二氧化碳浓度达到 95%以上时，可停止充二氧化碳；然后用氢气置换出二氧化碳，检查发电机氢置换结束合格后，逐渐升氢压至 0.38MPa 以上，检查氢纯度大于 98%，可停止充氢。关闭相关阀门，如图 2-22 所示。

三、发电机氢气系统运行调节

机组启动过程中，不应过早地向氢气冷却器供冷却水，应在进口风温超过 40℃时，再投入氢气冷却器水侧并投入其自动控制，随着负荷的增加，应注意监视冷却器出水温度调整门的工作情况。

机组正常运行时，发电机内氢气压应为 0.4MPa，当氢气压降低到 0.38MPa 时，压力开关报警，联系化学补氢气，发现氢气压下降时，应立即查明原因，并进行消除。

机组正常运行时，发电机氢气温控制投自动，温度设定 45℃，最低不低于 40℃，最高不高于 50℃。

正常运行时，发电机内氢气纯度应在 98%以上，含氧量小于 1%，否则开启各排污门，进行排污并补氢。

正常运行时，氢气干燥器投入，经常检查干燥器自动再生、干燥正常，并定期排污。

四、发电机氢气系统停运

机组停运后，若需要进行排氢操作时，先用二氧化碳置换氢气。检查各阀门状态正确，打开排氢阀将发电机氢气压力降至 0.01MPa 左右，并确认二氧化碳浓度满足要求后，向发电机内充入二氧化碳，同时开始排氢气。当发电机内二氧化碳浓度达到 95%以上时，可停止充二氧化碳。然后用压缩空气置换二氧化碳。检查各阀门状态正确，将补氢气系统隔绝，当二氧化碳浓度小于 5%时，置换结束，可停止充空气。

任务八　发电机内冷水系统运行

一、发电机内冷水系统概述

发电机定子冷却水系统是一独立封闭的自循环冷却系统，它利用定子冷却水泵向各定子绕组不间断地供给冷却水，并监视水温、水压、流量和电导率等参数的变化，以达到冷却发电机定子的目的。系统设置了定子水温自动调节阀，用以调节定子绕组内冷水的进水温度；另外还设置了离子交换器，用以提高和保持内冷水的水质。

发电机定子冷却水系统主要由定子冷却水箱、定子冷却水泵、水冷却器、滤网、离子交换器、电导率仪发送器、流量测量装置等组成。来自凝结水补水泵出口的发电机定子冷却水进入定子冷却水箱，水箱上装有补水装置和液位检测开关。当水箱水位过高时，可通过溢流管自动溢流；当水箱水位下降至报警水位时，液位开关触点动作，通过电气控制回路开启补水电磁阀自动向水箱补水。系统设有两台定子冷却水泵，正常运行时，一台运行，一台备用。当泵出口压力低于整定值时，压力控制器通过电气控制回路启动备用泵。系统设有两套定子水冷却器和滤网，互为备用。定子水冷却器的冷却水为开式循环水，在循环水回水管道上设有水温调节阀，用以控制冷却器定子水出水温度在（45±3）℃。

冷却水经定子冷却水泵从水箱中吸出并升压，之后进入冷却器中降温，再经滤网过滤出杂质，最后进入发电机定子绕组，出水流回水箱，如此不断循环，以带走定子绕组运行中产生的热量。在发电机定子绕组冷却水进、出口管道上，设有进、出口阀的旁路阀，用以对定子绕组进行反向冲洗。

为防止发电机投入运行初始阶段因定冷水温过低导致线圈结露，定冷水系统设置了电加热器。发电机未带负荷前，定冷水温低且氢气湿度较高时，应投入电加热运行，但在发电机带负荷前必须退出电加热。投入电加热前，应关闭发电机定冷水进出口手动门，开启电加热进出口手动门，启动一台定冷水泵运行进行内部循环，再投入电加热运行，待定冷水温度高于机内氢温后，应退出电加热器运行。

二、发电机内冷水系统投入

在汽轮机就地“发电机定子冷却水系统”中，开启定子冷却水箱补水就地门，如图 2-23 所示。

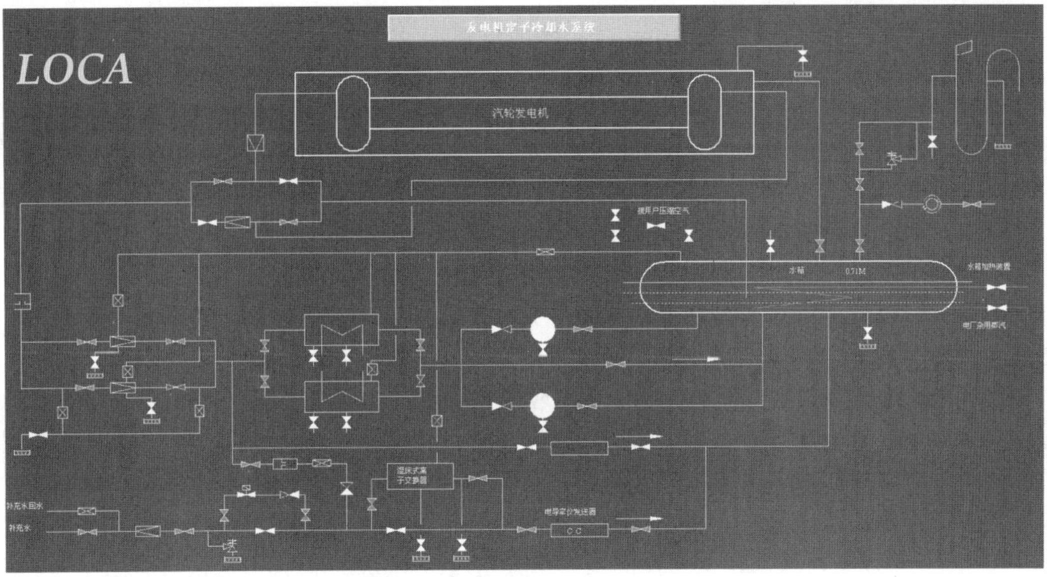

图 2-23 发电机定子冷却水系统

在汽轮机 DCS“发电机内冷水系统”中，开启定子冷补水阀，将定子水箱水位补充至正常（600～800mm），如图 2-24 所示。

在图 2-23 中，开启内冷水泵再循环阀门，投入一组内冷水冷却器和滤网，将另一组冷却器和滤网投入备用。备用冷却器和滤网的内冷水出口门全开，进口门开启 10%。

在图 2-24 中，启动一台内冷水泵，将另一台投入备用。

在图 2-23 中，逐渐开启泵出口门，缓慢开启发电机内冷水进、出水门，调整内冷水泵再循环门，控制水压为 0.25～0.35MPa，保持氢气和定子冷却水差压在 30～50kPa。

在发电机并列后，当发电机进口内冷水温度超过 45℃时，调节水温调节阀，使内冷水温度控制在 45～50℃之间。

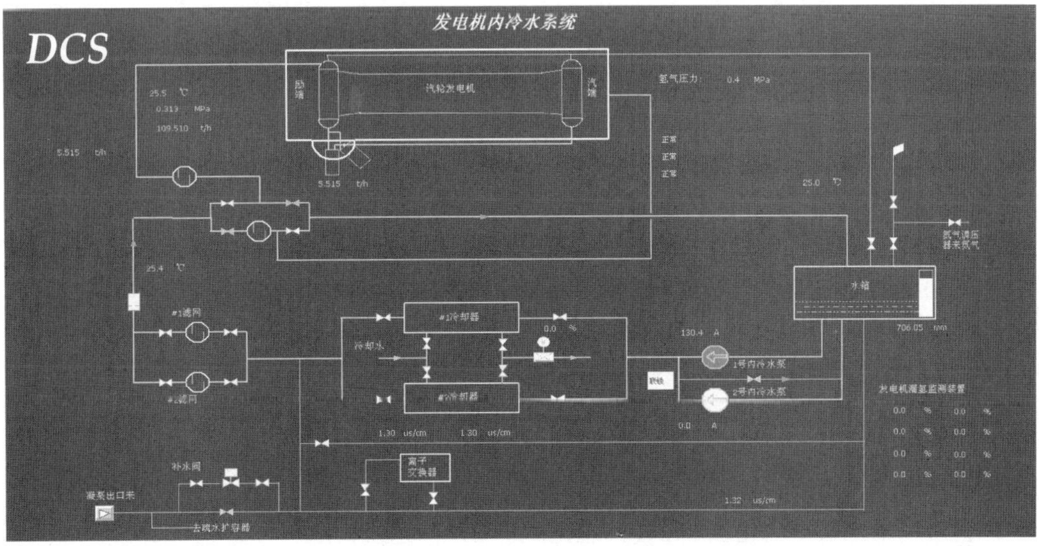

图 2-24 发电机内冷水系统

三、发电机内冷水系统运行调节

在发电机内冷水系统运行中，发电机定子冷却水系统管道、设备应无漏水现象；定子冷却水箱水位正常，水箱无溢水；定子冷却水泵振动、声音、轴承温度、出口压力、轧兰滴水及轴承油位正常，备用定冷水泵投联锁；定子冷却水进水压力、流量正常，进水电导率应正常。内冷水箱应保持一定的氮压，以防止水质污染。

根据季节及时调节温控阀、定子冷却水冷却器冷却水量，保持定子冷却水温度略高于氢气温度。若进水温度过高，应及时检查开式冷却水温度、压力及定子冷却水温控阀动作情况，必要时切换定子冷却水冷却器或投备用定子冷却水冷却器运行。

运行中，定子冷却水滤网进、出口差压应正常。当前后差压达到 0.055MPa 时，差压大报警（最大允许差压 0.25MPa），应切出滤网走旁路运行，并通知检修处理。恢复时，应冲洗滤网至水质合格后，方可缓慢投入运行。

离子交换器出水电导率、进水压力和流量应正常。若系统中定子冷却水电导率不能维持在 0.5μS/cm 以下，或离子交换器的压力损失超过 0.098MPa，说明交换树脂已经失效，需要更换，应联系检修处理。

四、发电机内冷水系统停运

若切换备用定子冷却水泵，应先手动启动备用泵正常后，再停用原运行泵投入备用，密切注意定子冷却水流量正常。

机组停用后，根据需要及时停用定子冷却水系统，以防发电机过冷。解除备用定子冷却水泵联锁，停定子冷却水泵。

根据需要，进行发电机定子冷却水反冲洗。

发电机长时间停止备用时，应利用压缩空气将发电机线圈内的定子冷却水吹放干净。

当外界环境温度接近冰点，或发电机需做直流泄漏试验时，应排尽定子绕组内的剩水。

任务九　EH 油系统运行

一、EH 油系统概述

对于高参数大容量机组，为了改善调节响应的品质，提高调节系统的工作性能，增加它的可靠性和灵敏度，希望有较小机械惯性和摩擦影响的执行机构，就要求有较高的工作油压。但油压的提高可能会引起更多的油泄漏，增加发生火灾的危险。所以采用抗燃油可以解决这个问题。600MW 机组有专用的抗燃油供油系统，常称为 EH（Electric Hydraulic）油系统，向调节保护系统供油。

EH 抗燃油系统由供油装置、抗燃油再生装置及油管路系统组成。EH 油系统（图 2-25、图 2-26）主要由 EH 油箱、两台 EH 油泵、一台 EH 油再循环泵、蓄能器、滤油器、冷油器、溢流阀、抗燃油再生装置及其他有关管道组成。

两台汽动给水泵小汽轮机的 EH 油也由主机 EH 油系统供给。

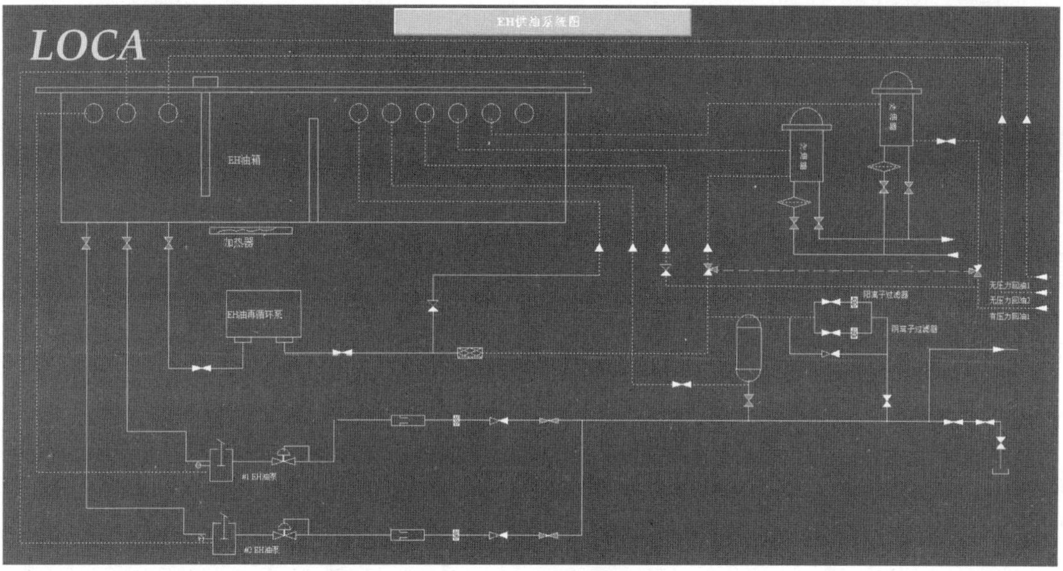

图 2-25　EH 供油系统

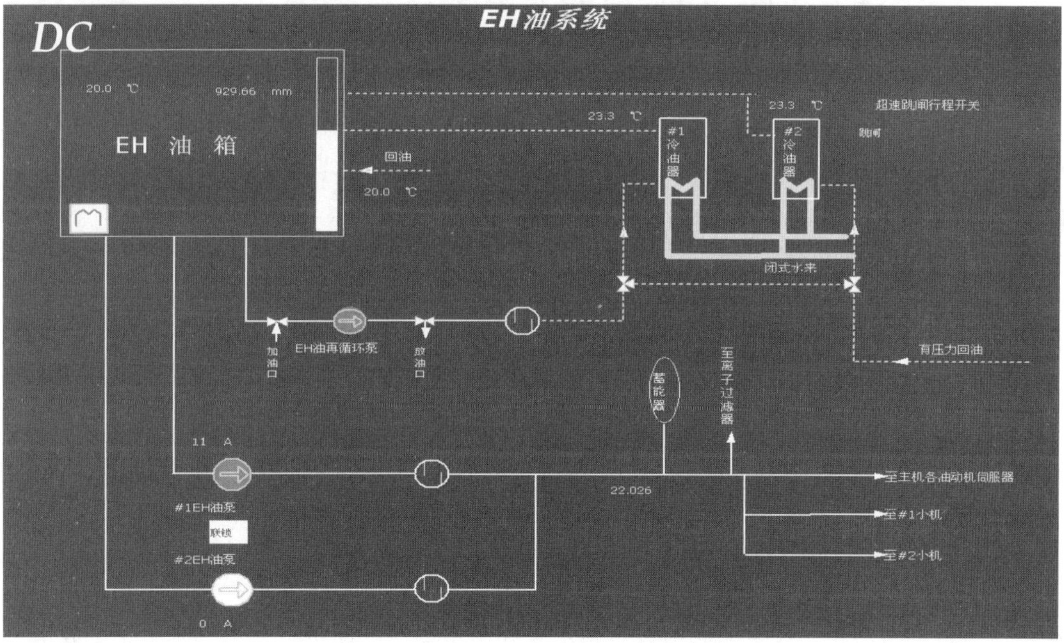

图 2-26　EH 油系统

二、EH 油系统投入

如图 2-25 所示，就地检查有关阀门均在准备启动状态；EH 油冷油器进、出油手动门在开启状态。DCS 上确认 EH 油箱油位正常（750mm 左右）；EH 油箱油温低于 20℃，油箱电加热器投入，以提高油温；启动 EH 油再循环泵，检查油压正常。确认 EH 油系统阀门已检查处于正常开启位置，当油温大于 20℃时，启动一台 EH 油泵运行，检查电流、出口压力正常，投入备用泵联锁。根据油温情况适时投入一侧冷油器，并调节冷却水，注意调整水侧压力应低于油侧压力。

三、EH 油系统运行调节

机组正常运行时，EH 油箱油位 700mm。检查 EH 油母管压力在 14MPa，低于 11MPa 应检查备用 EH 油泵联启动。

检查 EH 油箱温度在 43～45℃范围，油箱温度高于 50℃时，应检查油箱电加热自动退出或手动停止，并检查冷油器的冷却水工作正常。EH 油系统过滤器前后压差小于 0.5MPa。为保证 EH 油油质良好，EH 油再生系统应投入连续运行。

四、EH 油系统停运

EH 油系统在机组停运后，待 EH 油系统满足停运条件后，方可停止运行。确认机组已经停运，解除 EH 油泵联锁，停运 EH 油泵。解除 EH 油箱电加热装置自动，解除 EH 油冷却器冷却水进水电磁水阀自动。关闭冷却器进、出水门。EH 油再循环泵根据油质情况停止。

任务十 辅助蒸汽系统运行

一、辅助蒸汽系统概述

单元制机组的发电厂均设有辅助蒸汽系统。在机组各种运行工况下，辅助蒸汽系统能够为各用汽项目提供参数、数量符合要求的蒸汽。

辅助蒸汽系统的容量可按一台机组启动与另一台机组正常运行用汽量确定，一般情况下，两台并列运行的机组可共用一套辅助蒸汽系统，互相供应辅助蒸汽。辅助蒸汽的参数是根据各电厂对辅助蒸汽用汽要求确定的。

辅助蒸汽系统主要由供汽汽源、辅助蒸汽联箱、用汽支管、减压减温装置、疏水装置及连接管道和阀门等组成。

考虑到机组启动、低负荷、正常运行及厂区的用汽情况，辅助蒸汽系统的供汽汽源有以下几种情况。

1. 相邻机组供汽

相邻机组供汽管道设有电动阀和手动截止阀，蒸汽经一期辅汽来汽电动阀和手动截止阀进入本机辅汽联箱。在电动阀前设有疏水点和疏水管，以便将暖管疏水排至无压放水母管。

2. 再热蒸汽冷段供汽

再热蒸汽冷段供汽汽源接在高压旁路之后，这样在机组启动、低负荷及机组甩负荷工况下，只要投入旁路系统，且其蒸汽参数能满足用汽要求时，辅助蒸汽就由相邻机组供汽切换至本机再热蒸汽冷段供汽。当旁路系统切除，而再热冷段蒸汽能满足要求时，由高压缸排汽提供辅助蒸汽。该供汽管道沿汽流方向安装有电动阀、手动截止阀、电动调节阀、手动截止阀、止回阀。其中，止回阀用以防止辅助蒸汽倒流入汽轮机，调节阀前、后各设置一个疏水点，以将疏水排放至辅汽疏水扩容器和无压放水母管。

3. 汽轮机四段抽汽供汽

当机组负荷大于 70%～85% MCR（Max Continal Run，最大连续出力）时，汽轮机四段抽汽参数符合要求，可将辅助汽源切换至四段抽汽。在机组正常运行时，辅助蒸汽系统也由四段抽汽供汽，因其压力变动范围与辅汽联箱的压力变动范围基本接近。在四段抽汽供汽管道上，设有电动截止阀和止回阀，不设压力调节阀，因辅助蒸汽联箱压力在一定范围内是随机组负荷和四段抽汽压力变化而滑动，从而减少了压力损失，提高了机组运行的热经济性。

辅助蒸汽系统可以供给除氧器用汽、小汽轮机的调试用汽、主汽轮机和小汽轮机的轴封用汽、采暖用汽、锅炉暖风器用汽、内冷水箱加热用汽、空气预热器吹扫用汽、锅炉燃油吹扫用汽以及其他用汽。

为防止压力调节阀失灵时辅助蒸汽联箱超压，在辅助蒸汽联箱上安装一只弹簧安全阀，用作超压保护。

为防止辅助蒸汽系统在启动、正常运行和备用状态下，管道内积聚凝结水，在各供汽管道低位点和辅汽联箱的底部均设有疏水点，疏水进入辅助蒸汽疏水扩容器，利用压差作用自流入运行机组的凝汽器热井。水质不合格时，排到无压放水母管。

二、辅助蒸汽系统投入

（1）在汽轮机就地“辅助蒸汽系统”（图 2-27）中，开启辅汽联箱及各供汽管道至地沟的疏水门，开启一期辅汽管道至本机辅汽联箱手动门，以将辅助蒸汽母管充分暖管。

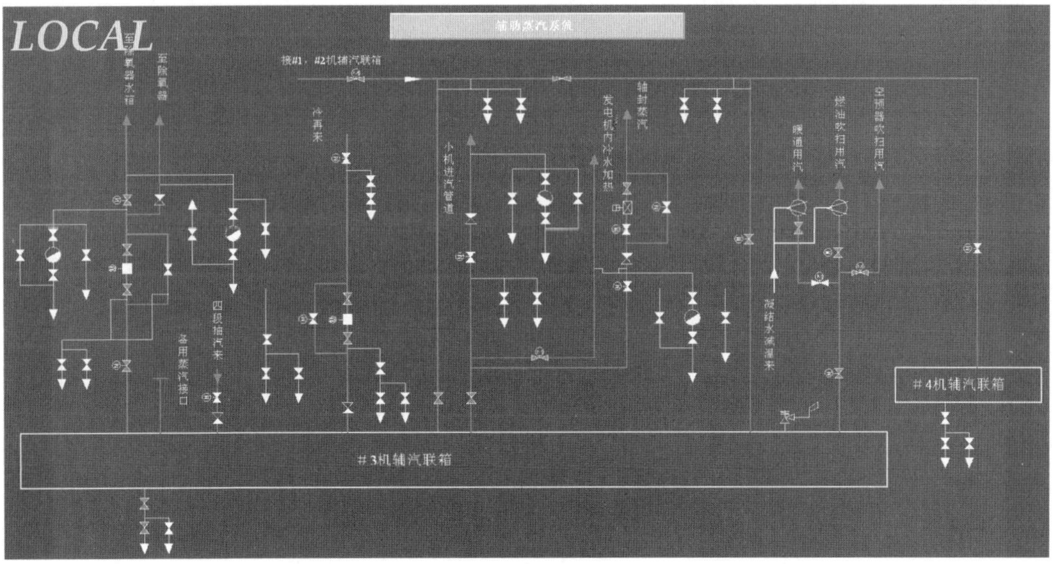

图 2-27 辅助蒸汽系统

（2）在汽轮机 DCS“辅助蒸汽系统”（图 2-28）中，开启一期辅汽至辅汽联箱管道上的电动门，检查辅汽联箱压力逐渐上升。

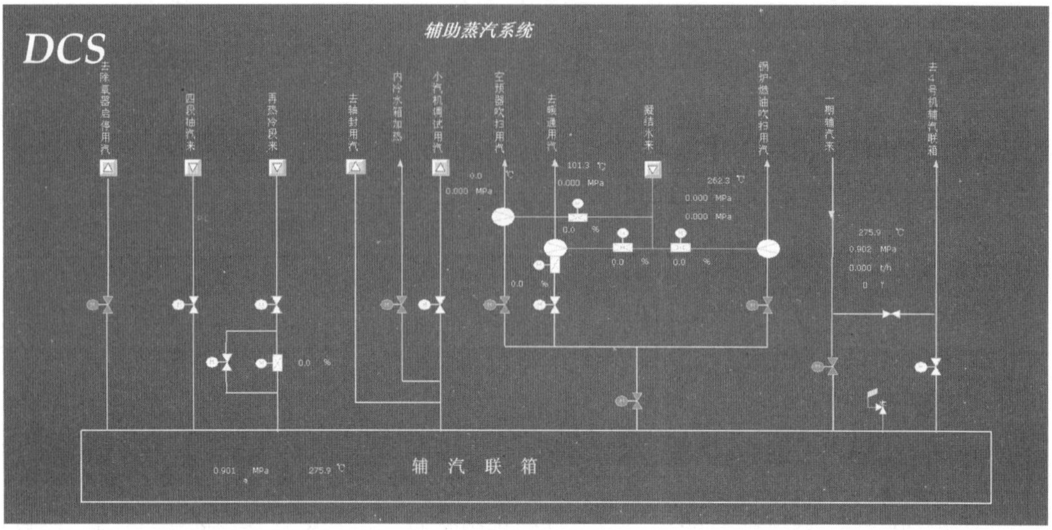

图 2-28 辅助蒸汽系统

（3）在图 2-27 中，当辅汽联箱温度上升至 200℃后，关闭辅汽联箱和各供汽管道疏水门。

（4）在图 2-28 中，检查辅汽联箱压力，0.8～1.2MPa 为正常；检查温度，280～373℃为正常。

（5）在图 2-27 与图 2-28 中，根据需要开启各辅汽用户供汽手动门、电动门，并调整辅汽联箱压力、温度，使之在正常范围内。

三、辅助蒸汽系统运行调节

机组正常运行时，检查辅汽联箱压力、温度应正常；并根据负荷变化，进行各辅汽汽源切换，调节并维持压力在正常范围；同时检查系统无泄漏现象，各管道无振动。

机组甩负荷时，可由高压旁路后的蒸汽供汽，当旁路不能投入时，由相邻机组正常辅助蒸汽汽源供汽。

四、辅助蒸汽系统停运

在电厂中，如需停用辅助蒸汽系统，应经值长同意，确认无辅汽用户后方可停用。

辅汽系统停运时，关闭再热冷段进汽调整门及电动门，关闭四抽供汽电动门，关闭一期至本机辅汽联箱供汽电动门。

维持辅汽联箱疏水门开启。当凝结水系统、循环水停止运行后，关闭至疏扩疏水门。

辅汽系统的投、停及切换操作，应及时汇报值长。

任务十一　汽轮机轴封蒸汽系统运行

一、汽轮机轴封蒸汽系统概述

一般情况下，轴封蒸汽系统指的是轴封以及与之相连的管道、阀门和附属设备组成的系统。

在汽轮机各种运行工况下，轴封蒸汽系统都应提供合乎要求的轴封和阀杆密封用汽。轴封蒸汽系统的主要作用是向汽轮机汽封、驱动给水泵的小汽轮机的汽封以及主汽阀、调节汽阀的阀杆汽封提供密封蒸汽，同时将各汽封的漏汽进行合理导向或抽出，防止汽缸内蒸汽和阀杆漏汽向外泄漏，并防止外界空气漏入汽缸的真空部分。

600MW 超临界机组采用自密封轴封蒸汽系统。这种轴封蒸汽系统的特点是：高、中压缸轴封与低压缸轴封通过母管连接起来，在机组正常运行时，高、中压缸轴端汽封的漏汽经喷水减温后，作为低压轴端汽封用汽，从而实现两者之间的自身平衡蒸汽密封，多余漏汽经过溢流站溢流至低压加热器或凝汽器。

在轴封蒸汽母管上设有三种汽源管道，即辅助蒸汽、主蒸汽和冷再热蒸汽。在机组启动初期，由辅助蒸汽向轴封供汽。当主蒸汽参数满足轴封供汽要求时，由主蒸汽向轴封供汽。当机组负荷为 10%～20%MCR 时，由冷再热蒸汽供汽。各汽源的供汽压力由设在各汽源管道上的气动调节阀控制。随着机组负荷的增加，当负荷大于 25%～30%MCR 时，高、中压缸的轴端漏汽压力满足低压缸汽封用汽要求时，由高、中压缸的轴端漏汽向低压缸供汽。供汽温度由减温器控制，供汽压力由溢流站控制，它将多余的蒸汽通过气动调节阀排入凝汽器，以保持低压缸供汽压力稳定。机组运行时，各供汽汽源则处于热备用状态，以便随时启用。这种轴封蒸汽系统，在机组启动或停机时由外来汽源供汽，在机组正常运行时，实现自平衡密封供汽，结构简单，消耗蒸汽量小，运行经济，安全可靠，工况适应性好。

二、汽轮机轴封蒸汽系统投入

（1）在汽轮机 DCS“主机润滑油”系统（图 2-29）中，确认主机盘车运行。

（2）在汽轮机 DCS“小机润滑油”系统（图 2-30、图 2-31）中，确认小机盘车运行。

如果小汽轮机因故不能投入连续盘车，则在主机送轴封后，注意监视小汽轮机排汽温度，条件允许，应定期间断盘车。

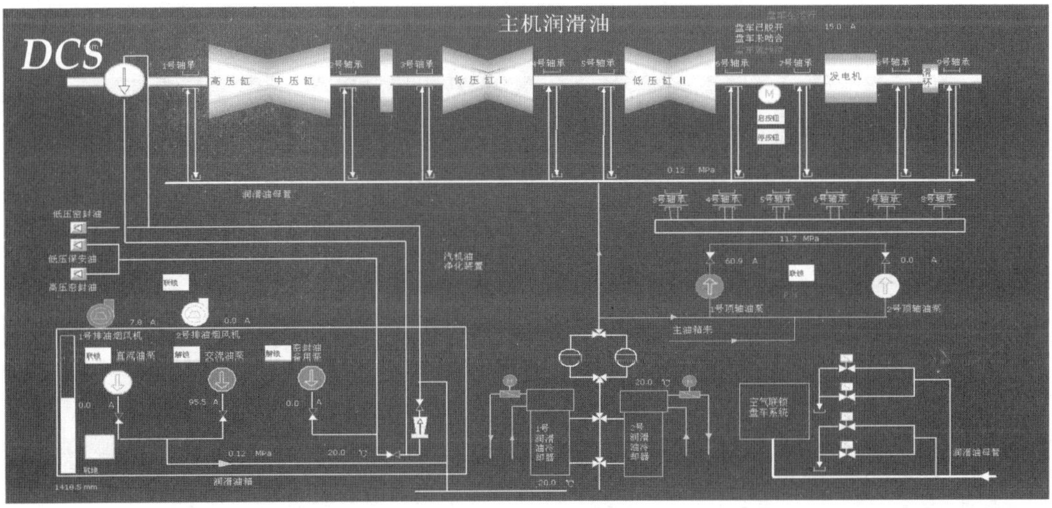

图 2-29　主机润滑油系统

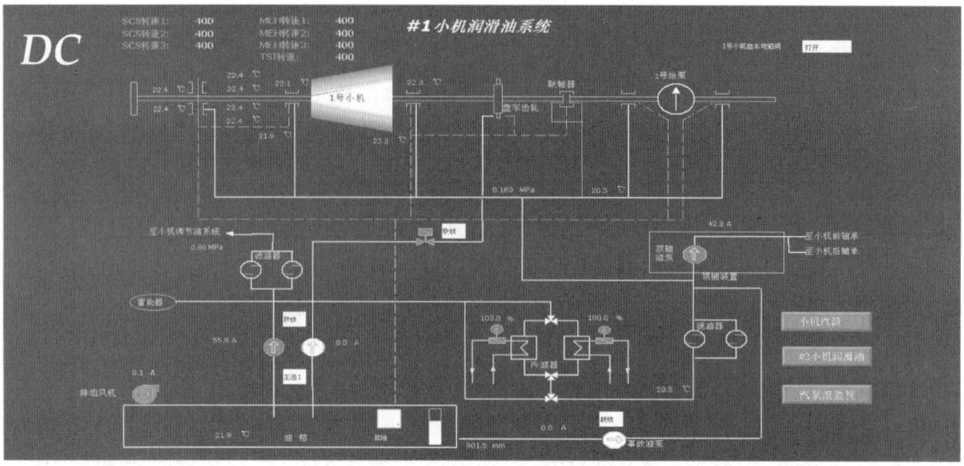

图 2-30　1 号小机润滑油系统

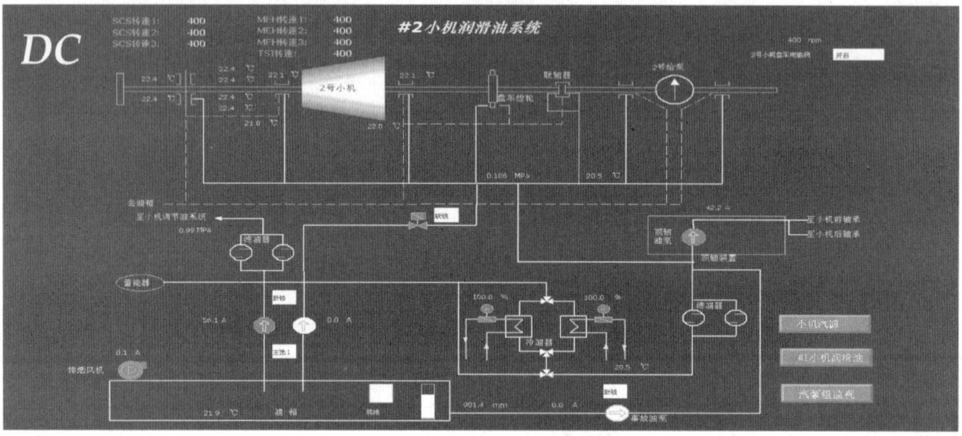

图 2-31　2 号小机润滑油系统

（3）在汽轮机 DCS“凝结水系统”（图 2-32）中，确认轴封加热器（简称轴加）水侧投入，并有足够的连续流量，轴封加热器再循环门开启。

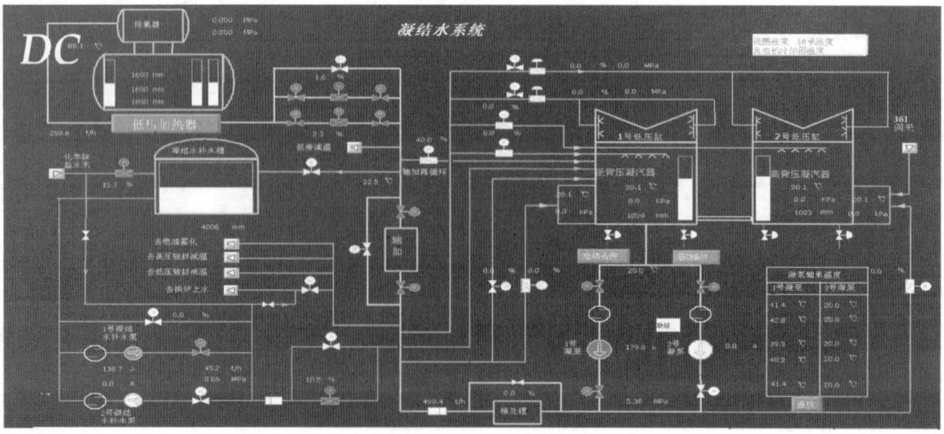

图 2-32　凝结水系统

（4）在汽轮机就地“汽机轴封蒸汽系统”（图 2-33）中，开启轴封供汽管道上的疏水就地门，开启各轴封进口滤网放水门。

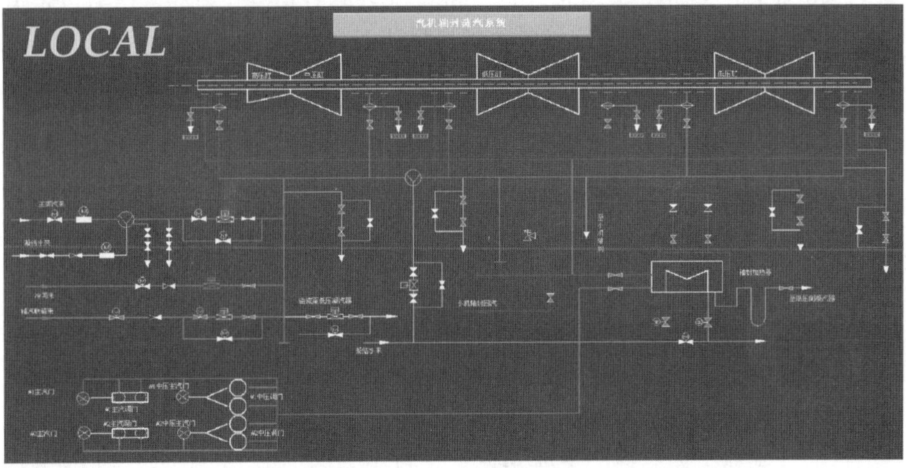

图 2-33　汽机轴封蒸汽系统

（5）在汽轮机 DCS “汽机轴封系统”（图 2-34）中，开启轴封供汽管疏水电动门。

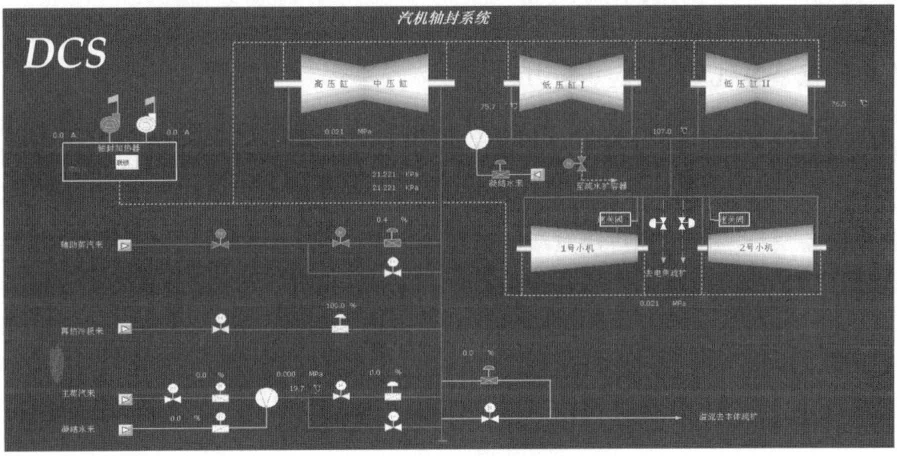

图 2-34　汽机轴封系统

（6）在图 2-33 中，开启轴封加热器排气、疏水就地门，开启辅汽至轴封供汽管道上的就地门。

（7）在图 2-34 中，开启辅汽至轴封供汽管道上的电动门，稍开轴封供汽压力调节阀，进行暖管。

（8）在图 2-33 中，开启低压轴封蒸汽减温水就地门，开启汽机轴封漏汽至轴封加热器就地门。

（9）在图 2-34 中，启动一台轴封风机运行，另一台投入备用。

（10）在图 2-33 中，开启高、中、低压缸轴封进汽分门，开启冷再热蒸汽至轴封供汽母管就地门，开启二次门杆漏汽至轴封加热器就地门。

（11）在图 2-34 中，当低压轴封蒸汽温度在 150℃以上，并有 14℃以上的过热度后，缓慢调整并开大轴封供汽调节门。检查高中压胀差、低压胀差正常变化。

（12）在图 2-34 中，投入低压轴封减温水自动控制，温度设定值为 150℃，并维持低压轴封供汽温度为 150～176℃。将轴封供汽母管压力调节阀投入自动，压力设定值应大于 21kPa。将轴封母管溢流气动调节阀投入自动，压力设定值为 36 kPa 左右。

（13）轴封蒸汽系统投入结束后，关闭轴封滤网放水门和轴封系统的所有疏水就地门。

三、汽轮机轴封蒸汽系统运行调节

在机组正常运行时，调整并保持供汽压力、温度稳定在正常值，维持漏汽腔室处于微负压状态。

检查轴封各进汽调节阀、减温水调节阀、轴封母管溢流阀自动正常。

检查轴封母管压力、温度、轴加真空、水位、轴加进出水温度正常，汽机各端部汽封不冒汽，汽机油系统不进水。

检查轴加风机振动、声音应正常，风机联锁投入。

轴封系统的部分疏水加装疏水节流孔板，轴封系统投入正常运行时，维持疏水运行。

在机组各种运行工况下，保证轴封蒸汽系统的正常工作。

四、汽轮机轴封系统停运

汽轮机解列打闸停机后，轴封蒸汽系统仍需继续供汽，以防止冷空气漏入汽轮机内部，过快地局部降低金属温度而引起热应力。

停机时轴封汽溢流阀应逐渐关小，约 60%负荷关闭，当轴封母管压力低至 27kPa，检查辅汽或冷再至轴封压力调节阀应自动开启调节。维持轴封母管压力正常，注意轴封汽温度正常。

若第一路备用汽源使用冷再热蒸汽，负荷 25%以下时，及时将供汽切换为辅汽供给。

停机后，确认凝汽器真空到零，停运轴封汽，退出轴封各汽源调节阀及低压段轴封减温水调节阀自动，关各调节阀及隔离阀，确认减温水已可靠隔离，轴封母管压力降至零，温度逐渐下降。

退出轴封加热器风机联锁，停止轴封加热器风机运行，开启轴封蒸汽管道系统的各疏水阀。

根据要求，完成其他操作。

任务十二　汽轮机真空系统运行

一、汽轮机真空系统概述

汽轮机真空系统是用来在机组启动初期建立凝汽器真空，并在机组正常运行中保持凝汽器真空，以确保机组的安全经济运行。

汽轮机真空系统主要由汽轮机的密封装置、真空泵以及相应的管道、阀门、附件等组成。系统设有三台 50%容量的水环式真空泵组，泵组是由水环式真空泵、汽水分离器、机械密封水冷却器、泵组内部连接管道、阀门以及电器控制设备等组成。

高、低背压凝汽器的壳体上均设有两个抽空气管道接口，抽空气管道上安装有水封截止阀，正常运行时开。各真空泵入口依次设有水封阀、气动蝶阀及止回阀。

水环式真空泵由低速电机驱动，将凝汽器中的气体经气动蝶阀抽吸过来，将其压缩到微正压，之后将其排入汽水分离器。汽水分离器进行气水分离，分离后的气体经汽水分离器顶部的对空排气口排入大气，分离出来的水与补充水一起进入机械密封水冷却器。水经开式循环水冷却后，一路进入真空泵入口，使即将吸入真空泵的气体中的可凝结部分凝结，以提高真空泵的抽吸能力；另一路直接进入泵体，维持真空泵的水环厚度，并降低水环的温度。

汽水分离器的补充水来源于凝结水泵出口，经水位调节阀进入分离器。汽水分离器的水位可通过进口阀进行调节，低水位时通过进水阀补水，高水位时通过排水阀排出多余的水。汽水分离器顶部设有排气管，排气管上装有止回阀，以防止外界空气经备用泵组倒流入凝汽器。

凝汽器壳体上装设有电动真空破坏阀。连接凝汽器的所有疏水管道与凝汽器的接口均设置在凝汽器热水井的最高水位以上。

正常运行情况下，两台真空泵运行即可维持凝汽器真空，从而在机组各种运行工况下抽出凝汽器内的不凝结气体。如果运行真空泵抽吸能力不足或其他因素导致凝汽器真空下降时，可启动备用泵，这样三台泵同时运行，可确保凝汽器真空。

二、汽轮机真空系统投入

（1）在汽轮机就地“汽机真空系统”（图 2-35）中，检查相关就地门开启正确。

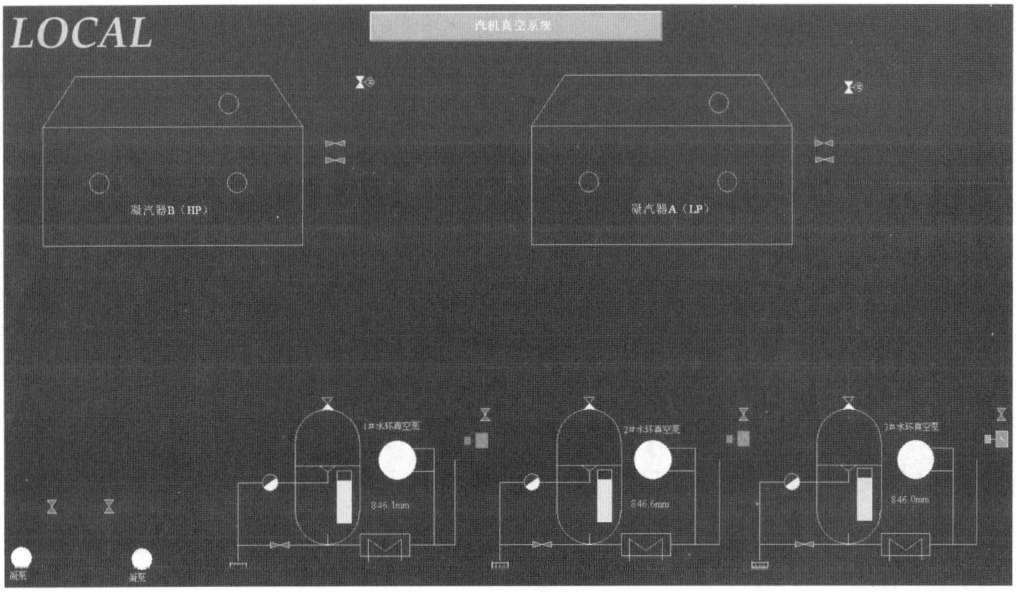

图 2-35　汽机真空系统

（2）在汽轮机就地“凝汽器补充水系统”（图 2-36）中，开启水环式真空泵补水就地门，向真空泵疏水罐补水。

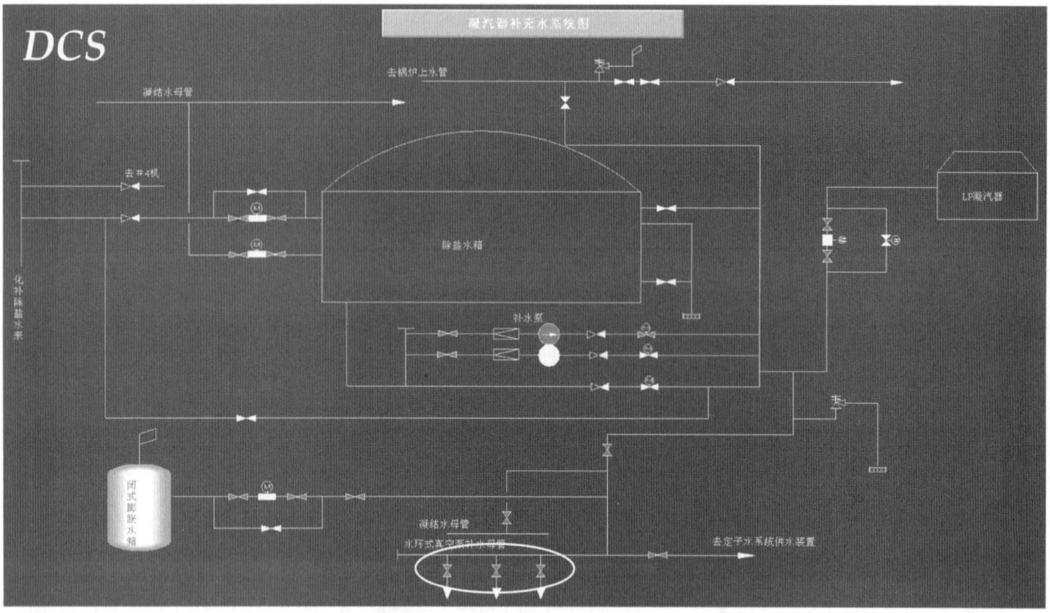

图 2-36　凝汽器补充水系统

当真空泵疏水罐水位为 820～880mm（图 2-35）时，关闭真空泵补水就地门，真空泵注水完成。

（3）在汽轮机 DCS“主再热蒸汽系统”（图 2-37）中，检查开启主、再热蒸汽管道疏水门。

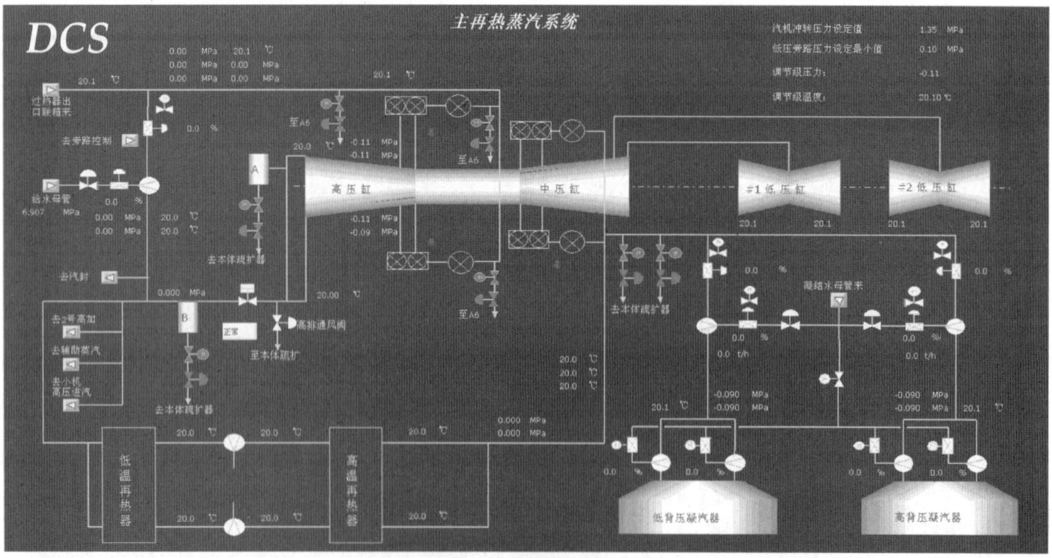

图 2-37　主再热蒸汽系统

（4）在汽轮机 DCS“汽机本体疏水”系统（图 2-38）中，检查开启汽轮机本体疏水门。

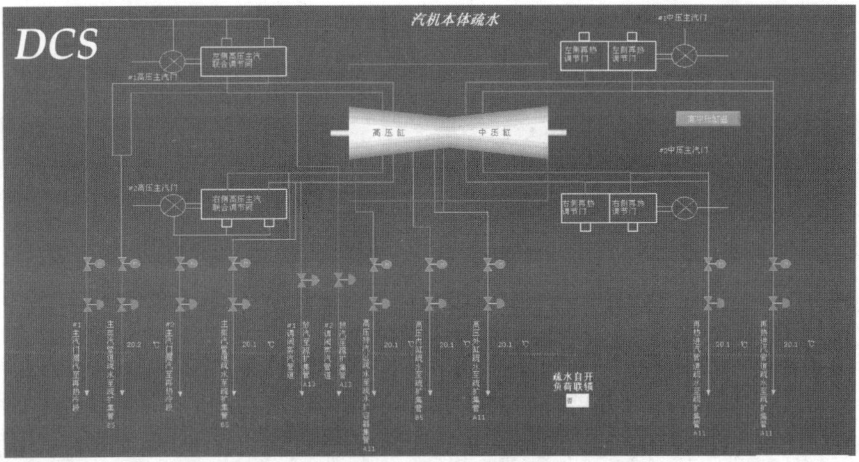

图 2-38　汽机本体疏水系统

（5）在汽轮机 DCS“抽汽系统”（图 2-39）中，检查开启所有抽汽管道疏水门。

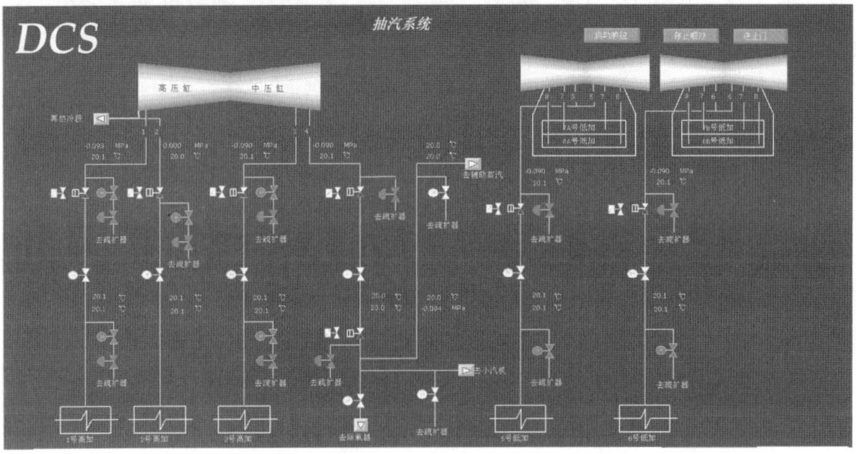

图 2-39　抽汽系统

（6）在汽轮机 DCS“小机汽源及疏水系统”（图 2-40）中，关闭小汽轮机排汽蝶阀。

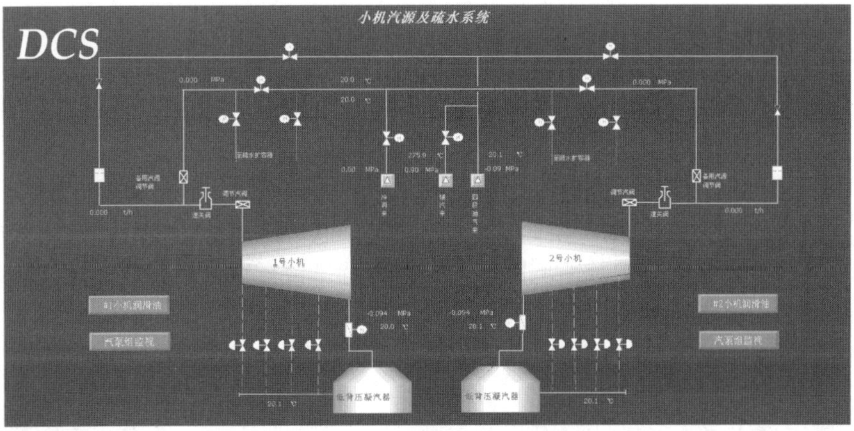

图 2-40　小机汽源及疏水系统

（7）在汽轮机 DCS“凝汽器真空”系统（图 2-41）中，关闭凝汽器真空破坏门，启动三台真空泵对系统抽真空，当真空达到 - 89kPa 后，停止一台真空泵并投备用。

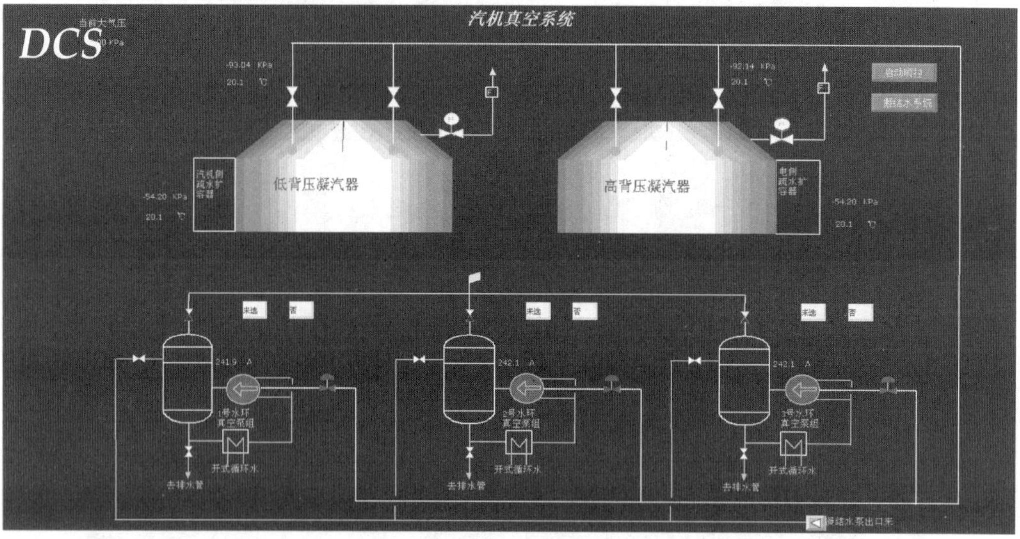

图 2-41　凝汽器真空系统

三、汽轮机真空系统运行调节

在运行中，泵组振动不大于 0.12mm，若振动明显增大或出现明显的不正常异声，应立即启动备用真空泵，停用原运行泵。

检查真空泵冷却器开式水侧温升正常，正常情况下不会超过 2℃。

当真空泵停用作备用或检修时，应检查其入口快关阀关严。

真空泵电流不超限，否则应尽快查明原因，短时间不能恢复，应启动备用真空泵，停用原运行泵。

真空泵组轴承温度不超过 75℃，温升不超过 45℃，真空泵工作液进口温度小于 40℃。若温度超过限额，应启动备用真空泵，停用原运行泵。

真空泵分离器的正常水位为 820～880mm，不低于 770mm。若水位低于 770mm，应启动备用真空泵，停用原运行泵。

运行中，一台运行真空泵跳闸，备用泵联动，两个联络门自动开启，操作员应复位跳闸泵，将联动泵入口快关蝶阀，当凝汽器背压稳定，联动泵运行正常后，将联络门切换到对应的位置。

运行中，一台凝汽器背压高至真空泵联动值，备用泵联动，两个联络门自动开启，操作员应将联动泵入口快关蝶阀，当凝汽器背压稳定，联动泵运行正常后，关闭其中一个联络门将两台凝汽器隔绝。确定故障原因后，根据保持三台真空泵运行或停运故障泵的运行方式，将联络门切换到对应的位置。

四、汽轮机真空系统停运

若备用真空泵切换，应先启动备用泵正常后开启入口快关阀，当备用真空泵入口快关阀前压力小于 5kPa，方可停用原运行泵。

在机组停机后，根据需要或事故情况下接值长指令，方可以停止真空系统运行。

停运时，解除真空泵备用联锁，关闭真空泵入口快关阀，依次停用真空泵。

根据停机要求开启真空破坏阀，破坏主机真空。关闭真空泵入口联络门、真空泵分离器补水门、冷却水门。

任务十三 除氧给水系统运行

一、除氧给水系统概述

在电厂机组中，除氧给水系统是指除氧器及其所连接的管道和附件，以及除氧器与锅炉省煤器之间的设备、管道及附件等。除氧给水系统主要用于将给水除氧，并将除氧器水箱中除过氧的水通过给水泵提高压力，经过高压加热器利用抽汽进一步加热后，输送到锅炉的省煤器入口，作为锅炉的给水。此外，给水管道系统还提供高压旁路减温水、过热器减温水及再热器减温水等。

除氧给水系统主要由除氧器、前置泵、给水泵、高压加热器以及相关的管道、阀门、附件等组成。给水系统采用单元制，除氧水从除氧器给水箱出来后，依次流经前置泵、流量测量装置、给水泵、3 号高压加热器、2 号高压加热器、1 号高压加热器、流量测量装置、给水调节阀后，进入省煤器入口联箱。

给水系统设置两台汽动泵、一台电动泵，其中汽动泵为运行泵，电动泵为备用泵。每台给水泵前均设置有前置泵，由电动机拖动，与给水泵串联运行，以提高给水泵的抗气蚀性能。给水泵与前置泵同时启停，因此两者之间的管道上不设隔离阀，但是设有流量测量装置和精滤网，以向给水泵最小流量再循环控制阀提供信号。给水泵出口管道上依次设有止回阀和电动闸阀，其中止回阀用于当运行给水泵与备用给水泵切换且运行给水泵停止运行时，防止压力水倒流给水泵，引起给水泵倒转。给水泵出口设有独立的最小流量再循环，以保证给水泵有一定的工作流量，避免在机组启停和低负荷时发生气蚀。给水泵设有暖泵管路，机组启动前，管路中的热水循环通过泵的外壳，进行通水暖泵，使泵处于热备用状态。

三台给水泵出水管道在闸阀后合并成一根给水总管，连接 3 号高压加热器。三台高压加热器共用一套带三通快速关断阀的给水自动旁路保护系统，三通始终保证一路是畅通的。正常运行时，高压加热器的疏水采用逐级自流方式，每条疏水管道上设有电动疏水调节阀，用于控制高压加热器正常水位。每个疏水调节阀前后均有电动截止阀，以用于该级加热器切除或疏水调节阀因故障隔离检修。3 号高压加热器疏水管道上的止回阀，用于防止除氧器内的水汽倒流入 3 号高压加热器，引起振动。

在机组启动初期，高压加热器的疏水可经加热器壳体底部的放水管排放至有压放水母管，当水质合格后，疏水可经事故疏水管流入疏水扩容器，进而流入凝汽器。各级高压加热器水侧设有对空排气管道，以排出加热器充水时水室内的空气。每台高压加热器都设有一只壳体安全阀和一只水室安全阀。当加热器管破裂，高压给水进入加热器壳侧而引起壳体超压时，壳体安全阀可保护加热器壳体，使其排汽直接排入大气。水室安全阀则可防止加热器水侧超压。

二、除氧给水系统投入

1. 除氧器加热

（1）在汽轮机 DCS“给水除氧系统”（图 2-42）中，检查除氧器水位正常，开启除氧器排气电动阀门。

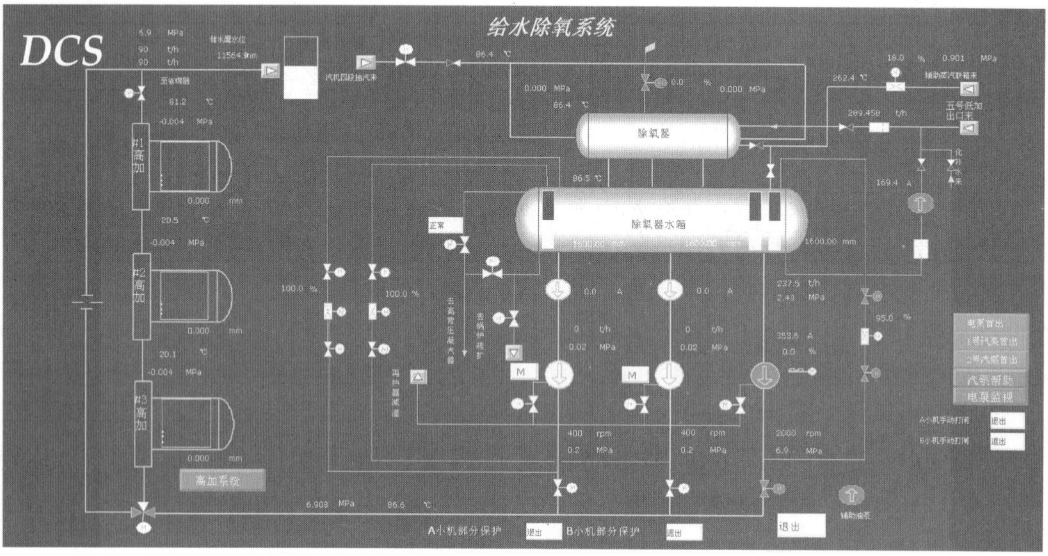

图 2-42　给水除氧系统

（2）在图 2-42 中，启动除氧器再循环泵，开启辅汽至除氧器加热供汽电动调节门，投入辅助蒸汽给除氧器加热。维持除氧器温度在 80～90℃，准备向锅炉上水。

2. 电动给水泵投入

（1）在汽轮机就地“给水系统”（图 2-43）中，开启三台给水泵的入口手动门。

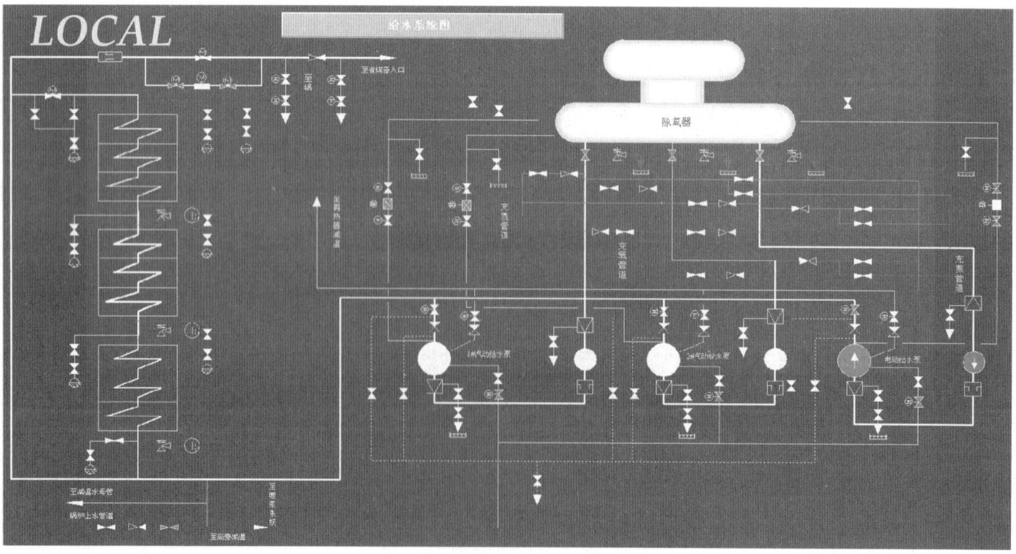

图 2-43　给水系统

（2）在汽轮机 DCS“给水除氧系统”（图 2-42）中，开启电动给水泵再循环电动门和调节门，启动电动给水泵的辅助油泵，启动电动给水泵，开启电动给水泵出口电动门。

（3）在锅炉 DCS“锅炉启动”系统（图 2-44）中，开启锅炉给水旁路电动门，调整给水旁路调节门开度，维持给水流量为 80～90t/h。

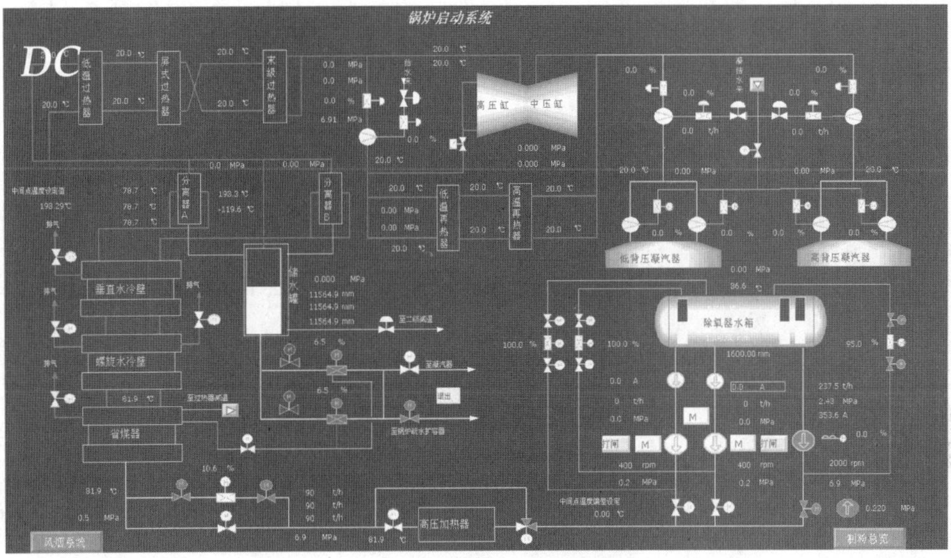

图 2-44　锅炉启动系统

（4）在汽轮机 DCS“给水除氧系统”（图 2-42）中，关注辅助蒸汽压力，尽量维持除氧器工作温度为 80～90℃。

3. 汽动给水泵投入

（1）检查 1 号、2 号小汽轮机“润滑油系统”工作正常，盘车运行。

（2）在汽轮机就地“小机汽源、轴封和疏水系统”（图 2-45）中，投入小汽轮机轴封蒸汽系统、疏水系统。

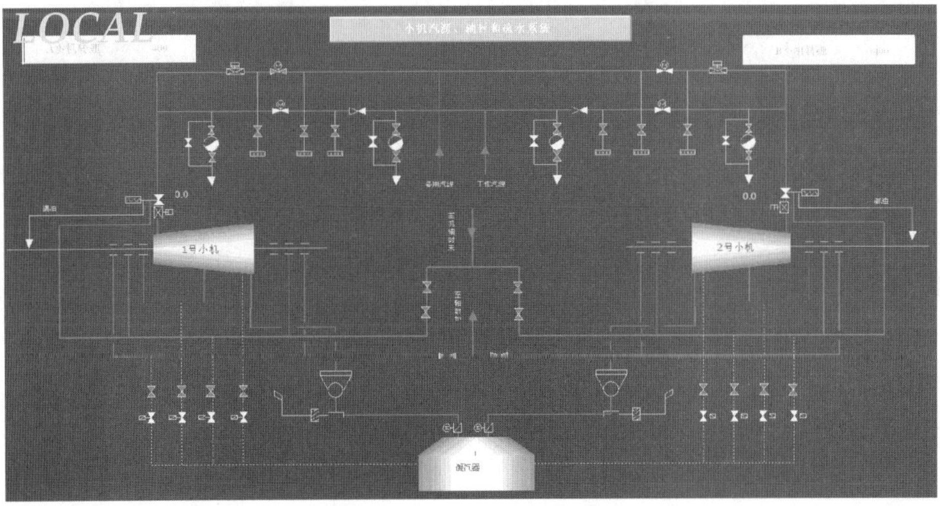

图 2-45　小机汽源、轴封和疏水系统

（3）在汽轮机 DCS“小机汽源及疏水系统”（图 2-46）中，投入小汽轮机汽源，开启小机排汽蝶阀，开启供汽母管和汽缸疏水电动门。

（4）在汽轮机“DEH&MEH”中，打开“MEH 系统帮助”，查看“给水泵汽轮机启停帮助”（图 2-47），依据帮助中未满足的条件提示进行操作，以满足汽泵的启动条件。

如在汽轮机 DCS“给水除氧系统”中，启动前置泵，满足“前置泵运行”条件（图 2-48）；在汽轮机 DCS“小机润滑油系统”中，启动小汽轮机第二台主油泵，满足“给水泵润滑油压高”条件。

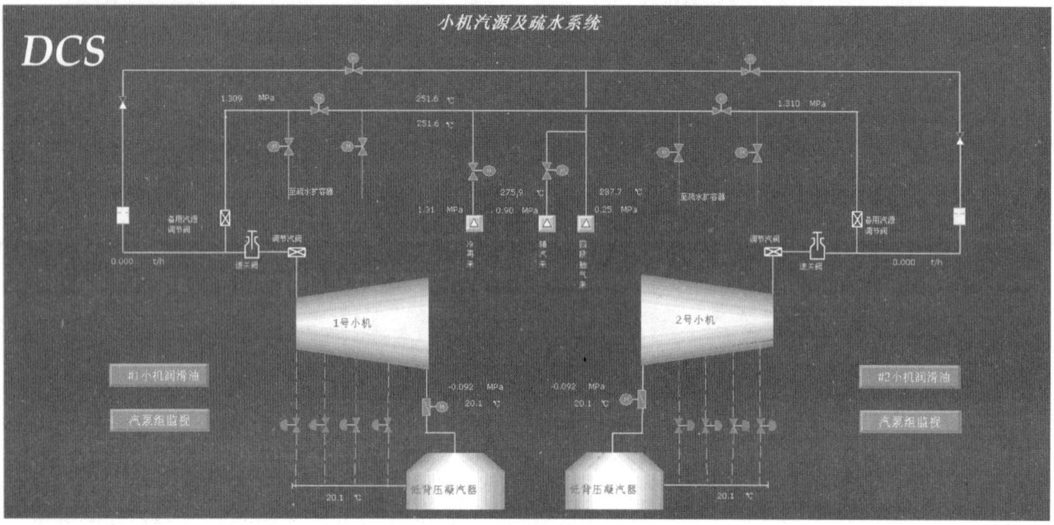

图 2-46 小机汽源和疏水系统

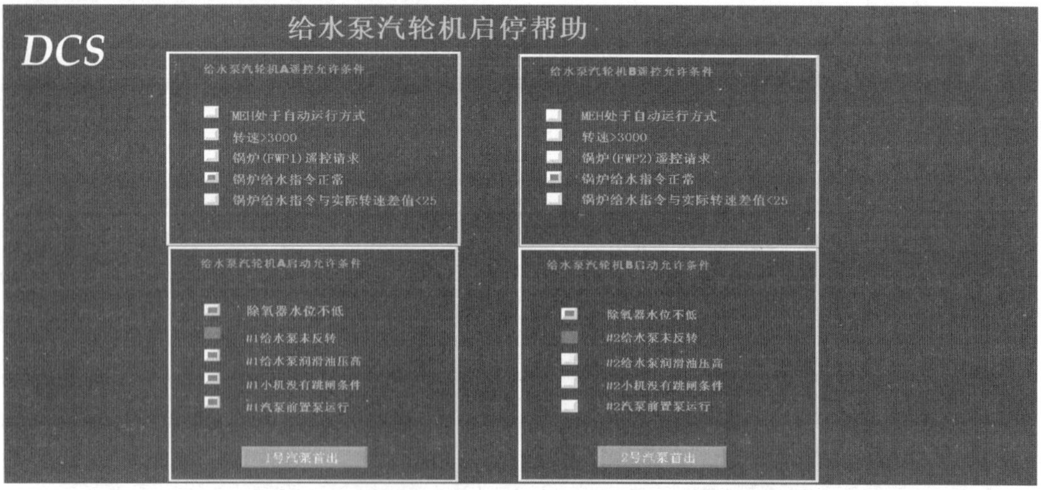

图 2-47 给水泵汽轮机启停帮助

（5）在汽轮机 DCS“给水除氧系统”（图 2-48）中，检查除氧器水箱水位正常，检查汽动给水泵再循环电动门、调节门开启，汽动给水泵出口电动门关闭。

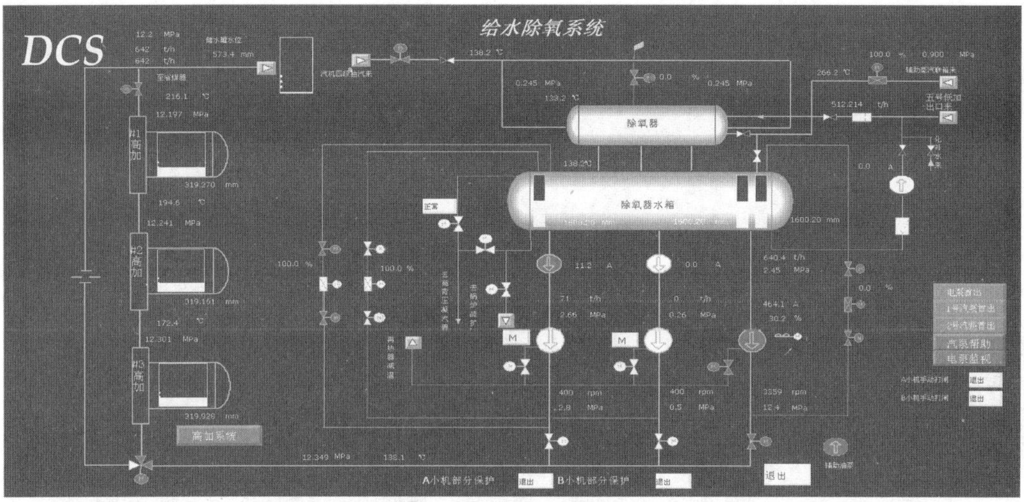

图 2-48　给水除氧系统

（6）在汽轮机“DEH&MEH”（图 2-49）中，打开“小机 A 控制画面”，检查小汽轮机盘车 400r/h 正常，按“跳闸复位”键，小汽轮机挂闸；按“主汽门开关”键，开启主汽门；按“自动/手动”键，投入自动控制方式；设定转速目标值 3000r/min，设定升速率 600r/min，开始升速。

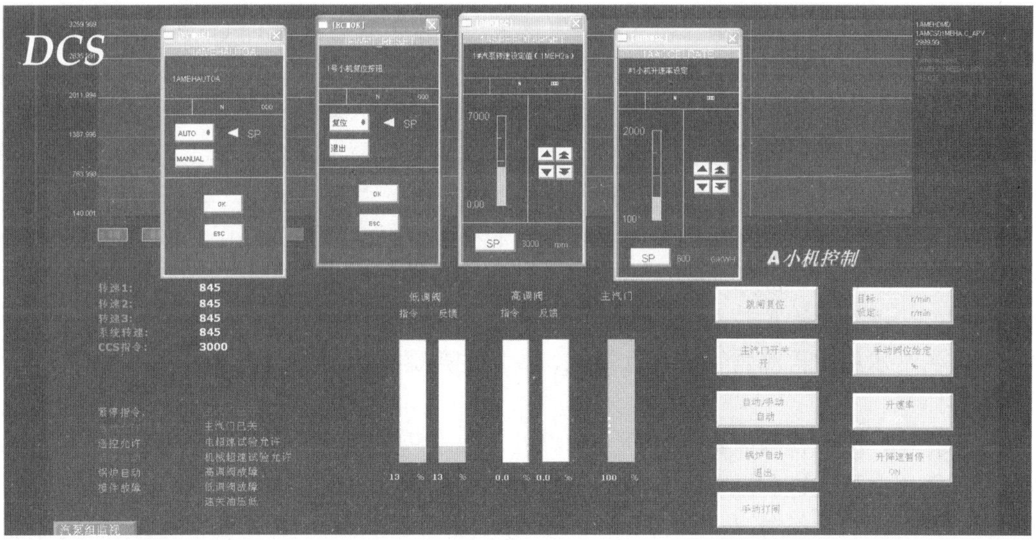

图 2-49　小汽轮机 A 控制画面

（7）当小汽轮机升速至 3000r/min 时，在“小机 A 控制画面”（图 2-49）中，投入锅炉自动，MEH 开始接受 DCS 遥控指令。

（8）在汽轮机 DCS“给水除氧系统”（图 2-50）中，通过“锅炉给水 1 号汽泵控制”操作器缓慢增加汽动给水泵转速，以提高汽泵出口压力。当汽动给水泵出口压力等于或略大于给水母管压力时，开启汽动给水泵出口电动门，并关注给水流量变化，注意再循环门开度变化，维持给水流量稳定，开启汽动给水泵中间抽头电动门。

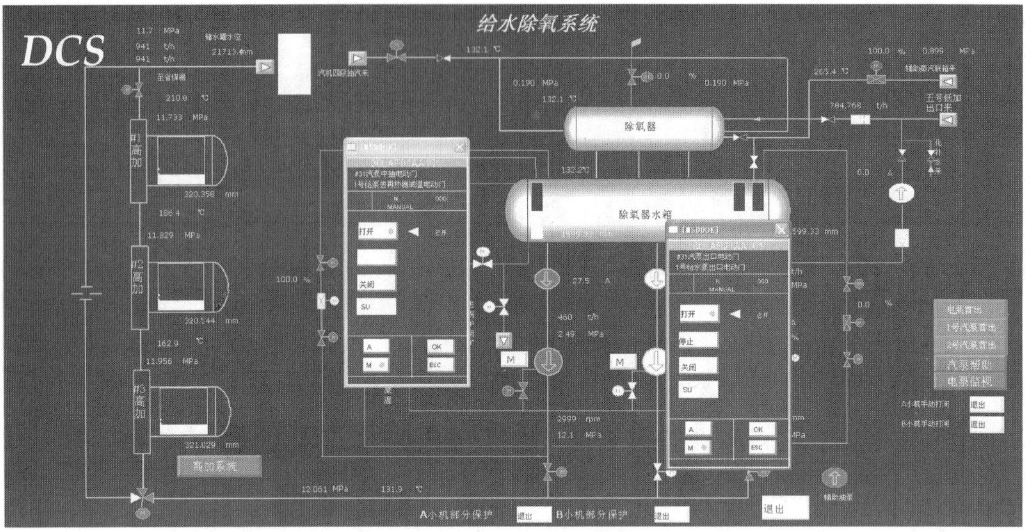

图 2-50　给水除氧系统

（9）当机组负荷升至 350MW 左右并稳定时，可按同样方式将另一台汽动给水泵投入运行。

三、除氧给水系统运行调节

在机组启动初期及低负荷工况下，除氧器采用定压运行方式，供汽汽源采用辅助蒸汽。当汽轮机四段抽汽的蒸汽压力高于除氧器定压运行压力一定值时，采用四段抽汽供汽，除氧器工作压力随四段抽汽压力升高而升高，于是除氧器进入滑压运行阶段。在机组正常运行时，如果汽轮机四段抽汽压力下降以至于无法维持除氧器的最低工作压力时，自动切换至辅助蒸汽供汽，并维持除氧器定压运行。

除氧器正常运行情况下，需要监视和控制的参数包括溶氧量、汽压、水温和水位等。

在除氧器运行中，除氧水中的溶氧量必须符合规定的标准。为此，需监视和调节排气阀的开度、一次及二次加热蒸汽的比例、主凝结水流量及温度变化、喷嘴雾化质量、补水率、除氧器给水箱中再沸腾管的运行情况、高压加热器疏水等项目。除氧器出水溶氧量应通过取样监视。

在运行中，应监视除氧器内的压力和温度，要求两者相对应，即除氧器内水的温度应达到除氧器压力下的饱和温度，以使其与当时机组的运行工况相对应，并且注意监视除氧器超压时安全阀的动作情况，以确保除氧器能够安全可靠地运行。机组负荷在约 5%运行时，应视除氧器溶氧和水箱水温情况，可投入再沸腾，以保证水箱水温正常和溶氧合格。

在除氧器运行中，应严密监视给水箱水位，控制其在正常值。除氧器正常运行中就地水位计与 DCS 画面上水位指标要经常校对，特殊情况要多次核对。

在机组正常运行时，采用两台汽动给水泵供水，电动给水泵处于热备用状态。在机组启动及给水泵故障时，采用电动给水泵供水。当汽轮机甩负荷或汽动给水泵突然出现故障时，电动给水泵要立即投入运行。电动给水泵要能自动跟踪汽动给水泵的运行状态，并能与汽动给水泵并列运行。

四、除氧给水系统停运

除氧器随机组停止而滑停。在机组负荷降低期间，应注意除氧器压力、温度、进水流量与负荷是否相适应，并维持除氧器水位正常。当机组负荷降至一定值时，将除氧器汽源切换至辅助蒸汽，逐渐关闭汽轮机第四段抽汽至除氧器的隔离阀，稍开其前后疏水阀，并用辅助汽源调节阀维持除氧器压力正常。紧急停机时，应立即关闭除氧器进水、进汽阀门，使除氧器处于停用状态。如果主机停运后，给水泵暂不停用，除氧器必须维持运行状态。

在机组运行中，由于负荷降低需要停运一台汽动给水泵时，需缓慢降低准备停用的汽动给水泵的出力，注意给水压力、流量的变化，并逐步将给水流量转移至其他运行给水泵。当待停汽动给水泵流量低至最小流量时，给水泵再循环阀门自动打开，否则手动开启。当汽动给水泵再循环调整门全开，给水泵没有出力时，关闭汽动给水泵出水门，注意保持锅炉给水流量稳定。汽动给水泵退出运行后，汽轮机四抽进汽和辅汽进汽电动门均关闭，转速下降，给水泵小汽轮机的所有蒸汽疏水门自动开启。

在机组滑参数停运期间，当负荷降到 50%～40%MCR 时，停止一台汽动给水泵运行，以一台汽泵继续运行。当负荷继续降低至 35%～30%MCR 时，启动电动给水泵，当给水流量全部移到电动给水泵运行后，停用另一台汽动给水泵及其前置泵运行。确认运行的汽动给水泵或电动给水泵中间抽头阀门开启，根据需要关闭准备停用的给水泵中间抽头阀门。

当负荷进一步下降时，逐步降低电动给水泵指令，直至停泵。在机组停运后，可停止高压加热器水侧运行，并开启加热器抽汽管道上的疏水阀和汽侧放水阀。

任务十四 回 热 系 统 运 行

一、回热系统概述

1. 回热抽汽系统

回热抽汽系统主要是由汽轮机各段抽汽管道及设备组成的系统，目的是将在汽轮机中做过一部分功的蒸汽引入回热加热器加热锅炉给水，以提高电厂的热经济性。系统设有八段不调整抽汽，可向三台高压加热器、一台除氧器、四台低压加热器供汽。另外，回热抽汽还提供锅炉汽动给水泵小汽轮机的正常工作汽源及各种用途的辅助蒸汽。在管道连接上，有的抽汽管道从高压缸及中压缸排汽管上接出，这样可减少汽轮机的抽汽口。

回热抽汽管道一端连接汽轮机，另一端连接具有一定水位的加热器或除氧器。当汽轮机负荷突降和甩负荷时，就可能使蒸汽和水倒流入汽轮机，造成汽轮机超速及水击事故。为防止该类事故的发生，在回热抽汽管道上装有电动隔离阀和气动止回阀。电动隔离阀靠近加热器，作为防止汽轮机进水的第一级保护，同时可在加热器切除时切断加热器的汽源；气动止回阀设置在汽轮机抽汽口附近，作为防止汽轮机进水的第二级保护，同时可防止蒸汽倒流引起汽轮机超速。

7 号与 8 号低压加热器各分为两部分，设置在凝汽器 A、B 的喉部，4 根七段抽汽管与 4 根八段抽汽管布置在凝汽器内部，这两段抽汽压力较低，汽水倒流的危害性较小，而且在加热器的进汽口装有挡板，可减少返回汽轮机的汽流带水，故在七、八段抽汽管道上不设止回阀和隔离阀。另外，这两段抽汽管道较粗，对应的阀门尺寸大，不易制造。

在各段抽汽管道的电动隔离阀、止回阀前后的低位点，均设有疏水阀，以防止在机组启动、停机及加热器故障时有水积聚。当任何一个电动隔离阀关闭时，联锁打开相应的疏水阀，将抽汽管道内可能积聚的凝结水疏放至疏水扩容器，防止汽轮机进水。当机组启动时，疏水阀开启，将抽汽管道暖管的凝结水及时疏放出去。在机组低负荷时，可利用疏水阀保持抽汽管道处于热备用状态，以便随时恢复供汽。在各疏水支管上，沿疏水流向设置有截止阀与气动薄膜调节阀。

2. 回热加热器的疏水系统

回热加热器的疏水系统主要是由回热加热器及其疏水管道、阀门、附件等组成，用于回收加热器内抽汽的凝结水即疏水，并保持加热器中的疏水水位在正常范围内，防止汽轮机进水。

（1）高压加热器疏水。在机组启动初期，高压加热器的疏水通过各级高压加热器的启动疏水支管直接排至地沟。

在机组正常运行时，各级高压加热器的疏水经疏水调节阀逐级自流，即疏水由 1 号高压加热器流入 2 号高压加热器，再流入 3 号高压加热器，最后流入除氧器。

当高压加热器发生换热管道破裂或因疏水装置失灵而导致疏水水位高时，则迅速打开危急疏水阀，疏水通过每台高压加热器的一路具有较大通流能力的危急疏水管道，经电动截止阀排至疏水扩容器后进入凝汽器。

（2）低压加热器疏水。各低压加热器的启动疏水管道兼作事故疏水管道。

在机组正常运行时，各低压加热器的疏水也是采用逐级自流方式，即疏水由 5 号低压加热器流入 6 号低压加热器，再流入 7 号低压加热器、8 号低压加热器，最后流入凝汽器。

每一台低压加热器都设有危急疏水管道，在事故情况下，疏水分别直接流入凝汽器。

3. 回热加热器的排气系统

在加热器的汽侧和水侧，均设置了排气装置及排气管道系统，用于排除加热器内的不凝结气体，以减小回热加热器的传热热阻，增强传热效果，并防止气体对热力设备的腐蚀。

在每台加热器的汽侧，设有启动排气和连续排气装置。启动排气用于机组启动和水压试验时迅速排气，连续排气用于正常运行时连续排除加热器内的不凝结气体。

三台高压加热器及低压加热器 H5、H6 的启动排气通过两只隔离阀排入大气，低压加热器 H7、H8 的启动排气管兼做连续排气管。

高压加热器的连续排气分别从各加热器引出，经一只隔离阀进入排气母管后，再进入除氧器。低压加热器 H5、H6 的连续排气也是通过一只隔离阀进入母管，再进入凝汽器。低压加热器 H7、H8 的连续排气兼做启动排气，汇入母管后进入凝汽器。

除氧器的各排气管汇集成一根母管，然后将不凝结气体排入大气，不分启动和连续放气。

在汽侧压力大于大气压力的加热器和除氧器上，均设有安全阀，作为超压保护。

在加热器的水侧，设有手动操作向空排气阀，以在加热器充水时排除水室中的空气。

加热器汽侧设有充氮管接头，以便在机组长期停用时，充以氮气，用作加热器的防腐保护。

二、回热系统投入

1. 低压加热器水侧投入

（1）凝结水系统投运。在汽轮机就地“凝结水系统”中，关闭各低压加热器水侧放水门、进出口管道和旁路管放水门，开启低压加热器水侧启动排气门，开启各低压加热器进出口管道上的放空气门，如图 2-51 所示。

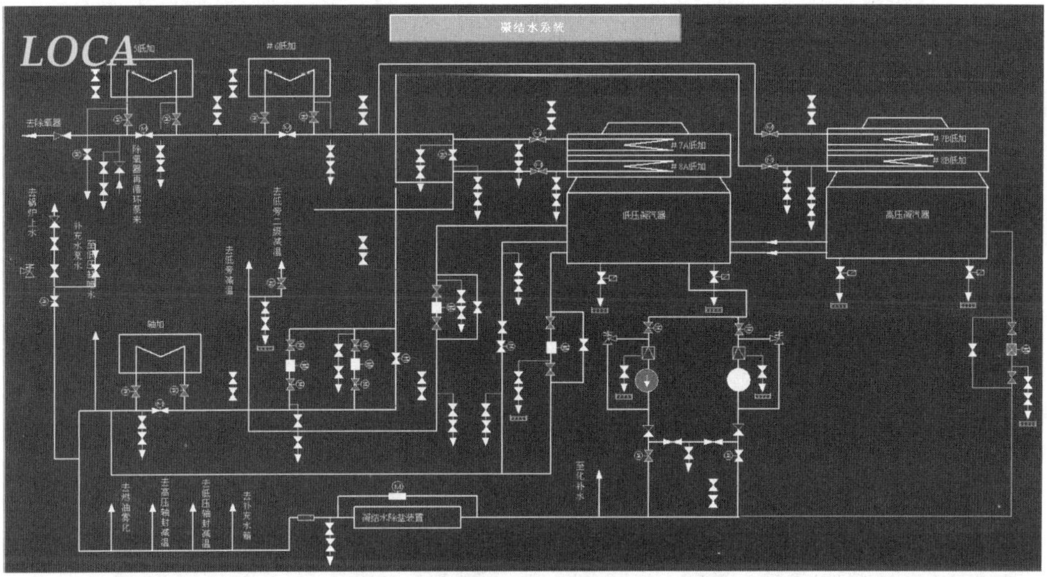

图 2-51　凝结水系统

（2）在汽轮机 DCS“低加抽汽及疏水”系统中，稍开低压加热器进水电动阀，对加热器进行注水放空气，如图 2-52 所示。在对加热器进行注水排气后，关闭水侧启动排气门和各低压加热器进出口管道上的放空气门，如图 2-51 所示。

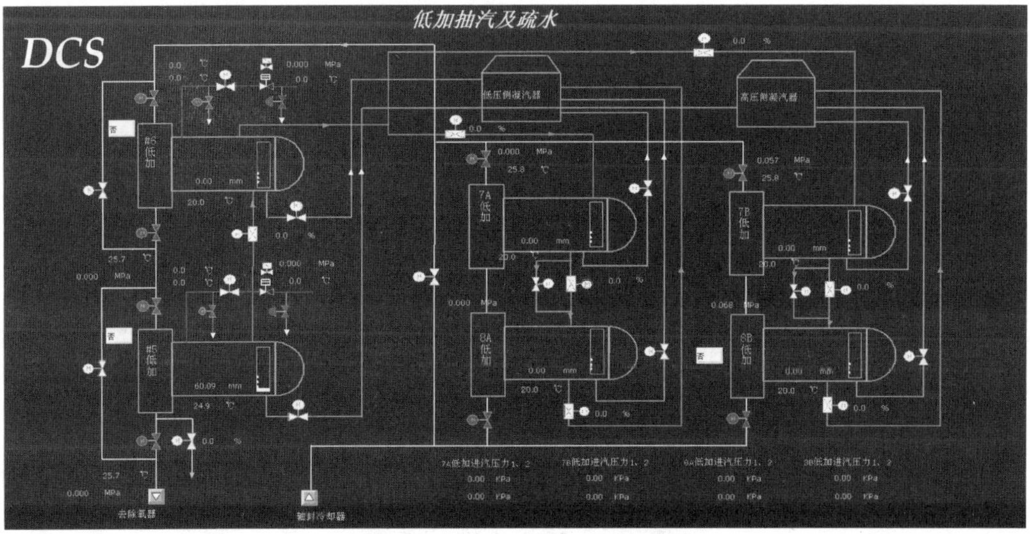

图 2-52　低加抽汽及疏水系统

（3）在汽轮机 DCS“低加抽汽及疏水”系统中，检查水侧无泄漏，注意汽侧水位不应升高。全开低压加热器进、出水电动阀，关闭低压加热器旁路阀，如图 2-52 所示。

（4）在凝结水冲洗过程中，低压加热器依次参与冲洗，冲洗水依次通过各低压加热器进、出口管道上的放水管排放出去，如图 2-51 所示。当凝结水质合格后，除氧器进水，注意调节凝汽器、除氧器的水位，如图 2-11 所示。

2. 低压加热器汽侧投入

（1）在汽轮机就地“低加疏水及空气系统”（图 2-53）中，缓慢开启低压加热器汽侧启动排空气门，注意凝汽器真空的变化，开启疏水手动门。

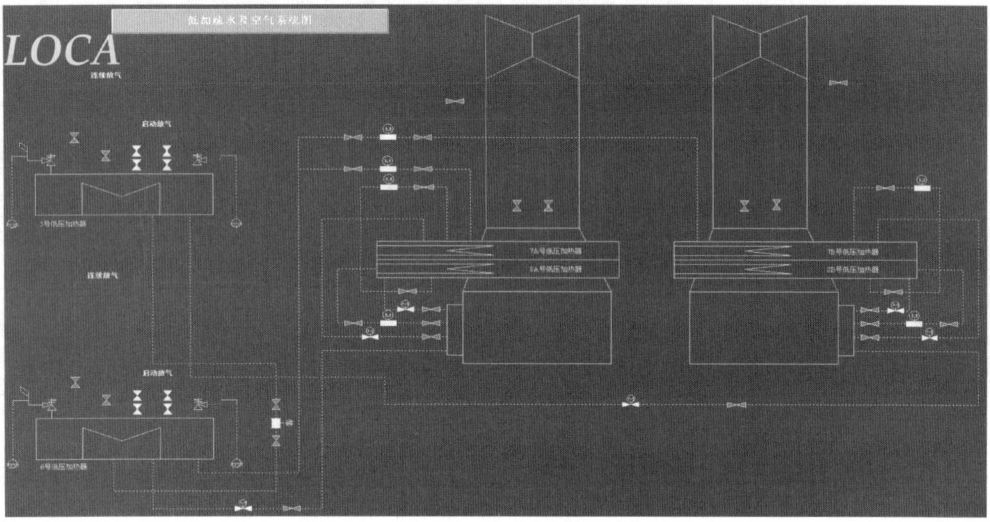

图 2-53 低加疏水及空气系统

（2）在汽轮机 DCS“低加抽汽及疏水”系统中，在汽机冲转后，检查低压加热器抽汽管道疏水门开启，开启 6 号、5 号低压加热器的抽汽逆止门，稍开进汽电动门，对加热器暖体 10min，如水位升高而正常疏水疏放不及，开启危急疏水电动门进行排放，如图 2-54 所示。

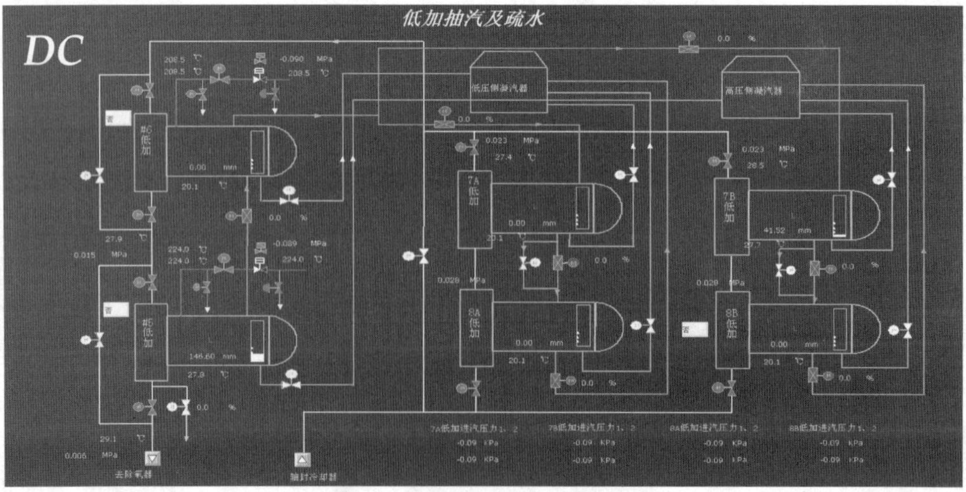

图 2-54 低加抽汽及疏水系统

（3）缓慢开启低压加热器进汽电动门直至全开，控制加热器的升温速度，使低压加热器随机滑启。当低压加热器不具备随机滑启的条件时，应按压力由低到高的顺序逐台投入低压加热器汽侧，投入间隔不应少于 10min。

（4）待相邻加热器间压差满足疏水逐级自流要求，投入低压加热器疏水自动调节，关闭危急疏水电动门。

（5）在低压加热器汽侧投运完成后，逐渐开启连续排气门，关闭启动排气门，注意凝汽器真空正常，如图 2-53 所示。

（6）检查低压加热器进出水温度、汽侧水位正常，疏水调节门自动调节情况良好。

（7）在机组启动过程中，机组负荷高于 30%负荷时，检查抽汽管道上的疏水门自动关闭，否则手动关闭。

（8）大修后或低压加热器解体检修后的投入，应及时联系发电部和检修人员进行水侧、汽侧安全阀校验工作。

（9）若 5 号、6 号低压加热器未随机启动，投入时应先投 6 号低压加热器汽侧，后投 5 号低压加热器汽侧，防止汽侧排挤并注意疏水自动的调整。

3. 高压加热器水侧投入

（1）高压加热器水侧应随给水系统一起投入。机组正常运行时或高压加热器本体检修后，高压加热器投用水侧前需先注水。

（2）在汽轮机就地“给水系统”中，开启高压加热器给水侧的排空气门，如图 2-55 所示。

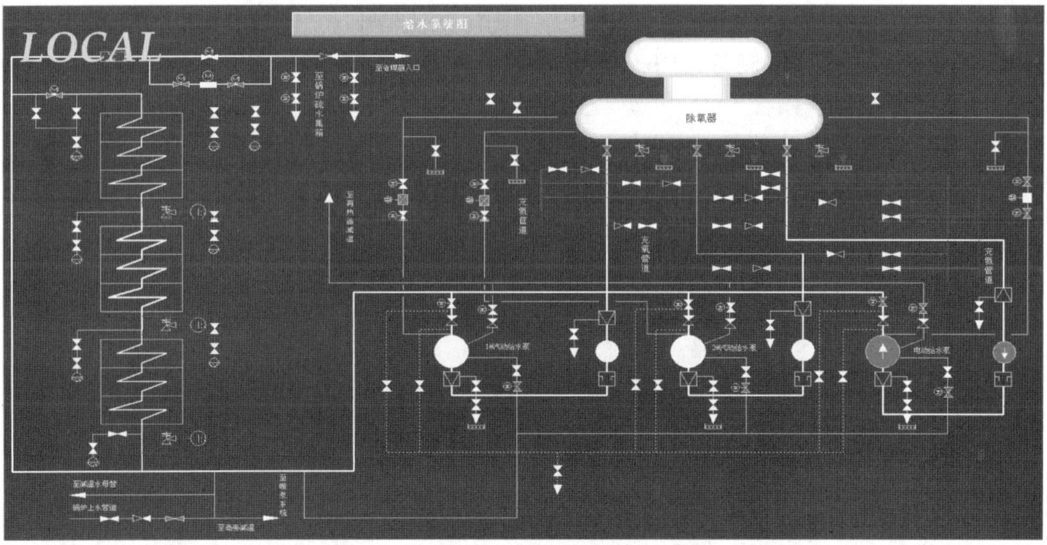

图 2-55　给水系统

（3）在汽轮机 DCS“高加抽汽及疏水系统”中，开启高压加热器出水门和进水门，进、出口门全开后，关闭高压加热器水侧旁路门，向高压加热器水侧注水，如图 2-56 所示。

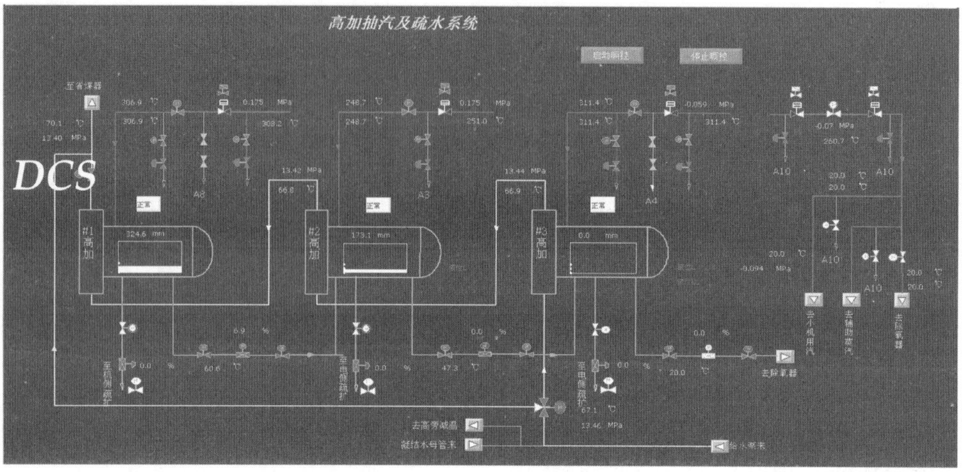

图 2-56　高加抽汽及疏水系统

（4）待高压加热器水侧空气放尽并见水侧排气门完全是水流出后，关闭高压加热器水侧的排气门，如图 2-55 所示。

（5）在汽轮机 DCS“高加抽汽及疏水系统”（图 2-56）中，检查高压加热器水侧压力无下降，高压加热器水位无上升，确定高压加热器钢管无泄漏，之后投入高压加热器水侧运行。

（6）对于主机处于正常运行中而高压加热器退出检修后的投入，高压加热器进水温度较高，注水完毕后，应暖高压加热器 10min，控制高压加热器出水升温率（升温率不大于 1℃/min，最大不得超过 2℃/min），然后再开启高压加热器出水门和进水门，进、出口门全开后，关闭高压加热器水侧旁路门。

4. 高压加热器汽侧投入

（1）在汽轮机就地“高加疏水管道系统”（图 2-57）中，开启 1 号、2 号、3 号高压加热器汽侧启动排气门。

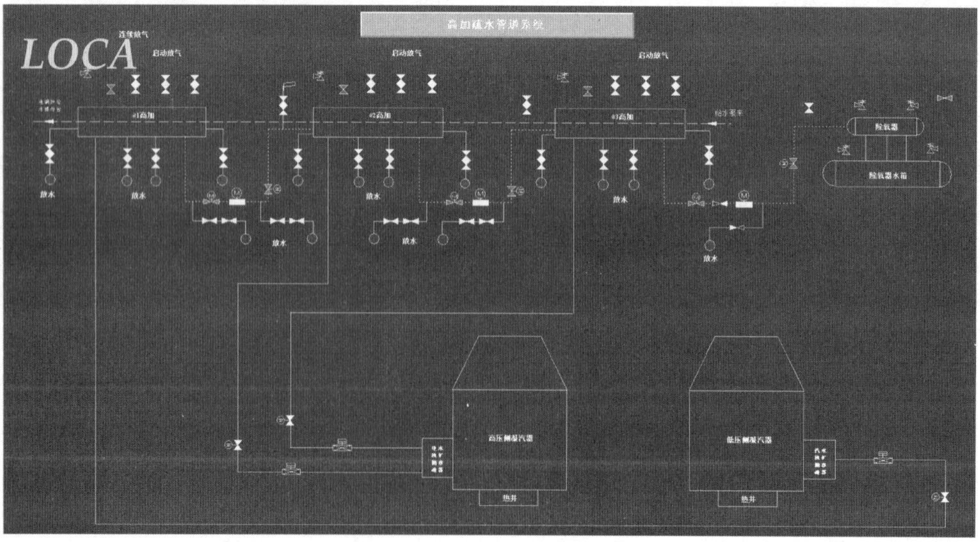

图 2-57　高加疏水及空气系统

（2）高压加热器随机滑启。在汽轮机 DCS“高加抽汽及疏水系统”（图 2-56）中，开启三、二、一级抽汽逆止门，稍开抽汽电动门，保持汽侧压力为 0.1～0.2MPa，高压加热器暖体 10min。

（3）在汽轮机 DCS“高加抽汽及疏水系统”（图 2-56）中，监视 1 号、2 号、3 号高压加热器水位，必要时开启 1 号、2 号高压加热器危急事故疏水门。高压加热器暖体结束，依次逐渐开启三、二、一级抽汽电动门直至全开，控制加热器出水升温率不大于 1℃/min，最大不得超过 2℃/min。

（4）在汽轮机 DCS“高加抽汽及疏水系统”（图 2-56）中，待 1 号、2 号、3 号高压加热器水位正常，1 号、2 号高压加热器事故疏水阀关闭，且 1 号、2 号高压加热器正常疏水门有调节余地时，投入 1 号、2 号高压加热器逐级自流疏水自动调节，投入 3 号高压加热器危急事故疏水门自动调节。

（5）在汽轮机 DCS“高加抽汽及疏水系统”（图 2-56）中，检查各高压加热器进、出水温度、汽侧水位正常，各疏水门调节情况良好，注意除氧器压力变化。

（6）机组启动过程中，根据机组负荷，关闭抽汽管道上的疏水阀（图 2-56）。

（7）在汽轮机就地“高加疏水管道系统”（图 2-57）中，在高压加热器汽侧投入正常后，开启 1 号、2 号、3 号高加至除氧器连续排气门，关闭 1 号、2 号、3 号高加启动排气门。

（8）机组负荷升至一定值时，高压加热器疏水水质合格，开启 3 号高压加热器至除氧器疏水调整门前后电动门，将 3 号高压加热器疏水调整门投入自动调节，高压加热器疏水逐级自流回至除氧器。

三、回热系统运行调节

在加热器投入过程中，应注意：①高、低压加热器原则上应随机组滑起滑停，若因某种原因不随机组滑启滑停时，应按“由抽汽压力从低到高”的顺序依次投入各加热器，按“由抽汽压力从高到低”的顺序依次停止各加热器；②严禁泄漏的加热器投入运行；③必须在加热器水位计完好，疏水自动投入，报警信号及保护联锁试验正常的情况下方可投入加热器运行；④加热器投入时，先投水侧，再投汽侧；⑤加热器投入过程中应严格控制低加出水温度变化率不大于 3℃/min；⑥高加出水温度变化率不大于 1.85℃/min。

在加热器运行中，应经常注意加热器水位变化，防止高水位或无水位运行；应注意加热器进汽压力、温度和加热器出水温度、疏水温度等正常，与机组负荷相适应；检查加热器及其抽汽管道、疏水管道等无泄漏、无振动、无冲击现象；应经常监视和核对加热器的疏水端差，发现端差增大应分析原因，及时处理；注意核对机组负荷与加热器疏水调整门开度的关系，若负荷一定而疏水调整门开度增大时，加热器钢管可能有泄漏。

机组正常运行时，所有抽汽管道上的电动隔离阀、气动止回阀均处于开启状态。自动疏水阀与有关的联动信号系统处于接通状态。当机组变工况运行时，四级抽汽供辅助蒸汽备用汽系统，均能根据运行参数的变化，自动切换或进行相反的切换。当机组负荷低到四级抽汽不能满足小汽轮机需要时，自动切换主蒸汽供汽，在此期间，四级抽汽管道处于热备用状态。

机组正常运行时，正常疏水调节阀由各加热器水位信号控制，自动维持加热器正常水位。各加热器连续放气阀处于开启状态，加热器疏水与放气系统的所有启动阀均关闭。

四、回热系统停运

在加热器停运时，应注意先停汽侧，后停水侧。机组运行中，每停止一台高压加热器，应根据情况适当降低机组负荷，一般情况下，可降10%左右额定负荷。

若短期停运，高压加热器的所有进汽、进水、放水、放气阀门应严密关闭，使高压加热器慢慢冷却并保持密闭，防止空气漏入。凝汽器抽真空系统应继续运行，使汽轮机抽汽管道、各低压加热器及其疏水管道处于真空状态并保持干燥，这样可防止设备和管道氧腐蚀。若长期停运，可通过供氮气管道系统向各设备进行充氮保护。

任务十五 旁路系统运行

一、旁路系统概述

在机组启、停和甩负荷等工况时，全部或部分蒸汽不进入汽轮机做功，而是经过与汽轮机并联的蒸汽减压减温器，到参数较低的蒸汽管道或凝汽器去的连接系统，称为汽轮机的旁路系统。旁路系统可用于保护锅炉再热器，协调启动参数和流量，缩短启动时间，延长汽轮机使用寿命，改善锅炉在电网故障或机组甩负荷时的运行稳定性，以及回收工质、消除噪音等。

汽轮机旁路系统包括高压旁路（或Ⅰ级旁路）、低压旁路（或Ⅱ级旁路）以及整机旁路（或一级大旁路），这些旁路可构成两级串联旁路系统、两级并联旁路系统、三级旁路系统及整机旁路等形式。其中，两级串联旁路系统由高、低压旁路串联组成，高压旁路系统从汽轮机高压缸进口前的主蒸汽总管接出，经减压减温后接入再热蒸汽冷段总管上；低压旁路系统从汽轮机中压缸进口前的再热蒸汽总管接出，经两路减压减温后，分别接入 A、B 凝汽器。高、低压旁路均设有减压减温调节阀。减压调节阀通过节流降压原理，可降低蒸汽的压力。减温调节阀通过控制喷入蒸汽的减温水流量，可调节蒸汽温度。在减温水管道上设有隔离阀，起关断作用，用于停用旁路时关闭减温水。于是，在两级串联旁路系统中，来自锅炉的新蒸汽不进入汽轮机高压缸，经高压旁路降压降温后直接进入再热器吸热升温，再热后的蒸汽不进入汽轮机中、低压缸，而是经低压旁路降压降温后直接进入凝汽器。高压旁路的设置可以确保在任何工况下对再热器进行保护；另外，通过两级串联旁路的协调，可以满足机组在各种运行状态下对蒸汽参数的要求。

在旁路系统中，减温水压力要高于需要减温的蒸汽压力，故高压旁路减温水来自高于主蒸汽压力的给水泵出口的给水，作为一级减温；低压旁路减温水来自比再热蒸汽压力稍高的凝结水泵出口的主凝结水，作为二级减温。一般情况下，通过低压旁路减压减温后的蒸汽压力、温度还比较高，若直接排入凝汽器，将造成凝汽器温度升高、真空降低，故在凝汽器喉部设置了三级减温装置，主要用于汽轮机启动及甩负荷时，将从汽轮机低压旁路来的蒸汽减温减压至凝汽器所能接受的允许值。两级串联旁路的三级减温水来自于凝结水泵出口的主凝结水。

二、旁路系统投入

锅炉起压之后即可投入高压旁路和低压旁路运行。在锅炉转直流前，通过高、低压旁路控制主蒸汽压力在 8.4MPa 以下。

1. 高压旁路投入

在汽轮机 DCS“主再热蒸汽系统”（图 2-58）中，将高压旁路减压阀开启到 2%以上，开启高压旁路喷水截止阀，然后根据高压旁路后蒸汽温度的情况，开启高压旁路减温水调节阀。

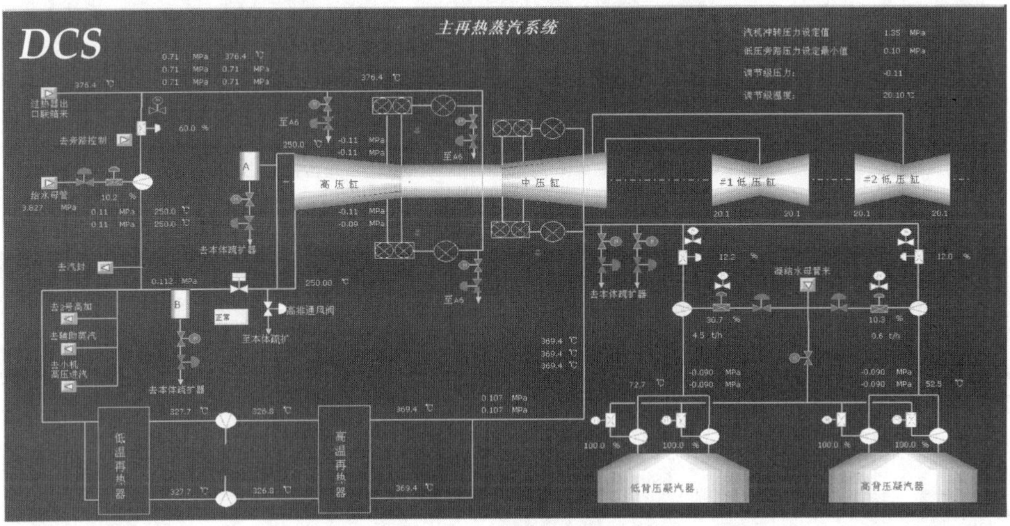

图 2-58 主再热蒸汽系统

注意高压旁路后蒸汽温度高于 360℃，高压旁路减压阀会强关，所以要控制好高压旁路出口温度。高压旁路减压阀一般手动控制，减温水在高压旁路蒸汽流量比较大的时候投入自动，为了提高再热汽温，高压旁路出口温度设定值一般在 250℃以上。

高压旁路手动开启并逐步开大至 60%左右，由于东方日立锅炉的特性决定了高压旁路必须开得足够大才足以控制冲转前的汽温。

当高压旁路蒸汽温度达到 250℃时，投入高压旁路喷水减温调节自动。

2. 低压旁路投入

在汽轮机就地“汽机主再热蒸汽系统”（图 2-59）中，开启低压旁路三级减温水就地门。

在汽轮机 DCS“主再热蒸汽系统”（图 2-58）中，开启低压旁路喷水减温截止阀，然后将低压旁路喷水减温调节阀开到 2%以上，最后开启低压旁路减压阀，即可投入低压旁路。

当再热器压力接近 0.4MPa，或低压旁路蒸汽温度达到 70℃的时候，可以将低压旁路和减温水投入自动。

低压旁路设定值在 MCS 帮助菜单中的旁路控制系统中设定，如图 2-60 所示。低压旁路压力设定最小值即是低压旁路自动时调节压力设定值。一般冲转时再热器压力控制在 0.45MPa 左右。

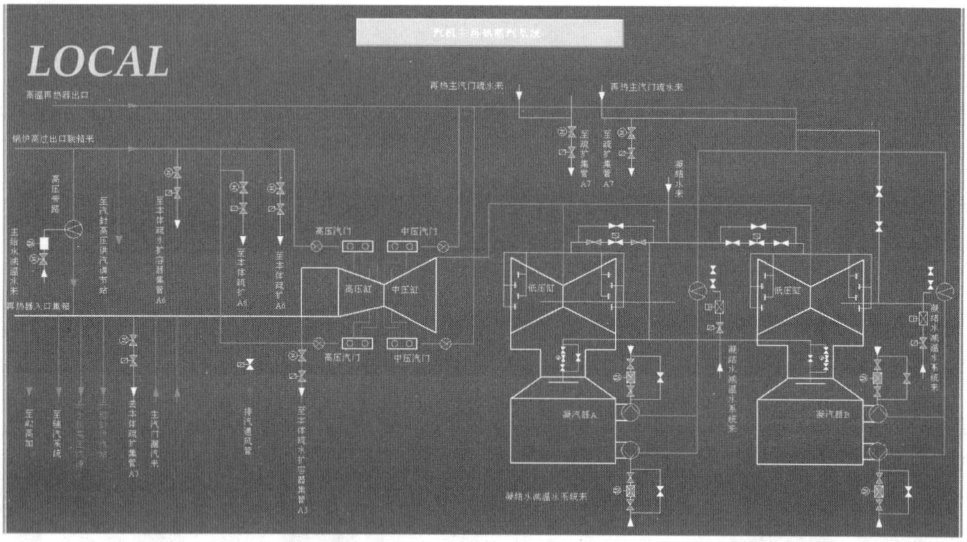

图 2-59　汽机主再热蒸汽系统

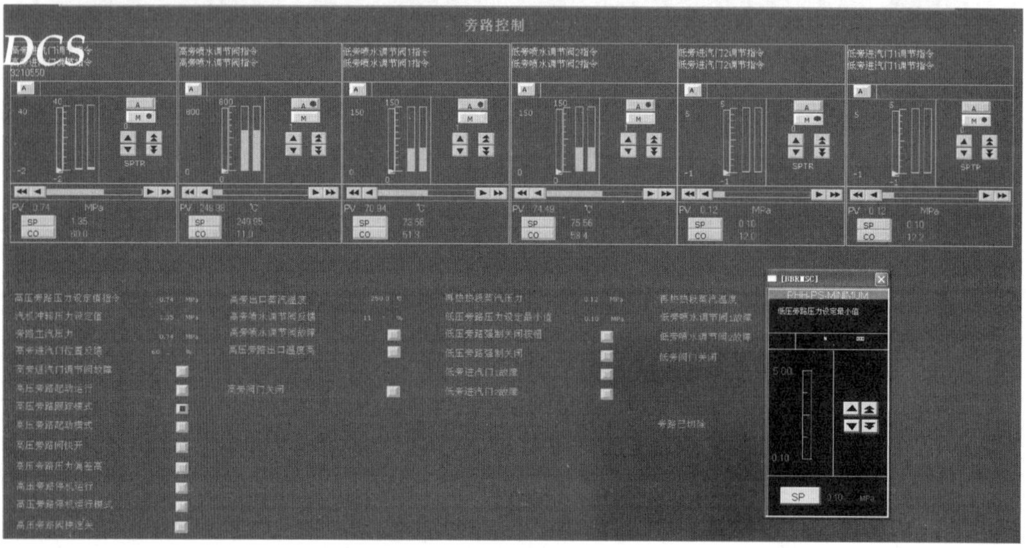

图 2-60　旁路控制系统

三、旁路系统运行调节

旁路系统投入前，应检查汽机真空系统运行正常，将低压旁路减压阀前管道充分疏水。投入旁路时，先投入低压旁路，再投入高压旁路。旁路自动投入顺序为：投三级减温水，投二级减温水，投低压旁路进汽，投高压旁路减温水，最后投入高压旁路进汽。旁路系统可手动投入和手动调节，投入顺序为：先开启三级减温水，再开启二级减温水，再投低压旁路进汽，再投入高压旁路进汽，根据高压旁路进口蒸汽参数情况，开启高压旁路减温水调节高压旁路后汽温，调节二级减温水控制低压旁路后汽温在规定范围内。旁路投运后，疏水阀保持开启，直到10%负荷后关闭。

旁路系统具有联锁保护功能。当旁路喷水调节阀不能开启时，旁路阀应关闭。高压旁路喷水调节阀不能超前旁路阀开启，而要稍滞后开启。高压旁路阀关闭时，高压旁路喷水调节阀应同时或超前关闭，并自动闭锁温度自控系统。当低压旁路阀开启时，低压旁路喷水阀应稍超前开启。当低压旁路阀关闭时，高压旁路要随动，可手动或遥控关闭。

在机组正常运行时，旁路系统一直处于备用状态，这是因为设置旁路系统是用于机组启、停和甩负荷等工况的应急处理。

当汽机停机时，负荷低于设定值，设定汽机冲转压力至 8.4MPa，将高压旁路控制投入自动。随着汽机减负荷，锅炉主汽压力升高，高压旁路开启，主汽压力维持在 8.4MPa 不变。当汽机停机时，负荷低于设定值，将低压旁路控制投入自动。随着汽机减负荷，锅炉再热汽压力升高，低压旁路开启，再热汽压力维持在 1MPa 不变。

当低压旁路减温水自动未投，低压旁路出口温度测点故障时，低压旁路控制强制手动操作。

当高压旁路减温水自动未投，高压旁路出口温度测点故障时，高压旁路控制强制手动操作。

四、旁路系统停运

停运旁路时，先关高压旁路，待再热器出口压力降至负压后再关低压旁路。

当机组负荷大于设定值、给水泵全停、高压旁路出口温度高、高压旁路减温水压力低等情况出现时，高压旁路强制关闭。

当汽机高压旁路调节阀开度小于一定值时，联关高压旁路减温水气动门。

当锅炉 MFT 后，给水泵全停，高压旁路强制关闭。

当机组负荷大于设定值、低压旁路出口温度大于 100℃、凝汽器压力高、低旁减温水压力低等情况出现时，低压旁路强制关闭。

当汽机低压旁路调节门开度小于一定值时，联关低压旁路减温水气动、电动门。

在汽机冲转和发电机并网后，随着汽机带负荷，低压旁路维持主汽压力不变，逐渐关闭至零。

任务十六　汽轮机疏水系统运行

一、汽轮机疏水系统概述

在机组启动暖管、暖机或蒸汽长时间处于停滞状态时，蒸汽被金属壁面冷却，就会形成凝结水。在机组正常运行时，蒸汽带水或减温喷水过量，也会产生积水。因此，在汽轮机组的各种运行工况下，汽轮机和管道只要有蒸汽经过，就有可能积聚凝结水。在机组运行时，这些积水将与蒸汽一起流动，由于汽水密度和流速不同，热力设备和管道就会受到热冲击和机械冲击；而且停机后的积水还会对热力设备和管道造成腐蚀。为了保证机组能够安全经济运行，必须及时地把汽缸和管道内的积水疏放出去，同时回收凝结水，以减少汽水损失，因此发电厂设置了汽轮机本体疏水系统。

汽轮机本体疏水系统是由疏水管道、疏水扩容器、阀门、附件等组成。汽轮机本体疏水包括主蒸汽管道的疏水、再热蒸汽冷段与热段管道的疏水、高压旁路与低压旁路管道的疏水、抽汽管道疏水、高中压缸主汽门和调节汽门的疏水、高中压缸缸体疏水、汽轮机轴封疏水等。

汽轮机组的疏水有启动疏水、经常疏水和自由疏水。启动疏水是指在机组启动过程中排出暖管、暖机的凝结水，经常疏水是指机组正常运行时的疏水，自由疏水或放水是指疏放机组长时间停用时积存的凝结水。

疏水系统的疏水点一般设在容易积聚凝结水的部位及有可能使蒸汽带水的地方，如蒸汽管道的低位点、汽缸的下部、阀门前后可能积水处、喷水减温器之后、备用汽源管道死端等。在这些部位设置疏水点，能够将疏水全部疏放出去，保证机组安全。

疏水一般通过手动截止阀、电动调节阀、气动调节阀以及节流孔板、节流栓和疏水罐等疏水装置进行控制。

一般情况下，根据压力的高低将疏水排入与之压力相对应的汽轮机本体疏水扩容器。在疏水扩容器上设有减温喷水管，各路疏水经疏水联箱扩容后，再进入扩容器继续扩容并减温，以使流出疏水扩容器的汽水接近凝汽器的参数。扩容后的蒸汽经扩容器顶部排汽管进入凝汽器颈部，而凝结水通过扩容器底部的 U 形水封管进入凝汽器热井，从而回收工质。

小汽轮机的汽缸和连接管道也必须设置疏水点，并在整个运行过程中适时进行疏水。

二、汽轮机疏水系统投入

在汽轮机 DCS“主再热蒸汽”系统中，检查并开启主蒸汽管道、再热蒸汽管道疏水门，如图 2-58 所示。

在汽轮机 DCS“汽机本体疏水”系统中，检查并开启汽轮机本体疏水门，如图 2-61 所示。

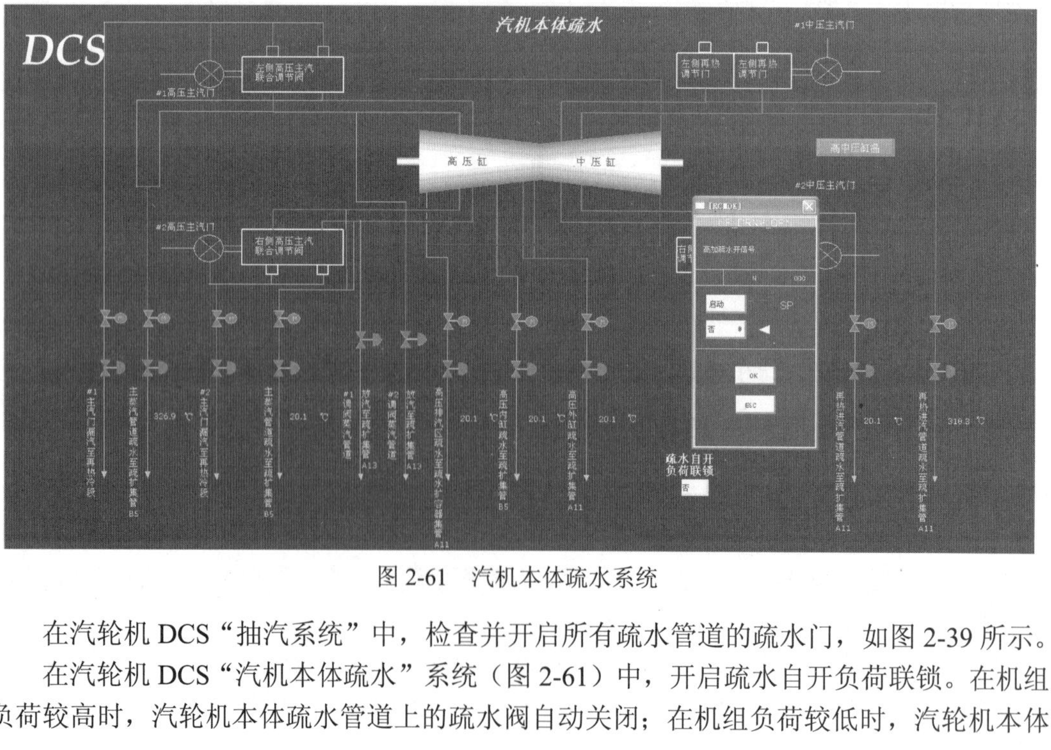

图 2-61　汽机本体疏水系统

在汽轮机 DCS“抽汽系统”中，检查并开启所有疏水管道的疏水门，如图 2-39 所示。

在汽轮机 DCS“汽机本体疏水”系统（图 2-61）中，开启疏水自开负荷联锁。在机组负荷较高时，汽轮机本体疏水管道上的疏水阀自动关闭；在机组负荷较低时，汽轮机本体疏水管道上的疏水阀自动开启。

小汽轮机疏水系统投入情况如图 2-45、图 2-46 所示。

三、汽轮机疏水系统运行调节及停运

汽轮机本体疏水系统必须能够保证在机组各种运行工况下，热力设备及管道、阀门、附件等均不会产生积水。

在汽轮机启动和向轴封供汽之前，各疏水阀必须开启。在机组升负荷期间，只有当汽轮机金属温度和锅炉运行条件表明不可能有进入汽轮机的积水形成时，疏水阀才能关闭。在机组正常运行中，疏水阀应关闭；但对于需要经常疏水处，疏水阀要始终开启，如处于热备用及喷水减温器后等蒸汽管道的疏水点。在机组降负荷过程中，当负荷降到 20%MCR 时，疏水阀都必须开启。在机组甩负荷或紧急停机时，所有的疏水阀都应自动开启。在停机后到汽轮机冷态这段时间，汽轮机疏水阀及其他主要的疏水阀也应保持开启，以释放汽轮机内部的压力、余汽和凝结水，防止汽轮机超速，并减轻停机后的金属腐蚀，同时防止机组再次启动时造成水击事故。

在机组启动前，小汽轮机的所有疏水口必须全部开启，并维持开启状态到主汽轮机负荷达到 40%MCR 以上为止，即给水泵转速大于 3000r/min，检查小机本体疏水阀组应关闭。在停机过程中，待到主汽轮机负荷下降到某一低值（一般为 25%MCR）时，小汽轮机的所有疏水口应全部开启。

项目三　锅炉辅助系统运行

任务一　工业水系统运行

一、工业水系统概述

锅炉工业水来自厂区净水站，向锅炉辅助系统中除真空泵外的其他冷却器提供冷却水。工业水系统设两台100%容量的工业水泵，一台运行，一台备用。该系统还设有两台全钛管式水—水热交换器和一个高位布置的工业水补水箱。

水—水热交换器型式与参数：BLQW-1-2000型表面式，有效冷却面积1970m^2。

工业水补水箱参数：容积10m^3，长2900mm，宽1900mm，高2383mm。

二、工业水系统投入

1. 系统启动前的检查工作

检查系统所有工作票应全部结束，现场应清理干净。按系统检查卡操作完毕，确认各阀门状态正确。检查工业水补水箱补水应至正常水位，并对工业水系统进行注水。检查各测量表计应良好并投入。送上系统各电动门、调整门电源。

2. 工业水系统的投入

在锅炉就地菜单中找到工业水系统，如图3-1所示。打开所有冷却水用户的手动门，检查所有管路应通畅。

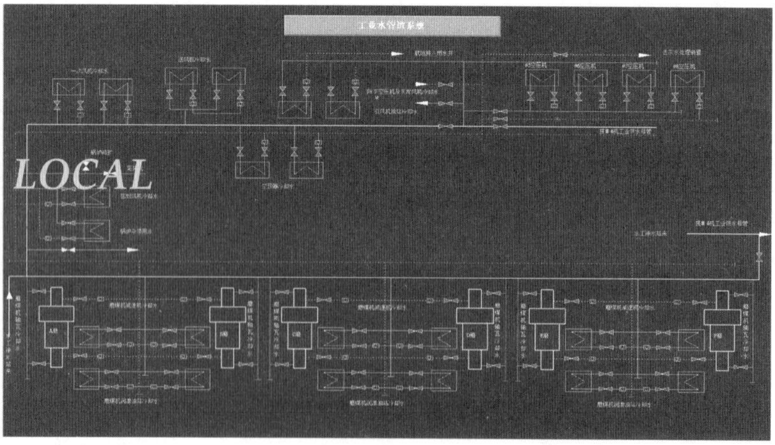

图3-1　工业水管道系统

三、工业水系统运行调节

检查水—水热交换器的工业水出水温度调整应在正常范围，若温度不能维持正常，投入备用水—水热交换器运行。检查工业水母管压力在正常范围，若母管压力不能维持正常，应投入备用工业水泵运行。检查工业水补水箱水位应保持在正常范围，进水调整门自动保护开、关动作正常。检查工业水泵轴承油位应在 1/2 以上，油质良好，冷却水畅通，轴承振动及声音正常。检查工业水泵电流应不超过额定值且不摆动。

运行中的工业水泵出现下列故障时，应立即启动备用泵并停止故障泵运行：

（1）泵组电动机出现冒烟或着火。

（2）泵组出现金属撞击声。

（3）泵组轴承振动大于 120um，或电流超过额定值。

（4）泵组电机外壳温度超过 100℃。

（5）泵组轴承温度升高到 90℃或盘根温度升高到冒热汽。

四、工业水系统停运

停用工业水系统，应先确认各冷却器无需再使用工业水冷却，方可停止工业水泵运行。

停运的操作：关闭需停用工业水泵的出水门；停止该工业水泵运行，确认该泵无倒转后，根据需要开启或关闭该出水门。

任务二　压缩空气系统运行

一、压缩空气系统概述

压缩空气系统配备 4 台空气压缩机，压缩机出口与一根压缩空气母管相连。母管后分成两路：一路经过再生式干燥器处理后送至仪表用气压缩空气系统；另一路送至厂用压缩空气系统。仪用和厂用压缩空气系统各设储气罐两个，每个储气罐设有 1 只全启式弹簧式安全阀、1 只不锈钢压力表、1 只疏水截止阀以及 1 个检修人孔门。

二、压缩空气系统投入

先在锅炉就地菜单中找到“空压机房系统”，如图 3-2 所示，打开相应的就地门。

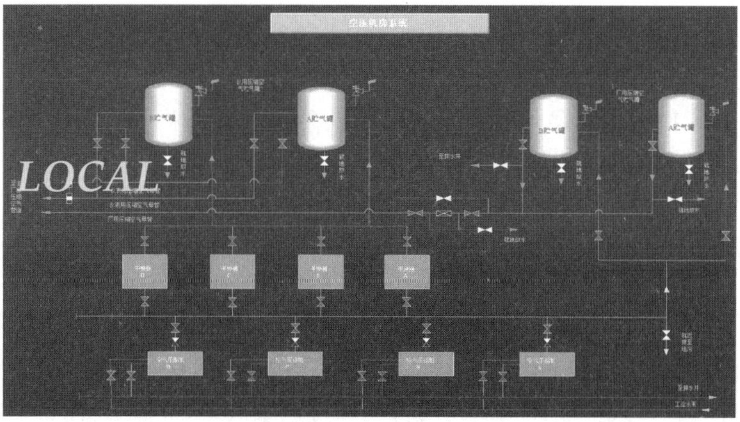

图 3-2　空压机房系统

再去 DCS 汽机菜单找到空压机站，启动两台空压机及对应的干燥器，如图 3-3 所示。观察储气罐压力上升情况。

三、压缩空气系统运行调节

螺杆空压机是一种按容积变化原理而工作的双轴回转式压缩机，当气体被吸入工作室后，工作室随即关闭和缩小，被压缩的气体经过一个多变压缩过程，当工作室内的气体达到所预期的终压力时，工作室与压出管接通，工作室继续缩小，受压缩的气体便被排出至排气管道内，达到升压的目的。

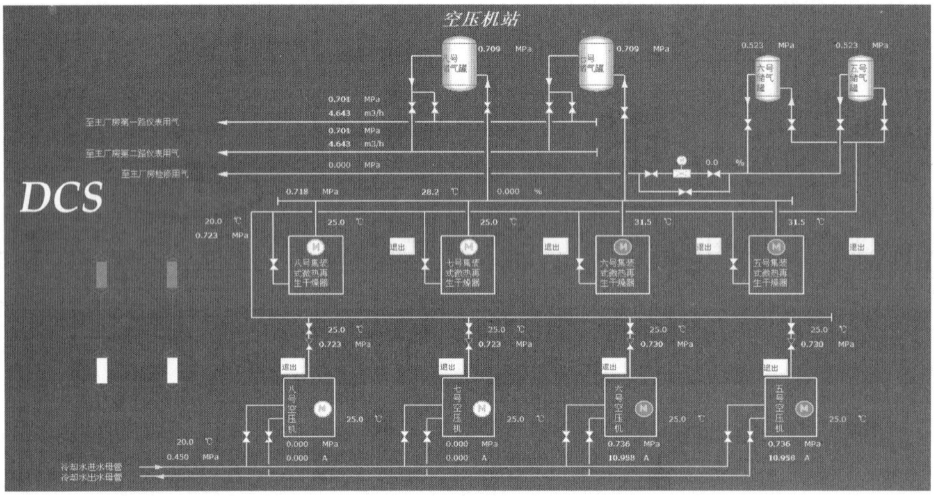

图 3-3　空压机站

空压机在运行中，应每天检查油箱油位正常，无漏油现象。每 4h 检查一次各运行参数正常。每 4h 检查一次空压机的振动正常并且没有异常声音。经常检查空压机卸载压力和加载压力正常。空压机运行中禁止打开柜门进行检查。空压机停止检查时禁止用手去触设备，以防烫伤。

四、压缩空气系统停运

按下停止卸载按钮，螺杆空压机立即卸载，并继续运行约 7s，螺杆空压机停机。如果在卸载运行过程中，按下停止按钮，空压机会立即停机。如果需要立即停机或按下停止按钮后 7s 不能停机，则应按紧急停机按钮，空压机会立即停下来。断开电源开关。

任务三　风 烟 系 统 运 行

一、风烟系统概述

600MW 超临界火电机组的风烟系统主要包括送风系统、引风系统和一次风系统，主要设备有两台三分仓回转式空气预热器、两台动叶可调轴流式送风机、两台静叶可调轴流式引风机和两台动叶可调轴流式一次风机。风烟系统采用平衡通风的方式，通过匹配送风机与引风机的出力来平衡炉膛的压力。

1. 空气系统

送风机和冷一次风机将冷空气送往两台空气预热器，冷风在空气预热器中与锅炉尾部烟气换热被加热成热风。由送风机送出并经空气预热器加热的热二次风一部分送往喷燃器助燃实现一级燃烧，一部分送往燃烬风喷口保证燃料充分燃烬。由一次风机送出并经空气预热器加热的热一次风送往磨煤机和冷一次风混合调节实现煤粉的输送、分离和干燥。

三分仓回转式空气预热器是一种以逆流方式运行的再生式热交换器。加工成特殊波纹的金属蓄热元件被紧密地放置在转子扇形隔仓格内，转子以 0.99r/min 的转速旋转，其左右两半部分分别为烟气和空气通道。空气侧又分为一次风通道及二次风通道，当烟气流经转子时，烟气将热量释放给蓄热元件，烟气温度降低；当蓄热元件旋转到空气侧时，又将热量释放给空气，空气温度升高。如此周而复始地循环，实现烟气与空气的热交换。蓄热元件高度自上而下分别为 300mm、800mm、800mm 和 300mm，冷段 300mm 蓄热元件为低合金耐腐蚀传热元件，其余热段蓄热元件为碳钢，每台预热器金属重量约 664t，其中转动重量约 496t（约占总重 75%）。转子由置于下梁中心的支承轴承及置于上梁中心的导向轴承支承，并处在一个九边形的壳体中，上梁、下梁分别与壳体相连，壳体则坐落在钢架上。电驱动装置安装在下梁的下部，通过与转子接长轴连接，带动转子以 0.99r/min 的转速旋转。空气预热器分别设有径向、轴向及旁路密封装置，此密封装置采用双密封结构以降低漏风率。此外，预热器上还配置有火灾监测、消防、清洗、吹灰、润滑及控制等设备。

2. 烟气系统

燃料在炉膛燃烧产生高温热烟气，主要以辐射传热的方式将一部分热量传递给炉膛水冷壁和屏式过热器，然后热烟气通过高温过热器、高温再热器进入后竖井烟道。后竖井包墙内的中隔墙将后竖井分成前、后两个平行烟道，前烟道内布置低温再热器，后烟道内布置低温过热器和省煤器。在上述受热面中高温烟气主要以对流传热的方式将热量传递给介质，烟气的温度逐渐降低。烟气调节挡板布置在低温再热器和省煤器后，用来改变通过竖井隔墙前、后烟道内的烟气量达到调节再热蒸汽温度的目的。穿过烟气挡板后的烟气进入空气预热器进行最后冷却，然后进入两台双室四电场电除尘净化后，通过两台引风机排向脱硫岛脱硫后经增压风机进入烟囱排向大气。每台炉配备两台静电除尘器，除尘效率不小于 99.86%。烟气脱硫系统采用石灰石—石膏湿法脱硫工艺。两台炉合用一座直筒型双钢内筒烟囱，烟囱高 210m，出口直径为 6.0m。

二、风烟系统投入

1. 空气预热器的启动

在锅炉就地找到空气预热器油系统， 将 A、B 空气预热器支撑和导向轴承润滑油系统中润滑油系统手动门和冷却水手动门都打开。再点击就地控制盘，在弹出窗口中启动导向油泵和支承油泵，并投入连锁，如图 3-4 所示。在启动油泵之前先到电气就地菜单中找到 380V 锅炉保安 3A 段和 380V 锅炉保安 3B 段两幅就地图，确认 3A 段中 31 号空气预热器变频器控制柜电源 A 和 3 号空气预热器油系统控制柜电源 A 已合上，确认 3B 段中电源 B 也已合闸。

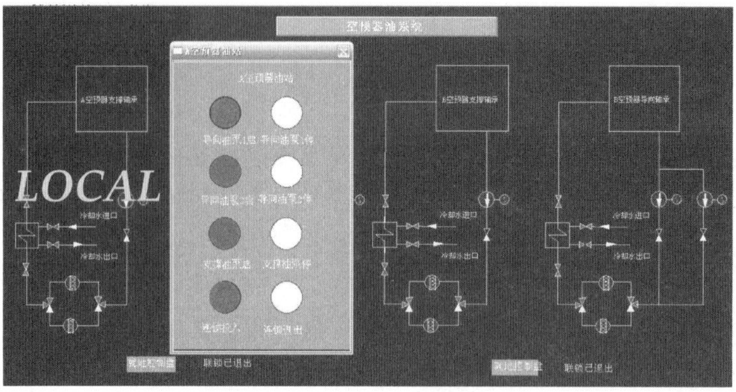

图 3-4　空气预热器油系统

空气预热器油泵正常启动之后，即可启动空气预热器，如图 3-5 所示。在 DCS 锅炉菜单中找到风烟系统。直接启动两台空气预热器主电机，确认空气预热器入口烟气挡板已经处于全开状态。在锅炉菜单中找到空气预热器系统，确认空气预热器主电机转速已经达到 1000r/min 以上。

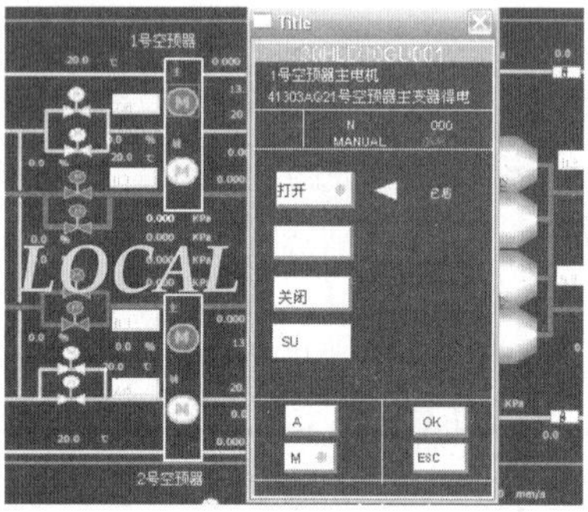

图 3-5　锅炉风烟系统

2. 送、引风机油系统就地操作

在就地锅炉菜单里找到送风机电机润滑油系统，如图 3-6 所示，在送风机油系统里把就地手动门打开，并注意右下红色框中的油是否走了冷油器一路。

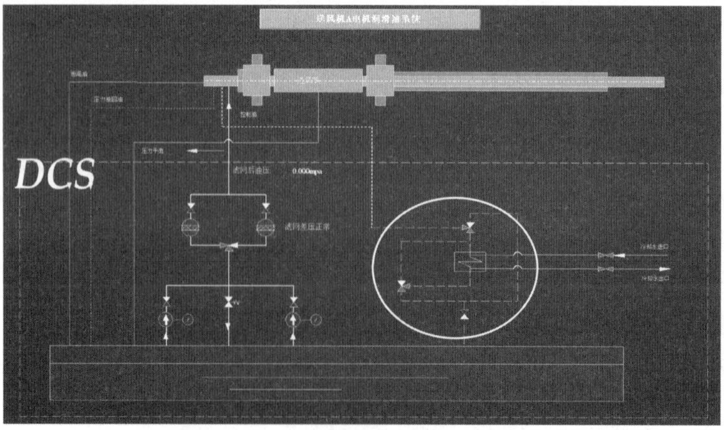

图 3-6　送风机 A 电机润滑油系统

引风机油系统和一次风机油系统也参照送风机油系统操作，如图 3-7 和图 3-8 所示。

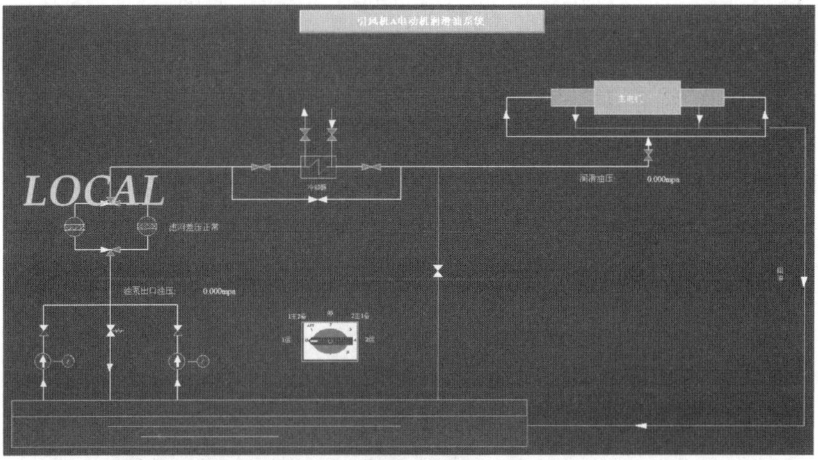

图 3-7　引风机 A 电机润滑油系统

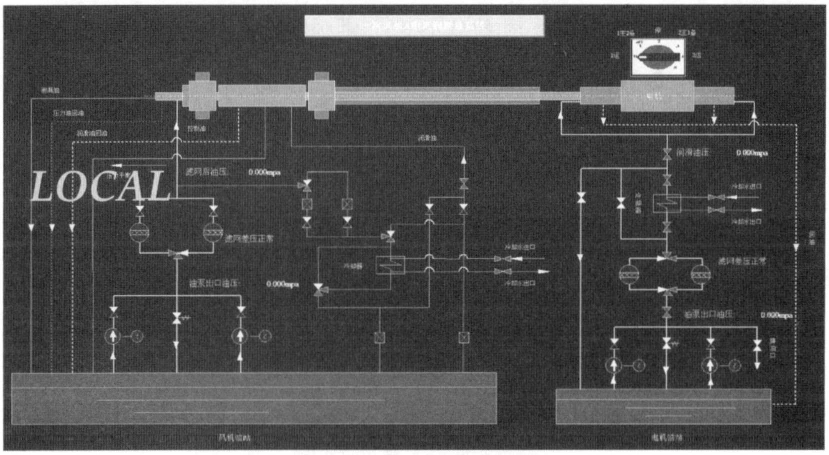

图 3-8　一次风机 A 电机润滑油系统

注意：在一次风机和引风机的画面中有如图 3-9 所示的开关。

（1）“1 运”：DCS 指令可以启停 1 号油泵。

（2）“1 主 2 备”：1 号已启动的情况下 2 号在备用状态，这种状态 DCS 停指令停不了油泵。

（3）“停”：指两台泵均停止，这种情况下 DCS 指令也不起作用。

其他类似。一般操作时在 1 运位置即可。

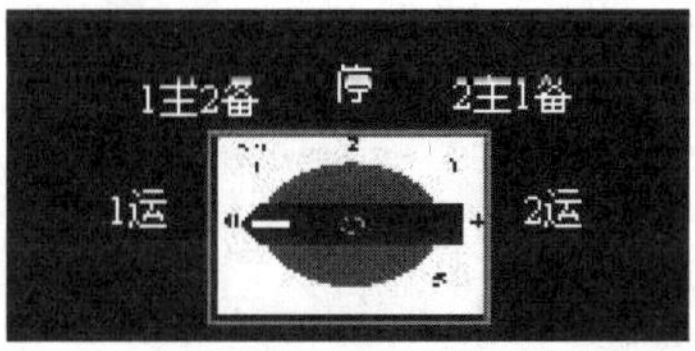

图 3-9　开关

3. 送、引风机启动

首先在 DCS 引风机油站画面上启动引风机的冷却风机，启动一台等压力低信号消除之后选好主备投入连锁。在同一幅 DCS 画面中启动引风机电机润滑油泵，如图 3-10 所示。

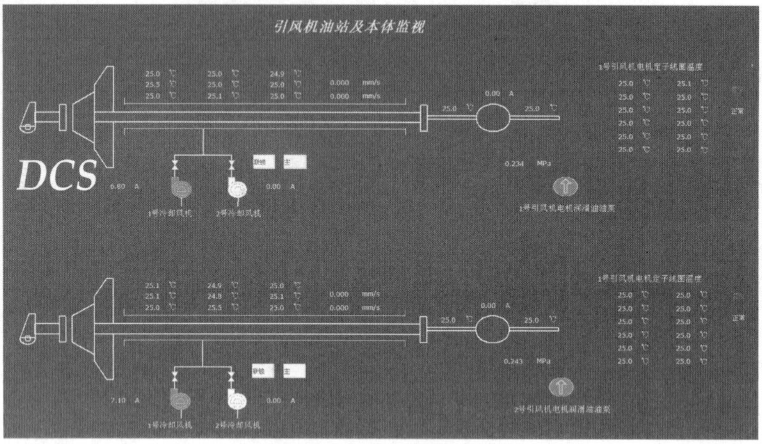

图 3-10　引风机油站

准备就绪之后回到 DCS 锅炉风烟系统画面，按启动条件启动一台引风机，如图 3-11 和图 3-12 所示。

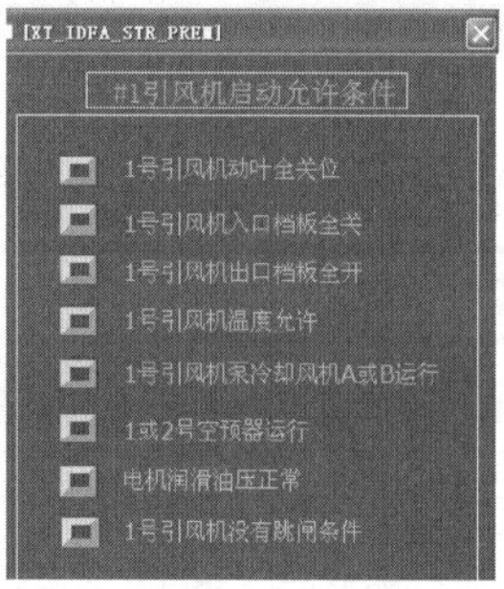

图 3-11　引风机启动允许条件

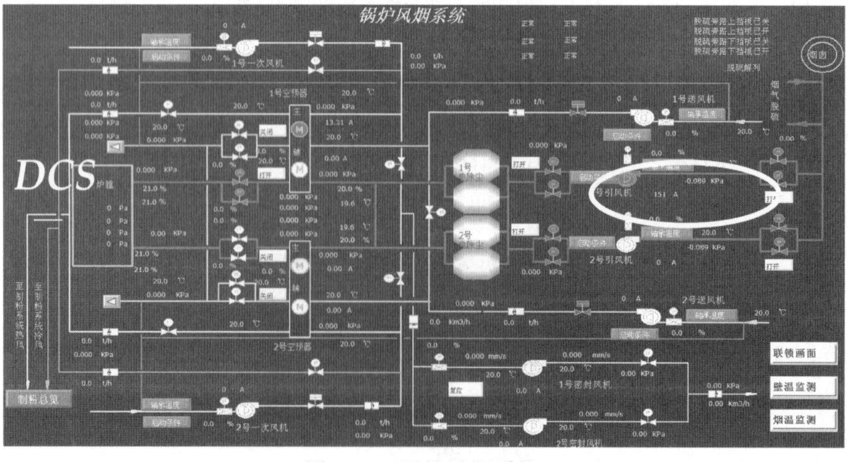

图 3-12　锅炉风烟系统

同理可启动送风机，先启动送风机油站油泵，再据条件启动送风机。注意空气预热器出口二次风门要打开，如图 3-13 和图 3-14 所示。

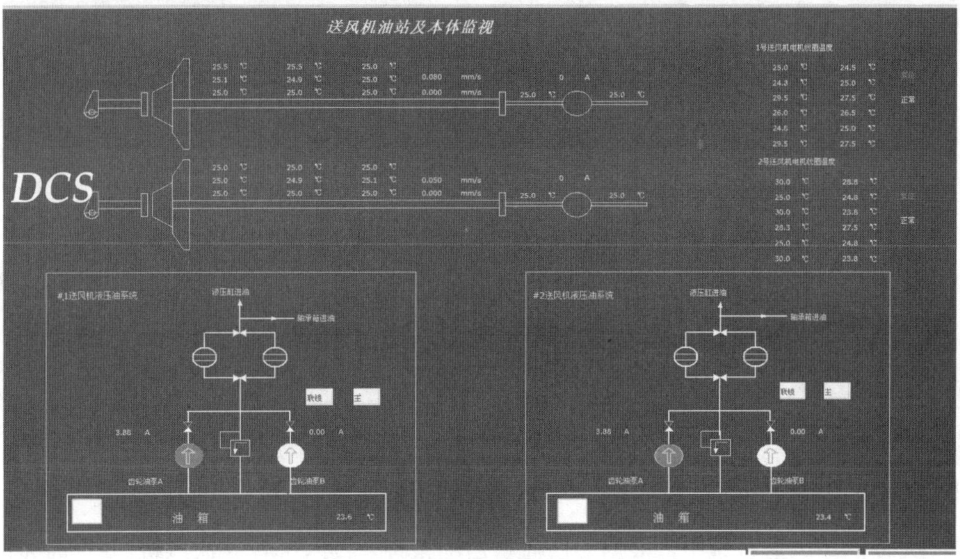

图 3-13 送风机油站

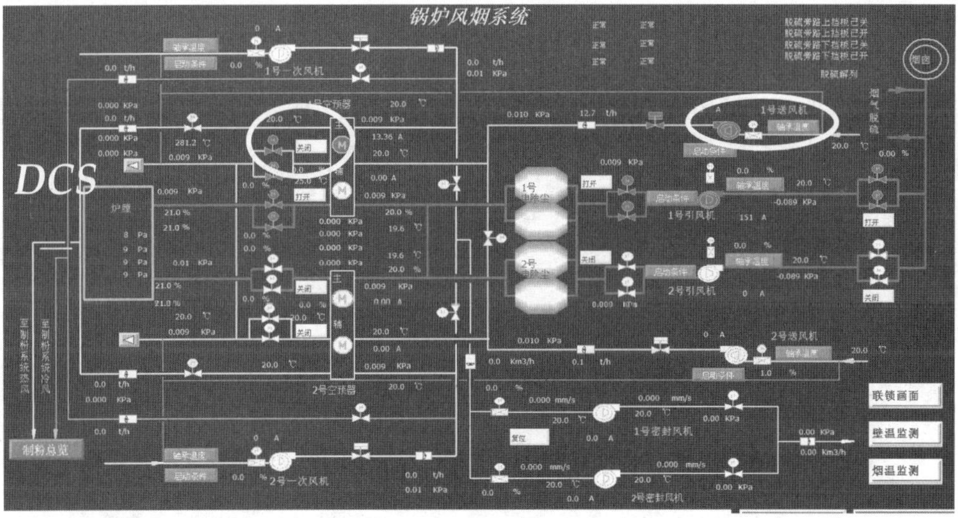

图 3-14 锅炉风烟系统

在一侧送引风机已启动的条件下，注意缓慢开大送风机动叶和引风机静叶，调节风量在 500～600t/h（吹扫条件）范围内。第二台引、送风机在机组并网后可以随时开启。

4. 一次风机和密封风机的启动

在机组并网后带 30MW 负荷暖机时可以启动一次风机。在 DCS 锅炉菜单中找到一次风机油站，启动一次风机电机润滑油泵，启动一次风机齿轮油泵并投入联锁，如图 3-15 所示。

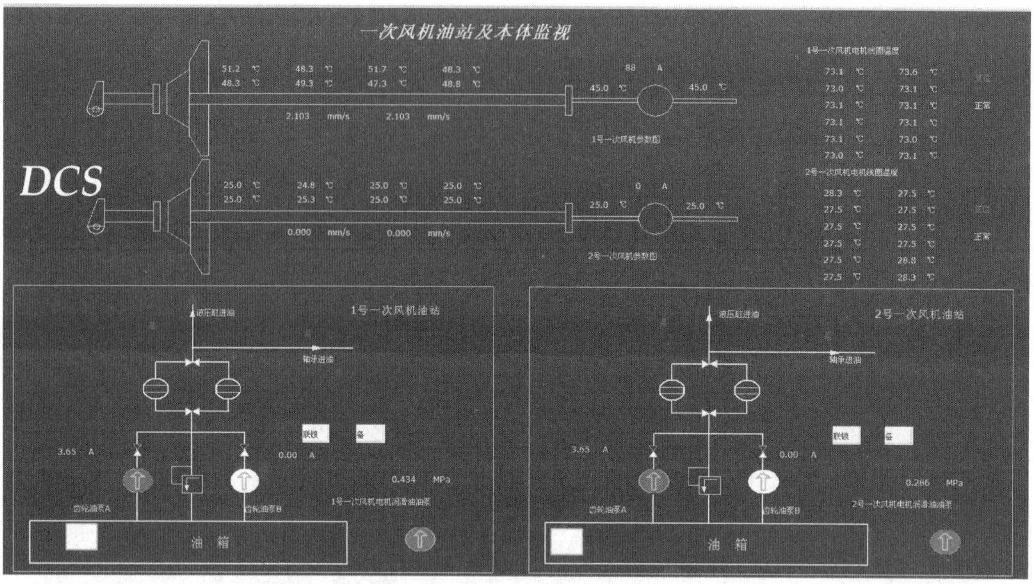

图 3-15　一次风机油站

在 DCS 锅炉风烟系统中，根据一次风机启动条件，投入一台一次风机。由于此时一次风量比较小，应该等至少一台磨煤机已经启动后将一次风机投入自动。一次风压设定值大约 8～9kPa。

同时启动一台密封风机，如图 3-16 所示。

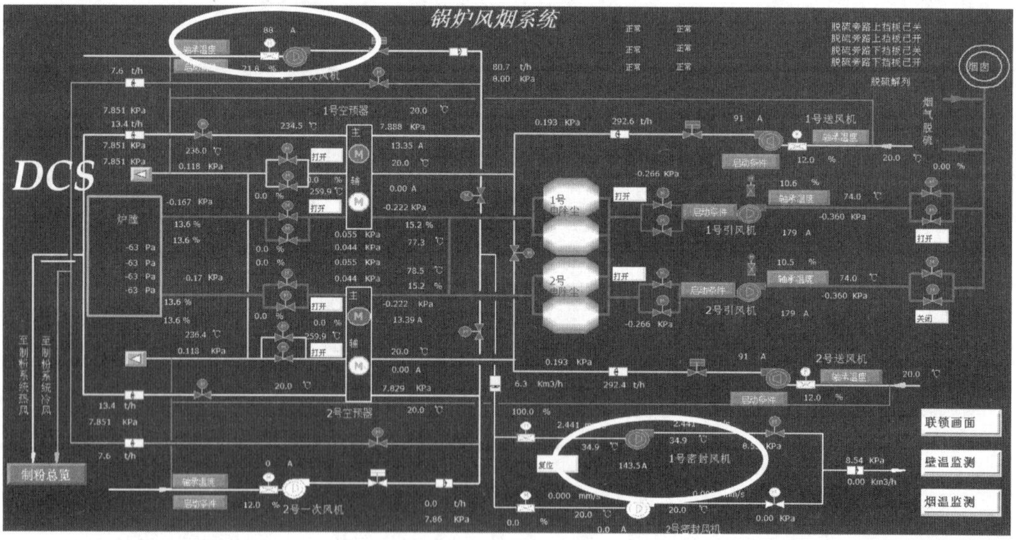

图 3-16　锅炉风烟系统

三、风烟系统运行调节

1. 空气预热器运行中的检查和维护

空气预热器导向轴承和支承轴承润滑油站使用 150 号极压工业齿轮油，空气预热器运行 4000h 进行一次换油。空气预热器运行中检查并确保轴承油系统无漏油，冷油器冷却水畅通，冷却水出口温度小于 30℃，轴承箱油位在 1/3～2/3 范围内。发现轴承箱油位不正常降低、升高应立即查找原因进行处理。通过轴承箱油面镜观察油箱内油质应透明，无乳化和杂质，油面镜上无水汽和水珠。检查空气预热器减速机油尺油迹在 1/3～2/3 之间，润滑油电机运行正常，减速机外壳温升不超过 60℃。

检查并确保空气预热器主电机运行时辅电机不转动。检查并确保减速机无振动，无异常声音，各部件和轴端不漏油。检查并确保空气预热器运行平稳无刮卡、碰磨现象，单控观察空气预热器电流正常并且无抖动。检查并确保空气预热器各人孔、检查孔关闭严密，不向外漏风、冒灰和向内抽空气。机组负荷 300MW 投入空气预热器热端密封装置，检查并确保密封装置动作正常，调整密封装置位置指示标尺在投入位附近，巡检中要注意比对各班标尺的位置，发现较短时间标尺指示偏差大要及时汇报。热端密封装置投入后要注意对空气预热器本体进行一次全面检查，防止动静部分碰磨。机组运行中如发现送风机、引风机电流或送风机动叶、引风机进口导叶和对应负荷不匹配要全面进行空气预热器密封装置的检查。

检查并确保空气预热器火灾报警装置无损坏，控制盘无报警。检查并确保空气预热器运行中电机外壳温度不超过 80℃，空气预热器电机、油泵电机及相应的电缆无过热现象，现场无绝缘烧焦气味，发现异常应立即查找根源进行处理。检查并确保空气预热器支承轴承和导向轴承温度不高于 70℃。检查并确保支承轴承和导向轴承润滑油温度高于 55℃，轴承润滑油泵自动启动，支承轴承和导向轴承润滑油温度低于 45℃，轴承润滑油泵自动停止。在润滑油泵运行期间，油泵供油压力在 0.25MPa，润滑油站滤网前后差压小于 0.1MPa。

监视空气预热器无停转报警和着火报警，排烟温度无异常升高，空气预热器进口烟温和出口风温差无异常降低，空气预热器对应负荷下烟风侧进、出口差压正常。

2. 引风机及油系统运行中的检查、维护

引风机电机润滑油站使用 68 号汽轮机油，引风机轴承使用 3 号润滑脂润滑。引风机电机油站的油箱油位应保持在 1/3～2/3 范围内，发现油位不正常降低、升高应立即查找油位升高、降低的原因进行处理。通过油箱油面镜观察油箱内油质应透明，无乳化和杂质，油面镜上无水汽和水珠。引风机轴承每 30 日进行一次加油，3 号轴承每次加入润滑脂 100g，4 号轴承每次加入润滑脂 120g。当轴承温度超过 70℃时，温度每升高 15℃加油期限应降低一半，每次轴承箱检修应将润滑油管道清理干净并充入新的润滑脂。油站油箱温度应高于 30℃。低于 30℃检查油箱电加热自动投入，高于 40℃检查电加热自动停止。电机轴承润滑油压正常调整在 0.35MPa，油站滤网前后差压低于 0.1MPa，轴承润滑油供油温度调整在 30～40℃，轴承润滑油流量充足。引风机油系统无渗漏，油站冷油器冷却水管道无泄漏，冷却水畅通。油站冷油器冷却水流量根据环境温度和电机轴承温度进行调整，以保证电机轴承润滑油供油温度在 30～40℃范围内。

引风机正常运行工况点在失速最低线以下，进口导向挡板开度在+30°～−75°（对应开度反馈指示 0～100%）范围，单控和就地开度指示一致，以确保风机运行中系统无喘振，引风机电机不过载。

引风机及电机轴承温度正常应在 60～70℃范围，当发现轴承温度超过正常温度，经油系统检查和调整未发现异常应及早停止风机进行检查处理。当电机轴承温度超过 110℃，风机轴承温度超过 120℃保护未动作时，应手动停止风机运行（注意：当引风机电机和引风机轴承温度跳变，在 1min 内升高超过 3℃超过温度表量程，要立即就地检查核实轴承温度是否实际升高并检查测点是否故障，如测点故障造成测点指示不准不必停止风机运行，应立即联系检修进行处理）。

引风机及电机运行中轴承振动在 0.05mm 以下，当振动超过 0.12mm 时应立即停止风机运行。引风机及电机运行中无异音，内部无碰磨、刮卡现象。引风机电机定子铁芯温度不超过 100℃，线圈温度不超过 115℃。引风机电机、油泵电机及相应的电缆无过热冒烟，着火现象，现场无绝缘烧焦气味。发现异常应立即查找根源进行处理。引风机冷却风机运行中无异音，内部无碰磨，冷却风管道不漏风。冷却风机运行中轴承振动不超过 0.05mm，电机外壳温度不超过 80℃。

3. 送风机及油系统运行中的检查、维护

送风机油站使用 68 号汽轮机油，送风机电机轴承使用润滑脂润滑。油站的油箱油位应保持在 1/3～2/3 范围内，发现油位不正常降低、升高时，应立即查找油位升高、降低的原因并进行处理，电机轴承 15 日加注一次润滑脂。通过油箱油面镜观察油箱和轴承箱内油质应透明，无乳化和杂质，油面镜上无水汽和水珠。送风机轴承箱油位在 1/3～2/3 之间，送风机轴承箱油位计通气管内无存油，为防止轴承箱发生液位指示误差，发现存油应开启放油阀将存油放净。油箱温度应高于 30℃。低于 30℃时应检查油箱电加热自动投入，高于 40℃时应检查电加热自动停止。

动叶调节油压正常调整在 2.5MPa，轴承润滑油压在 0.35MPa，油站滤网前后差压低于 0.1MPa，轴承润滑油供油温度调整在 30～40℃，轴承润滑油流量大于 8L/min。

送风机油系统无渗漏，油站冷油器冷却水管道无泄漏，冷却水畅通。油站冷油器冷却水流量调整为使冷油器前后润滑油温差为 15℃。送风机正常运行工况点在失速最低线以下，动叶开度在–30°～＋15°（对应开度反馈指示 0～100%）范围，单控和就地开度指示一致，以确保风机运行中系统无喘振，送风机电机不过载。

送风机及电机轴承温度正常应在 60～70℃范围，当发现轴承温度超过正常温度，经油系统检查和调整未发现异常或轴承内有异音应及早停运风机进行检查处理。当轴承温度超过 110℃保护未动作应手动停止风机运行。引风机及电机运行中轴承振动在 0.05mm 以下，当振动超过 0.12mm 应立即停止风机运行。送风机及电机运行中无异音，内部无碰磨、刮卡现象。送风机电机定子铁芯温度不超过 100℃，线圈温度不超过 115℃。送风机电机、油泵电机及相应的电缆无过热冒烟、着火现象，现场无绝缘烧焦气味。发现异常应立即查找根源进行处理。

四、风烟系统停运

1. 空气预热器的正常停运

停炉前对空气预热器进行一次吹灰，负荷减至 50%时再吹一次，锅炉停炉燃油期间保持吹灰器连续运行。在 MFT 保护动作后，检查并确保空气预热器热端密封装置自动提升至上限位置，维持空气预热器继续运转。当风机还在运行的时候，应监视烟气和空气的出口温度，当风机停运后，应监视烟气进口和空气出口温度，以防空气预热器内着火，空气预热器着火报警监测装置不得退出运行。当送、引风机全部停止且进口烟温降至 150℃时，停运空气预热器。

2. 引风机的正常停运

最后一台引风机只有在所有的送风机停运后才能停运。停运的步骤：解除引风机进口导叶自动，逐渐关闭该引风机进口导叶；停止该引风机运行，检查引风机进口挡板自动关闭；引风机进口挡板关闭后 5min，油泵自动停止运行；引风机停运后 2h，停止轴承冷却风机运行。

3. 送风机的正常停运

逐渐关闭准备停运的送风机动叶；停止该送风机运行；送风机动叶关闭后 5min，油泵自动停止运行。

任务四　炉前燃油系统运行

一、燃油系统概述

炉前燃油系统分为点火油与启动油两个部分，点火油系统设 36 只点火油枪，每只油枪出力 250kg/h，采用机械雾化方式。点火油枪采用高能点火器点火，用于启动油枪或者煤粉燃烧器的点火，在锅炉低负荷运行时，用于稳定煤粉燃烧器的燃烧。启动油系统设 18 只启动油枪，每只油枪出力 2.2t/h，采用蒸汽雾化方式，雾化蒸汽由启动锅炉或者邻炉的辅助蒸汽提供，启动油枪用于锅炉暖炉、维持锅炉负荷。

点火油系统与启动油系统供油管上各设 1 个调节门，运行时分别对两个系统进行独立调节。

二、燃油系统投入

将锅炉就地菜单中锅炉燃油系统就地门打开，如图 3-17 所示。

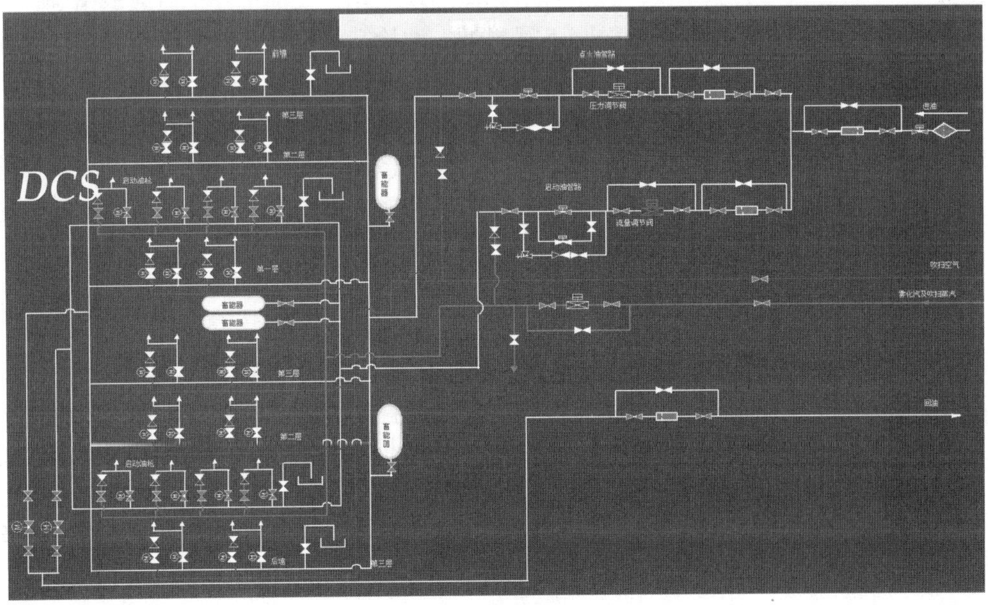

图 3-17　锅炉燃油系统

在 DCS 中检查汽机菜单中辅助蒸汽系统中辅汽至燃油吹扫用汽阀门已经打开。

在锅炉菜单中炉前燃油系统打开辅汽至燃油系统调门，使压力、温度合适。打开回油门、进油总跳闸阀、点火油跳闸阀和启动油快关阀，如图 3-18 所示。

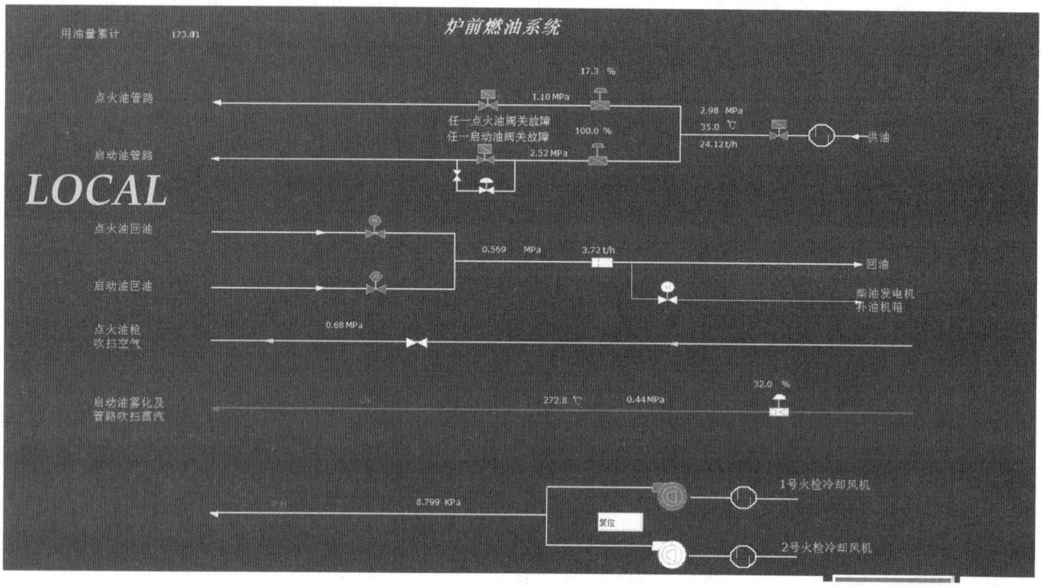

图 3-18 炉前燃油系统

三、燃油系统运行调节

炉膛只有在经过吹扫完毕、所有点火条件满足后才能点火启动。启动油枪投入只能用本油枪的点火枪进行点火，不能用其他油枪和煤燃烧器点燃启动油枪。油枪运行中应推进到位，油枪在燃烧器中心无偏斜，各油管道无渗漏现象，点火油枪停止后应退出到位。油枪运行中火焰应稳定无闪烁，颜色白亮不冒黑烟；油枪雾化良好，油枪头不滴油，雾化角合适；油枪头无结焦和堵塞，油枪火焰无偏斜。检查燃油压力调节器自动跟踪良好，点火油压力 1MPa 左右，启动油压力 2MPa 左右；检查雾化蒸汽压力 1MPa 左右，压力调节器自动跟踪良好，雾化蒸汽温度在 210～230℃，雾化蒸汽温度自动跟踪良好。有启动油枪运行后关闭雾化蒸汽管道末端疏水，防止油枪和吹扫阀门故障致使燃油污染疏放水。油枪停止后应退出到位，检查枪头不漏油。

四、燃油系统停运

1. 点火油枪的退出

发出点火油枪退出指令；检查点火油枪对供油阀自动关闭；检查点火油枪吹扫阀自动开启；检查 45s 后吹扫结束，油枪吹扫阀关闭；点火油枪退出。

2. 启动油枪的停止

发出启动油枪退出指令；检查启动油枪供油阀和蒸汽雾化阀自动关闭；检查油枪吹扫阀自动开启；45s 后吹扫结束，油枪吹扫阀自动关闭；启动油枪退出。

任务五　制粉系统运行

一、制粉系统概述

本机组采用双进双出钢球磨煤机冷一次风机正压直吹式制粉系统，每台炉配置 6 台磨煤机，5 台运行一台备用。

双进双出钢球磨煤机主要由回转部分、螺旋输送器、主轴承、传动部分、混煤箱、分离器及其接管、返煤管、加球装置、隔音罩等组成。筒体部分是由两个铸造中空轴、端盖和用钢板卷制的圆筒焊接而成，筒体两端中空轴支撑在两个自位调心巴氏合金轴承上。筒体由主电动机经过减速器大、小齿轮减速后带动旋转。

螺旋输送器主要由螺旋输送器体、热风盒、螺旋推进器、中空管及密封风盒五部分组成。螺旋输送器体安装在磨煤机两侧，原煤通过输送器体进入磨机，煤粉、入磨一次风及旁路风在此混合后进入分离器。其中一件螺旋输送器体上有加钢球入口。热风盒安装在螺旋输送器体端面，从一次风管中来的一次热风通过热风盒、螺旋推进器中部的中心管进入筒体内。热风盒上开有密封风、消防蒸汽接口。螺旋推进器作用是将热一次风、煤、钢球及杂物送进磨煤机筒体内。为防止筒体旋转时泻落煤和钢球进入中心管内，在中心管内焊有止推螺旋叶片。另外在螺旋推进器主轴与热风盒之间设有密封风，防止磨内风粉泄漏。中空管是原煤进入筒体和入磨一次风携带煤粉从筒体内进入分离器的通道。中空管内还埋设有煤位压差测量管路。密封风盒是在旋转的中空轴与静止的螺旋输送器体之间装设一个特殊的密封结构（磨煤机运行呈正压状态）。

分离器采用双锥结构，内侧衬有耐磨水泥衬。分离器顶部装有用来调节煤粉细度的调整叶片，其作用是通过改变角度来调节煤粉细度。较大颗粒的煤粉从一次风粉混合物中分离出来，通过返煤管路与原煤一起进入磨煤机内继续研磨，细度合格的煤粉通过分离器送至锅炉燃烧。分离器的出口装置上采用气动闸板阀与用户煤粉管道连接。气源采用由用户提供的仪表压缩空气。另外分离器上设有消防蒸汽、消防水、温度测量、一氧化碳检测等接口，还留有备用接口。

主轴承由轴承座、球面瓦、轴承盖等组成，用于回转筒体的支承以及补偿筒体在负荷作用下的下垂度。主轴承采取高、低压联合润滑结构，高压油被送到中空轴与球面瓦之间，使筒体浮起来；低压油被输送到中空轴上面，喷淋到中空轴上对其进行润滑、冷却。球面瓦上设有测温热电阻及冷却水接口，分别用于检测轴瓦温度及对轴瓦进行冷却。

传动装置由主传动和慢驱动装置构成，主传动用于磨煤机的正常运行，慢驱动用于磨煤机的启动、停止及检修维护。

高、低压润滑油站由高压和低压润滑系统组成。高压系统将高压油引入巴氏合金瓦表面形成油膜，起到静压轴承作用，可顶起筒体。低压系统将油引入主轴承上方，对轴承进行喷淋润滑及冷却。油站设有冷却器，有冷却水进出口。

二、制粉系统投入

以投入 A 层制粉系统为例，来介绍制粉系统投入步骤。进入 A 层制粉系统，查看磨煤机的启动允许条件，如图 3-19 所示。

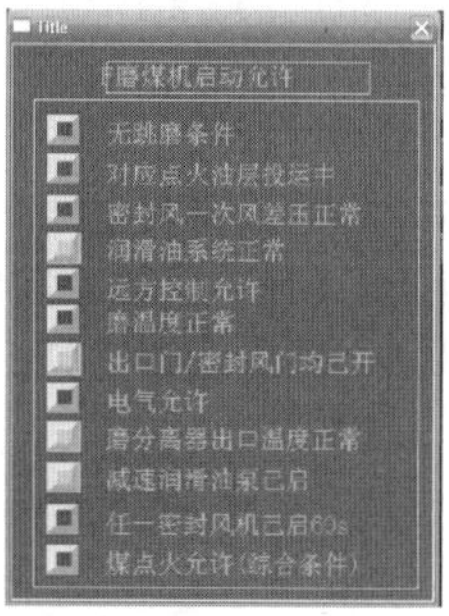

图 3-19　磨煤机启动条件

首先启动 A 层制粉系统对应的点火油枪（B、D 层需退出启动油枪运行），如图 3-20 所示。

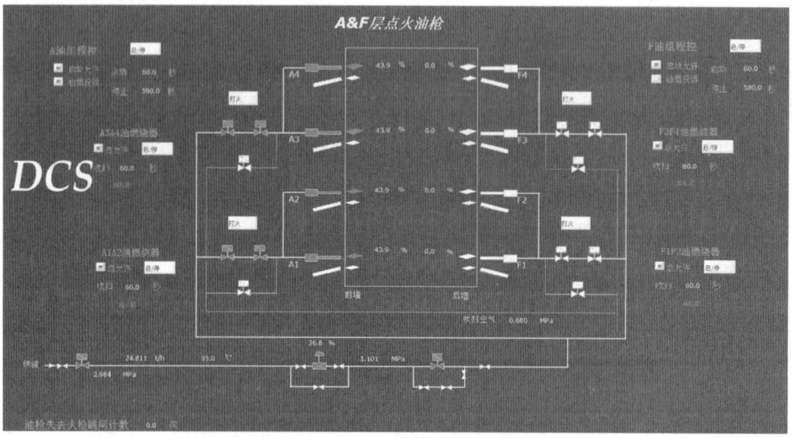

图 3-20　A 层点火油枪

在锅炉就地菜单中找到磨煤机 A 润滑油系统油站，将就地门打开，再启动一台低压油泵，待压力“OK”信号出现之后启动高压油泵运行，如图 3-21 所示。

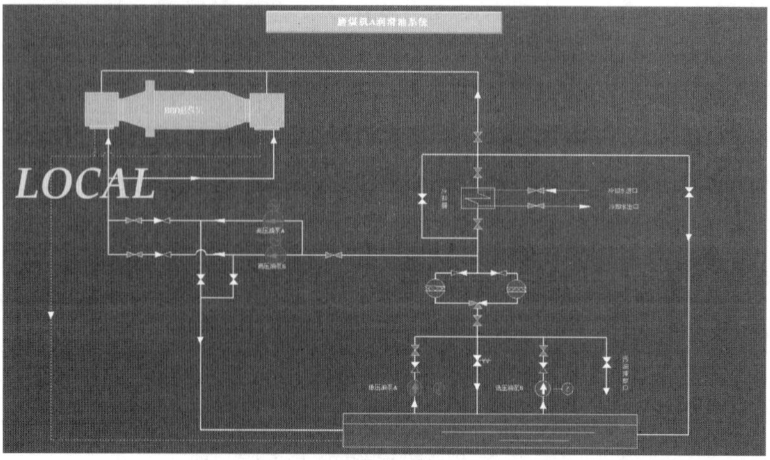

图 3-21　磨煤机 A 润滑油系统

进入 DCS 锅炉 A 制粉系统，启动减速润滑油泵，开启 A 磨大齿轮密封风机，开启左右两侧的粉管关断门密封电动门，再开启 A 磨密封风隔绝门，最后开启 A 磨密封风电动调节门，调节门的开度根据密封风和一次风的压差进行调节，压差自动调节的设定值范围在 2～4kPa 之间，如图 3-22 所示。

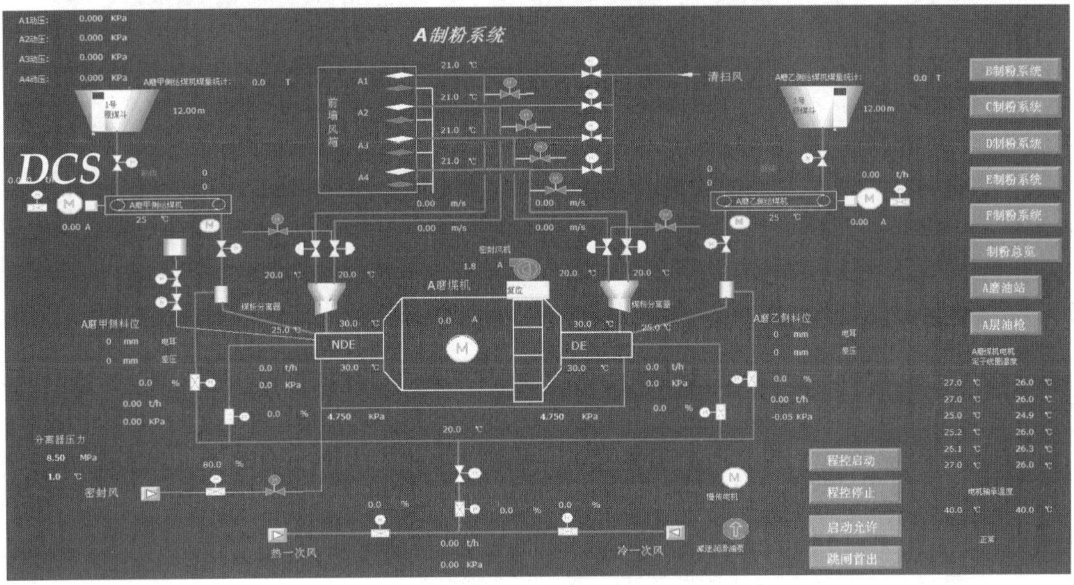

图 3-22　A 制粉系统启动

打开 A 磨进口一次风电动隔离总门，将一次风电动调节总门和进口热风电动调节门开至 100%，冷风门不开。两侧旁路风门各开 30%，两侧容量风门各开 10%左右。开启左右两侧的 4 个粉管关断门，对磨煤机进行暖磨。待分离器出口温度高于 65℃且磨煤机启动条件满足之后启动磨煤机，依次开启左右两侧的给煤机下煤闸板、给煤机和给煤机进煤闸板。两侧给煤机均启动之后，将左右两侧给煤量手动设定到 6t 左右，观察磨煤机料位缓慢上升。给煤机开始给煤之后可以开大容量风至 30%左右，并逐步关小旁路风门至 0。容量风的大小根据一次风速进行调节，一次风速在 25m/s 左右。

料位自动调节：等料位大约上升到 300mm 之后，先将两侧给煤机投入自动，再将料位设定值设定到 400～450mm，偏置值设定为 0。观察料位能维持在设定值附近即可。再将磨煤机两侧容量风门投入自动即可。注意：本机组 A、C、E 层料位设定在左侧，B、D、F 层料位设定在右侧。

最后开启冷风电动调节门，调节门开度的自动调节根据一次风出口风温设定。一般在 70～80℃之间，根据燃用的燃料确定，如图 3-23 所示。

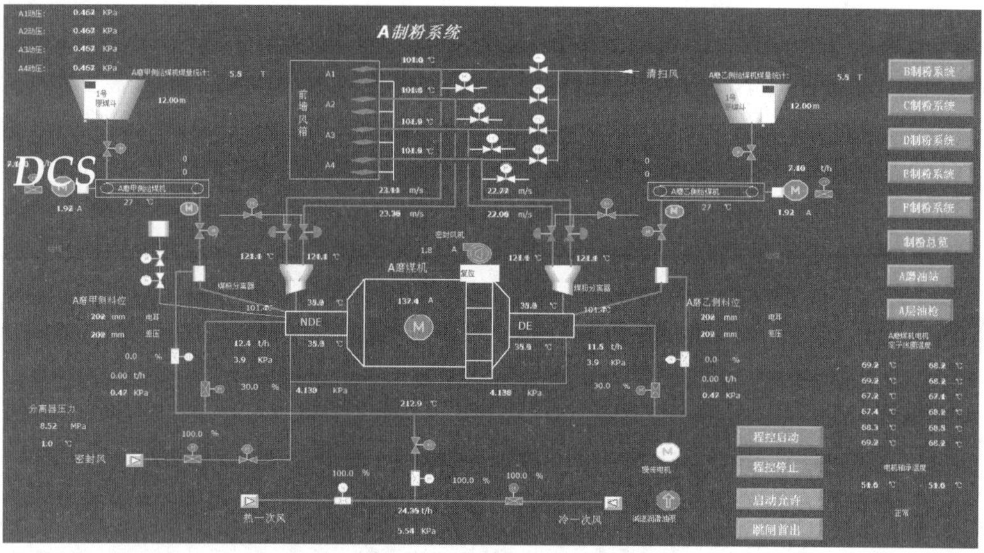

图 3-23 A 制粉系统启动完成

三、制粉系统运行调节

制粉系统是锅炉机组的重要辅助系统，它的运行好坏将直接影响锅炉的安全性和经济性。制粉系统一旦发生故障，会导致锅炉出力降低，甚至被迫停炉；制粉系统运行不稳定，会引起炉内燃烧不稳定并可能由此产生一系列的问题。

制粉系统的正常运行，主要表现在一次风压、磨煤机风量、磨煤机出口温度、磨煤机进出口压差以及煤粉细度、均匀度和湿度的稳定程度上。

正常运行中，制粉系统应达到以下基本要求：

（1）磨制并连续供给锅炉燃烧所需的煤粉。

（2）在煤质发生变化等情况下，仍能保证供给质量合格的煤粉，以保证锅炉燃烧和负荷的需要。

（3）降低制粉的电耗和钢耗，提高制粉系统运行的经济性。

（4）维持正常的风温、风压，防止发生煤粉自燃和爆炸等事故，保证制粉系统和锅炉机组的安全运行。

制粉系统在运行时要注意：制粉系统无漏风、漏粉现象，各辅机的地脚螺栓紧固、轴承振动正常；煤仓煤位及温度正常；风道不剧烈振动；各煤粉管畅通，温度正常，无漏粉现象；各轴承、人孔门和法兰等处无漏风、漏粉现象；各种风门挡板动作灵活，指令与反馈一致；停运的原煤斗每班测一次温度，发现温度异常应加强监视，并通知燃料运行值班人员。

正常运行时，应尽量平衡各磨煤机两侧出力，并根据机组负荷及时启动或停运磨煤机。润滑油箱的油位在 750mm 以上，油温保持在 30～40℃。

一次风的速度保持在 25m/s 左右，防止发生堵煤和堵粉事故。一次风粉管的温度控制在 70～80℃，不能高于 100℃，防止粉管着火。

一次风电动调节总门后的压力保持在 5～8kPa，磨煤机密封风和一次风的压差控制范围在 2～4kPa。

磨煤机尽量不采用单进单出方式运行。

磨煤机的料位最高控制在 500mm 左右，太高可能会引起磨煤机堵煤。

四、制粉系统停运

1. 手动停运操作

（1）关小热风门及两侧旁路风门，开大冷风门，维持粉管风速在 25m/s 左右。

（2）根据燃烧情况投入对应的点火油枪稳燃。

（3）解除给煤机的给煤量自动调节，手动缓慢降低给煤量至最低。

（4）关闭给煤机进煤闸板，待给煤机的煤走空后，关闭给煤机下煤闸板。等磨煤机料位降到 0mm 后，逐渐关小磨煤机进口热风门，开大冷风门，控制分离器出口温度在 80～100℃，停运磨煤机。

（5）检查关闭冷热风门、容量风门、进口一次风隔离总门、粉管关断门及各密封风门。

（6）检查大齿轮密封风机和润滑油站，应分别延时 30s 和 3min 后自停，否则手动停止。

（7）磨煤机停运后，投入慢传电机。

2. 紧急停运

（1）在锅炉 DCS 锅炉制粉总貌中，点击“磨煤机打闸”按钮，紧急停运磨煤机。

（2）磨煤机停运后，联跳给煤机，联启高压油泵。联锁将自动关闭除密封系统外的所有风门挡板和煤闸板，手动关闭各密封门。

（3）大齿轮密封风机和润滑油站，分别延时 30s 和 3min 后停运。

（4）紧急停运后，投入慢传电机。

任务六　锅炉汽水系统运行

一、锅炉汽水系统概述

锅炉汽水系统由给水系统、水冷壁系统、锅炉启动旁路系统、过热器系统、再热器系统及其减温水系统等组成。

1. 超临界直流锅炉的给水及水冷壁系统

来自高压加热器出口的给水经给水流量测量装置、给水旁路调节门或主给水电动门、省煤器进口联箱，进入省煤器，经省煤器加热后的给水由省煤器出口联箱引出，经连接管引入水冷壁继续加热并汽化。

超临界直流锅炉的水冷壁，多采用螺旋管圈和垂直管屏的组合形式，下部炉膛的水冷壁采用螺旋管圈（内螺纹管），上部炉膛的水冷壁为垂直管屏。水冷壁采用一次中间混合联箱来实现螺旋管至垂直水冷壁管的过渡。水冷壁采用全焊接的膜式水冷壁，采用较高质量流速设计，且进口不需装设节流圈。采用螺旋管圈水冷壁，水冷壁的传热、流量分配和介质出口温度等不会受到燃烧器、磨煤机切换等工况的影响 ，对煤种变化、炉膛结渣以及机组负荷变化所引起的吸热量的变化适应性好，变负荷、变压运行能力强。

2. 超临界直流锅炉的启动旁路系统

直流锅炉的启动旁路系统是针对直流锅炉的启动特点而专门设置的，其主要作用有建立启动流量、汽水分离和控制工质膨胀等，它的关键设备是启动分离器。启动分离器的作用是在启动过程中分离汽水以维持水冷壁启动流量，同时向过热器系统提供蒸汽并回收疏水的热量和工质。按照直流锅炉运行时分离器是否退出系统，直流锅炉的启动旁路系统分为外置式和内置式两种。我国 600MW 超临界螺旋管圈型直流锅炉配置内置式分离器启动系统。分离器布置在炉膛水冷壁出口处，分离器与水冷壁、过热器之间的连接无任何阀门，以适应锅炉变压运行的要求。一般在 35%～37%MCR 负荷以下，锅炉为湿态运行，由水冷壁进入分离器的工质为汽水混合物，在分离器中进行汽水分离，蒸汽直接进入过热器，分离器的疏水通过疏水系统回收工质、热量或排放大气、地沟。当负荷大于 35%～37%MCR 时，由于水冷壁进入分离器的工质为干蒸汽，锅炉为干态运行，分离器只起通道作用，蒸汽通过分离器进入过热器。此时，内置式分离器相当于一个蒸汽联箱，必须能够承受锅炉全压。

本机的锅炉的启动旁路系统由 2 个汽水分离器、1 个储水罐、2 个水位控制阀（361A、B 阀）及汽水连接管等组成。当负荷不小于 28%BMCR 时，锅炉为纯直流运行方式，汽水分离器入口具有微过热度。

汽水分离器布置在炉前，汽水混合物从垂直水冷壁出口混合集箱来，采用旋风分离形式，汽水分离器规格为ϕ876×98（内径ϕ680），材料为 SA—336F12，直段高度 2.980m，总长 4.08m。

储水罐规格为ϕ972×111（内径ϕ750），材料为 SA—336F12，直段高度 17.5m，总长 18.95m。储水罐上部蒸汽连接管、下部出水连接管上各布置一个取压孔，后接三个并联的单室平衡容器，水、汽侧平衡容器一一对应，提供压差给压差变送器进行储水罐水位控制。

3. 过热器和再热器及减温水系统

过热器的系统布置应能满足蒸汽参数的要求，并具有灵活的调温手段，还应保证运行中管壁不超温和具有较高的经济性等。

大型锅炉均采用辐射—对流组合式过热器系统。采用串联混合流组合方式，基本组合模式为“顶棚过热器—包覆过热器—低温对流过热器—半辐射过热器—高温对流过热器”。自给水管路出来的水由炉前 B 侧进入位于尾部竖井后烟道下部的省煤器进口集箱，水流经省煤器受热面吸热后，由省煤器出口集箱 A 侧引出下水连接管进入螺旋水冷壁进口集箱，经螺旋水冷壁管、螺旋水冷壁出口集箱、混合集箱、垂直水冷壁进口集箱、垂直水冷壁管、垂直水冷壁出口集箱后进入水冷壁出口混合集箱汇集后，经引入管引入汽水分离器进行汽水分离，从分离器分离出来的水进入储水罐，水质合格时排往凝汽器，水质不合格时排至循环水排水管道，蒸汽则依次经顶棚管、后竖井/水平烟道包墙、低温过热器、屏式过热器和高温过热器。

在直流锅炉中，过热汽温的调节主要是通过煤水比的调节来实现的。考虑到其他原因对过热汽温的影响，在实际运行中要精确地保持煤水比也是不容易的。所以除了采用煤水比作为粗调节手段外，还必须采用喷水减温器作为细调节手段。一级减温水设置在低温过热器出口和屏式过热器进口之间，二级减温水设置在屏式过热器出口和高温过热器进口之间。

再热器的系统布置一般采用对流式，分低温和高温两级，两者之间直接过渡，无中间连接集箱，以降低再热蒸汽的压降。从汽机高压缸来的排汽进入位于后竖井前烟道的低温再热器和水平烟道内的高温再热器后，从再热器出口集箱引至汽机中压缸。

再热蒸汽温度的调节通过位于省煤器和低温再热器下方的烟气调节挡板进行控制，在低温再热器出口管道上布置再热器事故喷水减温水作为辅助调节手段。

二、锅炉汽水系统投入

1. 锅炉上水

（1）打开就地汽轮机菜单给水系统检查就地门开启应正确，如图 2-43 所示。

（2）在汽轮机 DCS“给水除氧系统”（图 2-42）中，开启电动给水泵再循环电动门和调节门，启动电动给水泵的辅助油泵，启动电动给水泵，开启电动给水泵出口电动门。

（3）在 DCS 锅炉启动系统图中，采用电泵上水，高加水侧走旁路；开启给水旁路调节门前、后电动门；调节给水旁路调节门开度，使锅炉给水流量控制在 90t/h 左右。依次开启省煤器和水冷壁各排空气门。等待分离器储水罐水位上升，当储水罐见水后，注意加强监视，如图 3-24 所示。

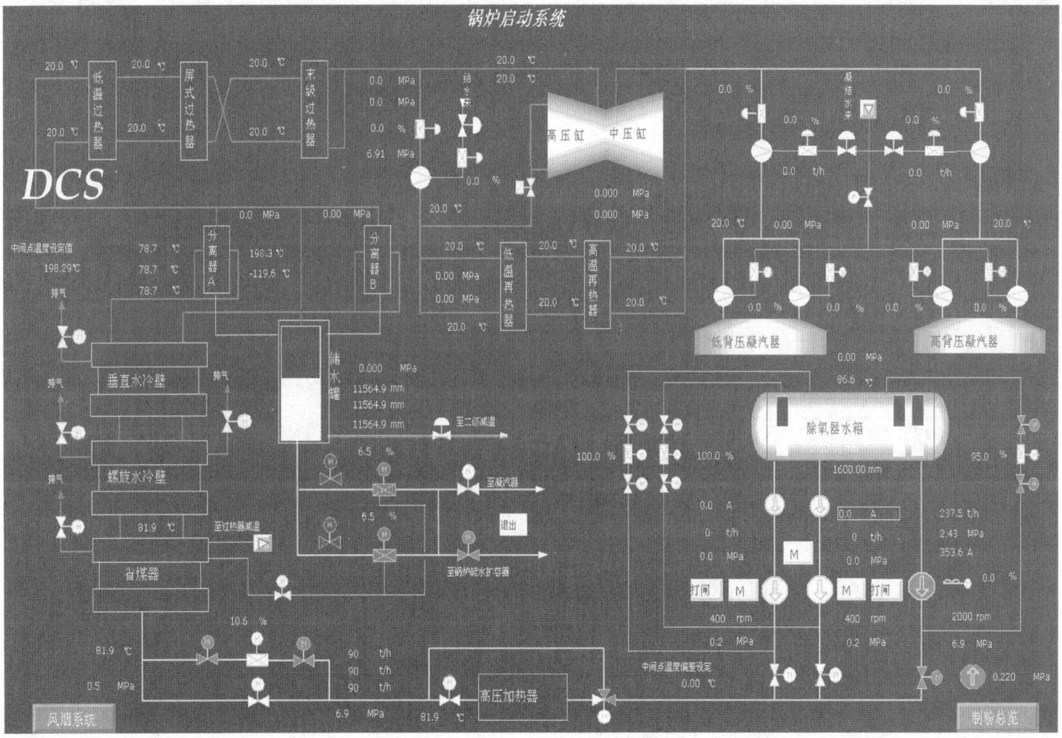

图 3-24　锅炉启动系统

（4）当储水罐水位达到 12000mm 时，检查 361 阀开启，水位自动调节正常。361 阀回水去锅炉疏水扩容器，关闭省煤器和水冷壁排空气门，打开过热器、再热器排空气门，如图 3-25 所示。等待水位调节稳定之后，调节给水旁路调节门的开度，将给水流量调整到 420t/h 左右进行锅炉冷态清洗。冷态清洗结束之后将储水罐至锅炉疏扩电动门关闭，将储水罐至凝汽器电动门打开，进行循环清洗。

注意储水罐至凝汽器电动门开启允许条件：361 阀至凝汽器和至定排联锁投入 OR 至定排门已关闭；凝汽器真空高于 70kPa；主汽压力小于 8.9MPa。

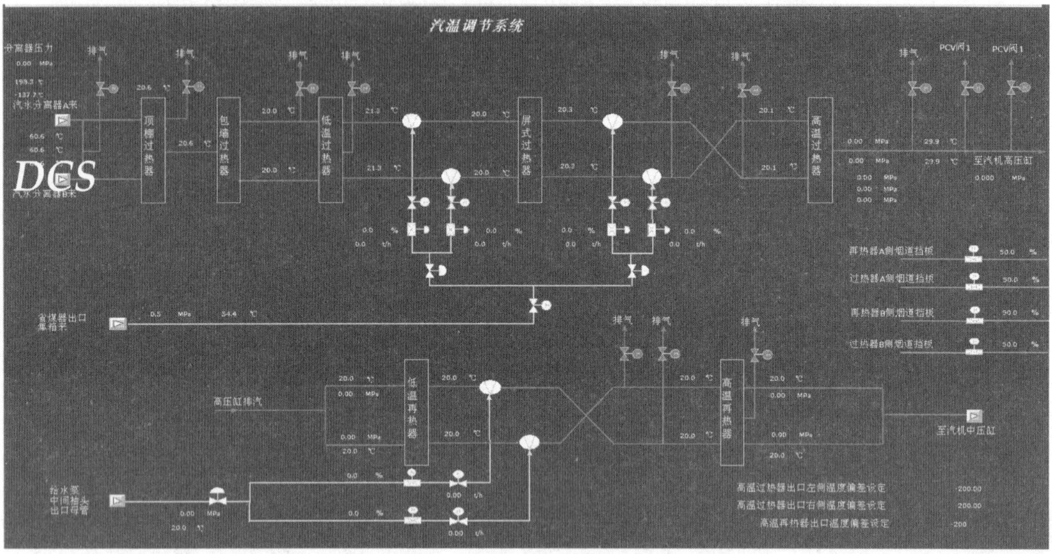

图 3-25　锅炉汽温调节系统

2. 过热器、再热器系统

锅炉点火启动后开始升温升压，当过热器压力达到 0.2 MPa 时，打开 DCS 锅炉汽温调节系统和锅炉疏水排污系统，如图 3-26 所示，关闭过热器各空气门和疏水门。当再热器压力达到 0.2 MPa 时，关闭再热器空气门和疏水门。起压之后即可将高旁和低旁开启。

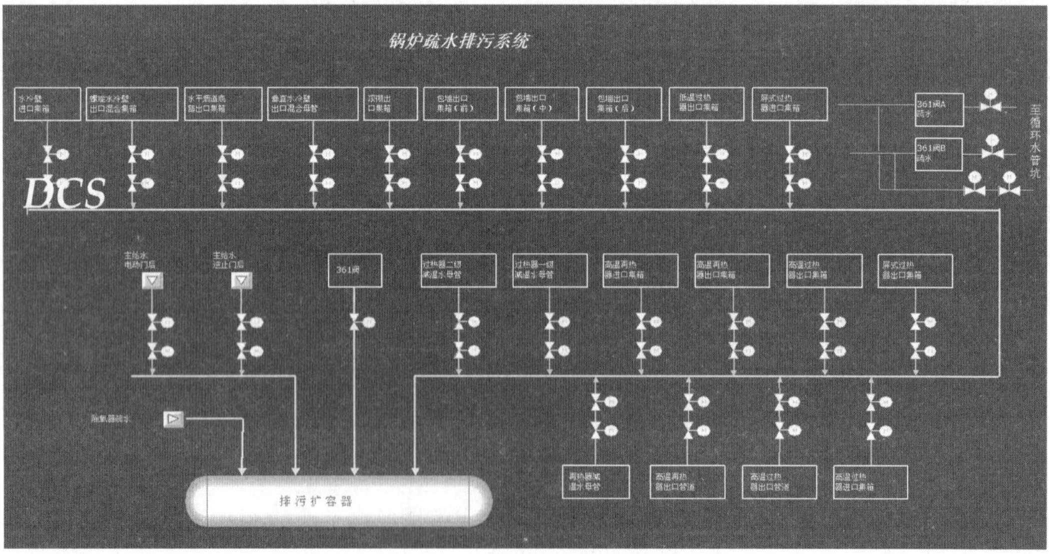

图 3-26　锅炉疏水排污系统

3. 减温水系统

当机组负荷升至 90～115MW 时，高调门阀壳处在预暖过程中。当主汽温度高于 380℃

时，检查主汽温度有50℃以上的过热度且高于调节级金属温度50℃，可开启一级减温水供水总门，投入一级减温水，温度定值设定在380℃。调节级金属温度可在DCS汽轮机DEH系统高中压缸温图中查看。

当屏式过热器出口蒸汽温度达到额定或一级减温水调门开度大于80%，开启二级减温水供水总门，投入二级减温水。

再热蒸汽温度主要通过尾部烟道挡板进行调整，开大再热器侧挡板、关小过热器侧挡板，可提高再热汽温；反之降低。调节过程中应注意避免两侧挡板同时关闭。当再热器出口温度超过571℃，再热器减温水参与汽温控制，如图3-27所示。

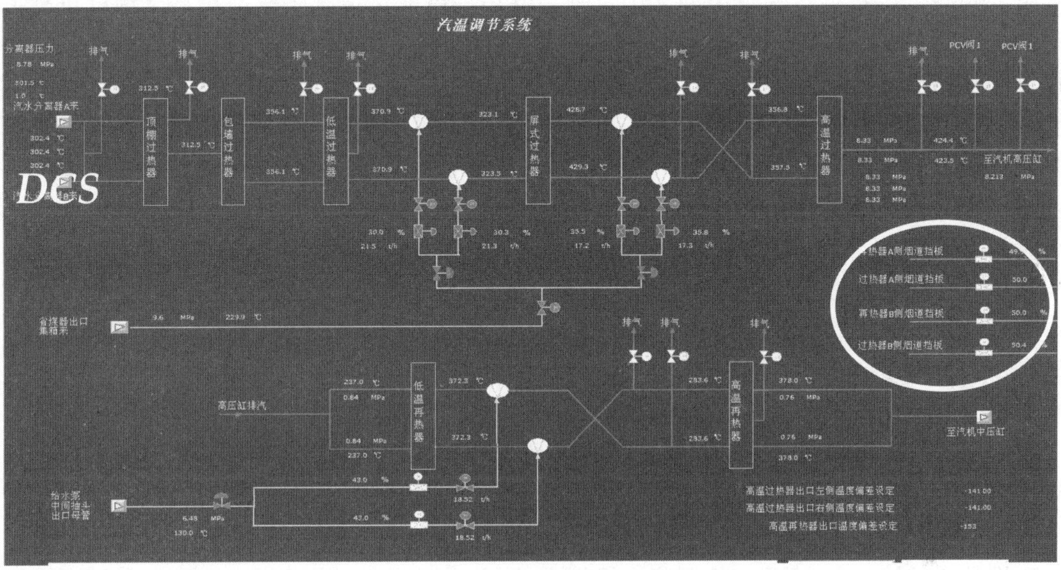

图3-27　锅炉汽温调节系统

三、锅炉汽水系统运行调节

水冷壁系统温度测点是锅炉在启停、运行时对管子金属壁温进行监视和保护的重要手段。水冷壁系统温度的监视是通过设置系统管道上不同位置的热电偶来实现的，管子金属壁温的监视是通过装设在水冷壁的壁温测点来实现的。

主要通过调节燃料和给水配比并辅以一、二级减温水调整锅炉主汽温，主要通过采用烟气挡板并辅以再热器减温水调整再热汽温。

1. 主蒸汽温度调整

锅炉正常运行时，主蒸汽温度在机组35～100%BMCR负荷范围内应控制在566～576℃范围内，两侧蒸汽温度偏差小于10℃。同时受热面沿程工质温度、受热面金属温度不超过规定值。

煤水比是调整主蒸汽温度的主调手段，而中间点温度的变化能快速反应煤水比变化，维持该点温度稳定才能保证主蒸汽温度的稳定；中间点蒸汽过热度的变化反应了工质在水冷壁中蒸干点位置变化，为保护水冷壁不超温和防止过热器进水，温度应控制在：

（1）在达到临界压力前的直流工况下，该过热度应在5～15℃范围内。

（2）在超过临界压力后，该点蒸汽温度应维持在（410±15）℃之间。

主蒸汽一、二级减温水是主汽温度调节的辅助手段，一级减温水用于保证屏式过热器不超温，二级减温水用于对主蒸汽温度的精确调整。在 45%～100%负荷范围内汽水分离器内蒸汽过热度保持在 30～40℃，在屏式过热器出口温度和主蒸汽温度在额定值的情况下一、二级减温水调门开度在 40%～60%范围内。如果减温水调门开度超过正常范围可适当修正煤/水比定值，使一、二级减温水有较大的调整范围，防止系统扰动造成主蒸汽温度波动。

在一、二级减温水手动调节时要考虑到受热面系统存在较大的热容量，汽温调节存在一定的惯性和延迟，在调整减温水时要注意监视减温器后的介质温度变化，注意不要猛增、猛减，要根据汽温偏离的大小及减温器后温度变化情况平稳地对蒸汽温度进行调节；锅炉低负荷运行时调节减温水要注意，减温后的温度必须保持 20℃以上过热度，防止过热器积水。

锅炉运行中在进行负荷调整、启、停制粉系统、投停油枪、炉膛或烟道吹灰、炉膛通风量及配风的调整等操作以及煤质发生变化时都将对主蒸汽系统产生扰动，在上述情况下要特别注意蒸汽温度的监视和调整。

高加投停时，沿程受热面工质温度随着给水温度变化逐渐变化，要严密监视给水、省煤器出口、螺旋管出口工质温度的变化情况。待汽水分离器入口蒸汽温度开始变化，通过在协调模式下修正煤/水比或手动调整的情况下维持燃料量不变调整给水量，参照汽水分离器入口蒸汽温度和一、二级减温水门开度控制沿程蒸汽温度在正常范围内。高加投停后由于机组效率变化，在汽温调整稳定后应注意适当减、增燃料来维持机组要求的负荷。

在主蒸汽温度调整过程中要监视受热面金属温度，蒸汽温度的调整要以金属温度不超限为前提进行调整，必要时要适当降低蒸汽温度或降低机组负荷并积极查找原因进行处理。

2. 再热蒸汽温度调整

锅炉正常运行时，再热蒸汽温度在机组 50～100%BMCR 负荷范围内应控制在 564～574℃范围内，两侧蒸汽温度偏差小于 10℃。同时受热面沿程工质温度、受热面金属温度不超过规定值，烟气挡板开度应在 40%～60%范围内，再热器减温水全关。当蒸汽温度不能保持在正常范围、烟气挡板开度超过正常范围、再热器减温水经常有开度时要对系统进行检查分析。检查制粉系统运行方式是否合理；喷燃器执行机构是否损坏，喷燃器配风挡板位置是否正确；分析喷燃器是否损坏；煤质是否严重偏离设计值；炉膛和喷燃器是否严重结焦；蒸汽吹灰是否正常投入；烟气挡板是否损坏。

再热蒸汽温度主要通过尾部烟道挡板进行调整，开大再热器侧挡板，关小过热器侧挡板，可提高再热汽温，反之降低，调节过程中应注意避免两侧挡板同时关闭。当再热器出口温度超过 571℃时，再热器减温水投入参与汽温控制。正常运行中要尽量避免采用事故减温水进行汽温调整，以免降低机组循环效率。

在再热蒸汽温度手动调节时要考虑到受热面系统存在较大的热容量，汽温调节存在一定的惯性和延迟，在调整再热蒸汽温度时注意不要猛开、猛关烟气挡板，再热器减温水的调节要注意减温器后蒸汽温度的变化，防止再热蒸汽温度振荡过调。锅炉低负荷运行时要尽量避免使用减温水，防止减温水不能及时蒸发造成受热面积水，再热器减温水调节时要注意减温后的温度必须保持 20℃以上过热度，防止再热器积水。

在锅炉运行中进行负荷调整，启、停制粉系统，投停油枪，炉膛或烟道吹灰，炉膛通风量及配风的调整等操作以及煤质发生变化时都将对再热蒸汽系统产生扰动，在上述情况下要特别注意蒸汽温度的监视和调整。

在再热蒸汽温度调整过程中要加强受热面金属温度监视，蒸汽温度的调整要以金属温度不超限为前提进行调整，必要时要适当降低蒸汽温度或降低机组负荷并积极查找原因进行处理。

四、锅炉汽水系统停运

（1）机组滑参数停运时，当给水流量降到 450～500t/h 时，切除给水泵自动，给水改旁路运行，用给水旁路调节门维持流量不变。

（2）当启动分离器储水罐见水，且主汽压力低于 8.4MPa 时，开启疏水排凝汽器电动门及锅炉疏水扩容器电动门，水位高于 12000mm 时，检查 361 阀自动开启。

（3）主、再热蒸汽温度尽量按照机组滑参数停运曲线，当一、二级减温水调门全关后，解除一、二级减温水自动，再热器减温水和烟气挡板全关后解除再热蒸汽温度自动。

项目四　机组冷态启动

任务一　启动前的准备

一、启动必须满足的条件

冷态启动包含全厂内容，操作繁杂，其操作能充分反映出学习水平。为了在仿真学习过程中更加贴近现场操作，培养严谨的工作思维和朴实的工作作风，熟悉理解控制系统的控制策略的原理，提高技能水平和激发工作热情。因此要求启动前必须要检查以下内容是否满足：

（1）机组主要保护功能正常，包含 MFT 保护、ETS 保护、发变组保护等。

（2）DCS 计算机工作正常。

（3）CCS 控制装置的主要功能正常。

（4）机组主要检测仪表工作正常。

（5）机组主要辅助设备的调节装置正常。

（6）发电机自动调压器工作正常。

（7）汽机各高、中压主汽阀、调阀、抽汽逆止阀活动试验正常。

（8）电超速试验合格，两次动作转速不得相差超过 18r/min。

（9）汽轮机润滑油交流油泵、直流油泵及液压调节油泵任一故障或其相应的自启动装置正常。

（10）各处汽、水品质合格。

（11）发电机同期装置工作正常。

（12）高、低压旁路系统控制装置正常。

（13）汽轮机转子偏心度比原始值小于 0.02mm。

（14）锅炉水压试验合格，对于新装或大面积换管锅炉，必须做超压实验并且实验合格。

（15）汽轮发电机组盘动正常。

（16）各公用系统正常。

（17）设备消缺完成，机组不带病工作。

（18）电除尘或排烟脱硫系统正常。

（19）所有检修工作已结束，工作票已经注销。

二、启动注意事项

机组启动中的运行方式选择说明。本机组控制方式分四种，即手动控制方式（BASE MODE），锅炉跟随方式(BF MODE)，汽机跟随方式(TF MODE)，协调控制方式(CCS MODE)。机组启动至 40%额定负荷期间，采用手动控制方式；40%额定负荷后采用汽轮机跟随方式；50%额定负荷后投入协调控制方式。机组启动时，DEH 控制方式从汽轮机启动至 40%额定负荷阶段，采用“自动控制”方式，锅炉侧由运行人员手动调节燃烧率控制发电机功率，旁路控制主汽压力 8MPa 至机组负荷约 150MW 联锁退出，之后主汽压力由 DEH 控制，在负荷约 200MW 机组进入滑压运行方式。手动调节燃煤量可通过三种途径：一是直接手动调节投运的单台给煤机转速；二是当投运的给煤机转速投“自动”后，手动调节燃料主控器；三是当燃料主控器投“自动”后，手动调节锅炉主控器。40%额定负荷以后，汽机主控投远方控制，投入汽机跟随方式，此时汽机侧自动控制主汽压力，锅炉侧手动控制负荷。50%额定负荷以后，锅炉主控投自动，机组自动切至“协调控制”方式。用改变汽机调阀开度为主来调节发电机的输出功率，而主汽压力则通过改变锅炉的燃烧率为主来调节。 在此方式下可联系调度投 AGC。

1. 机组启动时的主要注意事项

（1）在机组启动期间， 严格控制汽、水品质符合标准。 严格执行“四不原则”，即“不合格给水不入炉，不合格炉水不点火，不合格蒸汽不冲转，不合格凝水不回收。”

（2）锅炉点火时，就地要有人检查油角动作、燃油雾化、油枪着火等情况。防止燃油雾化、着火不良造成可燃物在炉内聚集。同时检查油层是否有外漏点，防止造成火情。

（3）锅炉点火后，立即投入空气预热器连续吹灰。

（4）若 30%旁路故障不能投入，则禁止机组启动。

（5）严格按照启动曲线控制升温速率，炉水温度小于 100℃，一般温升率小于 1.0℃/min；炉水温度不小于 100℃，一般温升率小于 1.5℃/min，并监视炉本体各处膨胀均匀。

（6）锅炉升温、升压及机组升负荷过程中，要严密监视锅炉各受热面管壁温情况，防止因升速快而造成管壁超温。

（7）投入制粉系统前，必须确认该层油枪全部着火并稳定（或等离子点火器拉弧正常），同时确认投粉后着火正常。

（8）汽机启动时，进入汽机的进汽参数应满足启动曲线的要求，汽轮机控制系统根据汽轮机高中压转子热应力自动决定升速率和初速、初负荷暖机时间。

（9）汽机在冷态启动时，进入汽机的主/再热蒸汽至少有 20℃的过热度。

（10）确认各调节装置工作正常。

（11）P320—TGC 随时检查机组的主要控制指标。

（12）机组并网带负荷后，应密切注意发电机各部温度的变化。

2. 机组启动前检查及要求

（1）机组各专业的检修工作全部完成，相关工作票应严格按有关要求总结完毕。

（2）全部的楼梯、栏杆、平台应完整。其通道及设备周围无妨碍工作和通行的杂物。

（3）所有烟风道和所有系统应连接正常，各种介质的管道支吊牢固，设备保温应完整。

（4）厂房内外各处的照明良好，事故照明系统应正常。

（5）厂内外通讯系统的设备应使用正常。

（6）各处临时栅栏、脚手架、标示牌及各种管道上的临时堵板应拆除。

（7）各种有关的控制电源、操作电源、仪表电源等均应送上，且正常。

（8）各 LCD 画面上的各种显示、报警、实时趋势、历史记录和各种开关状态等应完整好用。

（9）机组启动的专用工具，仪器仪表及各种记录表等应准备齐全。

（10）厂区暖通消防设施正常。

（11）DCS 计算机系统工作正常。

（12）所有油、水系统符合启动要求。

（13）炉本体各人孔门、检查门全部关闭。

（14）炉底水封良好，溢水正常。

（15）炉本体各处膨胀指示器应正常。

（16）所有吹灰器及锅炉烟温探针均应退出炉外。

（17）TSI 系统正常投入。

（18）汽轮机本体各种测量元件无损坏。

（19）汽轮机各高、中压主汽阀、调阀及其控制机构正常。

（20）汽机滑销系统正常，缸体能自由膨胀。

3. 发变组特殊检查及要求

（1）确认各处所挂的接地线、短路线、标示牌、脚手架等其他安全设施已拆除，常设栅栏警告牌已恢复。

（2）确认发电机、励磁变、油管法兰以及各种辅助设备的电机绝缘良好。

（3）绝缘电阻测量有关说明：

1）测量各设备的绝缘电阻时，应用相应的电压等级的摇表，如测得的值降至上一次的1/3～1/5 时，则应查明原因，设法消除。定子回路绝缘测量使用 2500V 摇表，转子回路绝缘测量使用 500V 摇表。

2）确认发电机各部分电阻测量：

a．干燥情况下发电机定子绝缘阻值在 100MΩ 以上。

b．定子通水后测量绝缘电阻时，根据制造厂提供测量方法和绝缘电阻而定，否则最低值不得低于 100 MΩ（应用专用测量仪器进行）。

c．转子绝缘阻值在 1MΩ 以上。

d．励磁变绝缘电阻值在 1MΩ 以上。

e．如测得的绝缘电阻值低于上述允许值，而一时又无法恢复时，是否允许启动则由公司生产副总经理决定。

（4）确认 5042（5052）、5043（5053）开关和励磁开关“远方”拉合正常（大、小修后启动前应做该项操作试验）。

（5）确认发电机励磁回路接地监测装置动作正常。

（6）检查励磁机小室气封，并确保小室门关闭。

（7）检查励磁变、AVR 接地线完好，励磁碳刷、滑环及电气回路所有工作结束，符合运行条件。

（8）检查发电机中性点接地柜完整符合运行条件，投入发电机出口封闭母线冷却装置。

（9）检查发电机出口 TV 柜回路完整。

（10）检查发电机大轴接地铜辫应放上，接触良好。

任务二 辅助系统启动

1. 检查送电

在电气就地上检查所有具备送电条件的设备均已送电。

2. 投入循环水系统

投入循环水系统，向凝汽器及循环水管道系统注水排空气。

操作步骤详见项目二（任务一）“循环水系统投入”。

3. 投入开式水系统

投入开式冷却水系统运行，供给系统中各设备冷却器所需的冷却水。

操作步骤详见项目二（任务二）“开式循环冷却水系统投入”。

4. 凝结水补水箱补水

投入凝结水补充水系统，待凝结水补水箱水位正常后（4000mm 以上），启动凝结水补水泵向凝汽器注水，向闭式冷却水、凝结水系统充水。

操作步骤详见项目二（任务三）“凝结水系统投入”中的“除盐水箱与凝汽器上水”部分。

5. 投入闭式水系统

检查闭式水箱水位 1700～2000mm，投入闭式冷却水系统运行，检查闭式水热交换开式水侧及闭式水侧均投运正常。

操作步骤详见项目二（任务四）“闭式循环冷却水系统投入”。

6. 投入汽轮机润滑油系统

检查主油箱油位在规定范围内（至少达到 60%以上），投入主机交流润滑油泵、密封油备用泵运行，检查油泵运行正常，油系统无漏油，润滑油压力、各轴承回油正常。

操作步骤详见项目二（任务五）“汽轮机润滑及顶轴油系统投入”。

7. 投入发电机密封油系统

操作步骤详见项目二（任务六）“发电机密封油系统投入”。

8. 投入发电机氢气系统

完成发电机气体置换工作，检查机内氢气纯度大于 98%，密封油和氢气差压 0.084MPa。

操作步骤详见项目二（任务七）“发电机氢气系统投入”。

9. 投入发电机定子冷却水系统

投运发电机定子冷却水系统，并确认系统工作正常；确认氢气和定子冷却水差压在 30～50kPa；冷却水导电率在 0.5～1.5μs/cm 范围内；密封油和氢气的温度、压力、定子冷却水进/出水压差/温度/流量符合规定。

操作步骤详见项目二（任务八）“发电机内冷水系统投入”。

10. 投入顶轴油系统

确认主机润滑油系统、发电机密封油系统正常运行后，投入顶轴油系统，顶轴油泵一台运行，一台备用，检查顶轴油母管压力、各瓦顶轴油压正常。

操作步骤详见项目二（任务五）“汽轮机润滑及顶轴油系统投入”。

11．投入主机盘车

投入主机盘车运行（至少连续盘车 4h），就地检查大轴转动、各轴承回油正常无渗漏，各瓦顶轴油压、瓦温正常（机组在投盘车时油温应控制在 21～37℃）。

操作步骤：进入汽轮机就地“主机盘车装置”界面（图 4-1），将“就地/遥控”控制按钮打到“就地”位，“手动”灯亮；按“就地启动”按钮，“运行”灯亮；再按“啮合”按钮，“啮合”灯亮，检查盘车电流正常无摆动，大轴偏心率不大于 0.075mm；在 DEH“自动控制”界面，检查盘车转速 2.8r/min。

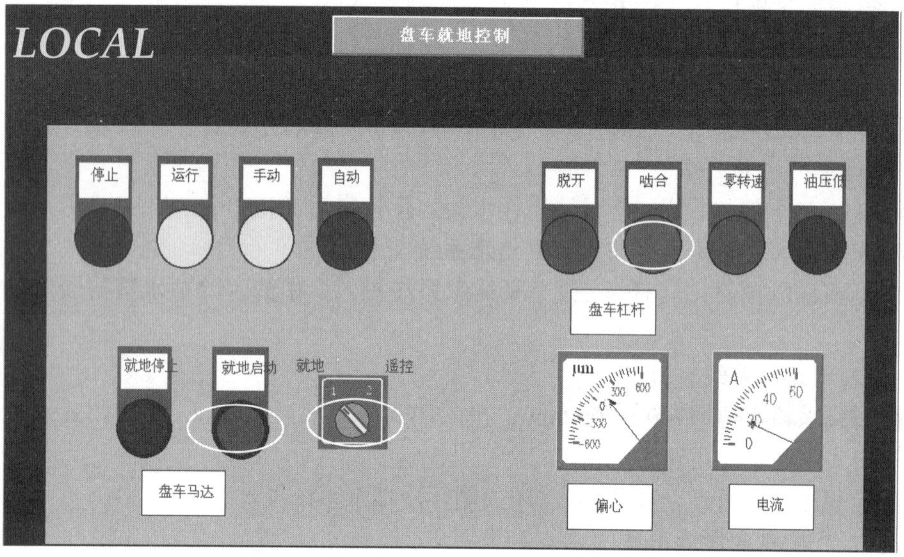

图 4-1　盘车就地控制

在汽轮机 DCS“主机润滑油”界面上显示盘车已啮合，电流正常。

12．投入 EH 油系统

投入 EH 油系统，确认 EH 油温、油压正常。

操作步骤详见项目二（任务九）“EH 油系统投入”。

13．投入凝结水系统

检查凝汽器水位正常，启动凝结水泵，投入凝结水系统。

操作步骤详见项目二（任务三）“凝结水系统投入”中的“凝结水系统投入及除氧器上水”部分。

14．投入小机润滑油系统

操作步骤详见项目二　“小机润滑油系统投入”。

15．投入小机盘车

操作步骤：在小机润滑油系统正常后，进入汽轮机 DCS“小机润滑油系统”界面（图 4-2），开启小机盘车进油电磁阀，投入小机盘车，转速为 400rpm。

16．投入辅助蒸汽系统

辅汽联箱送汽，检查辅助蒸汽压力、温度正常。

操作步骤详见项目二（任务十）“辅助蒸汽系统投入”。

17. 投入给水系统

检查除氧器水位正常，投入除氧器加热。控制给水温升率小于 5℃/min，除氧器压力小于 0.147MPa。

操作步骤详见项目二（任务十三）“除氧给水系统投入”中的“除氧器加热”部分。

18. 投入工业水系统

操作步骤详见项目三（任务一）“工业水系统投入”。

19. 启动空压机房系统

操作步骤详见项目三（任务二）“压缩空气系统投入”。

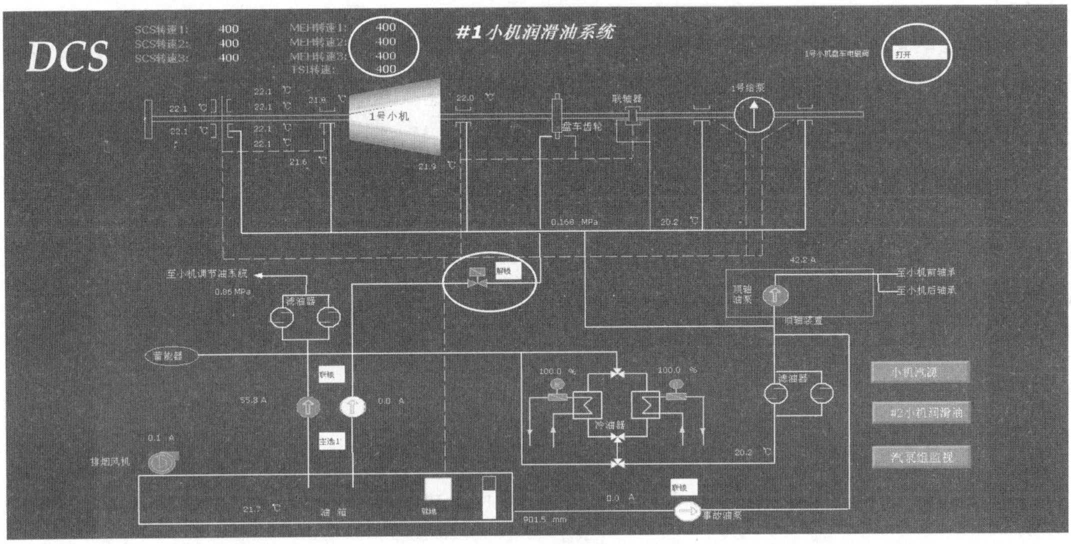

图 4-2 小机润滑油系统

20. 投入汽轮机真空系统

启动真空泵，抽真空。

操作步骤详见项目二（任务十二）“汽轮机真空系统投入”。

21. 投入汽轮机轴封系统

投入轴封系统，用辅助汽源向轴封送汽。

操作步骤详见项目二（任务十一）“汽轮机轴封系统投入”。

任务三 点火前的准备工作

一、启动空气预热器

1. 开空气预热器油系统就地门

在锅炉就地找到空气预热器油系统，将 A、B 空气预热器支撑和导向轴承润滑油系统中润滑油系统手动门和冷却水手动门都打开。再单击就地控制盘，在弹出窗口中启动导向油泵和支承油泵，并投入联锁，如图 3-4 所示。在启动油泵之前先到电气就地菜单中找到 380V 锅炉保安 3A 段和 380V 锅炉保安 3B 段两幅就地图，确认 3A 段中 31 号空气预热器变频器控制柜电源 A 和 3 号空气预热器油系统控制柜电源 A 已合上，确认 3B 段中电源 B 也已合闸。

2. 启动空气预热器

空气预热器油泵正常启动之后，就可以启动空气预热器了，如图 3-5 所示。在 DCS 锅炉菜单中找到风烟系统。直接启动两台空气预热器主电机，确认空气预热器入口烟气挡板已经处于全开状态。在锅炉菜单中找到空气预热器系统，确认空气预热器主电机转速已经达到 1000r/min 以上。

二、送、引风机油系统就地操作

在就地锅炉菜单里找到送风机电机润滑油系统，如图 3-6 所示，在送风机油系统里把就地手动门打开，并注意右下红色框中的油是否走了冷油器一路。

引风机油系统和一次风机油系统也参照送风机油系统操作，如图 3-7 和图 3-8 所示。

注意：在一次风机和引风机的画面中有如图 3-9 所示的开关。

（1）1 运：DCS 指令可以启停 1 号油泵；

（2）1 主 2 备：1 号已启动的情况下 2 号在备用状态，这种状态 DCS 停指令停不了油泵；

（3）停：指两台泵均停止，这种情况下 DCS 指令也不起作用。

其他类似。一般操作时在 1 运位置即可。

三、锅炉上水

（1）在就地锅炉主再热蒸汽系统中，开启锅炉受热面所有空气就地门，如图 4-3 所示。

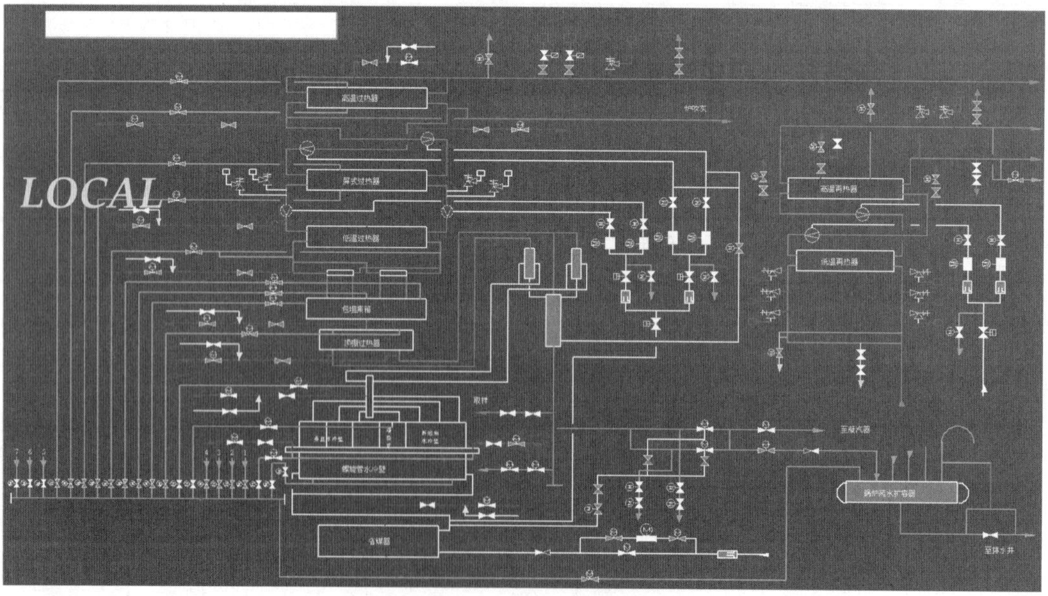

图 4-3　锅炉主再热蒸汽系统

（2）打开过热器、再热器排空气门，如图 3-25 所示。

（3）打开 DCS 锅炉疏水排污系统，如图 4-4 所示，关闭分离器前所有疏水门，开启分离器后所有疏水门。

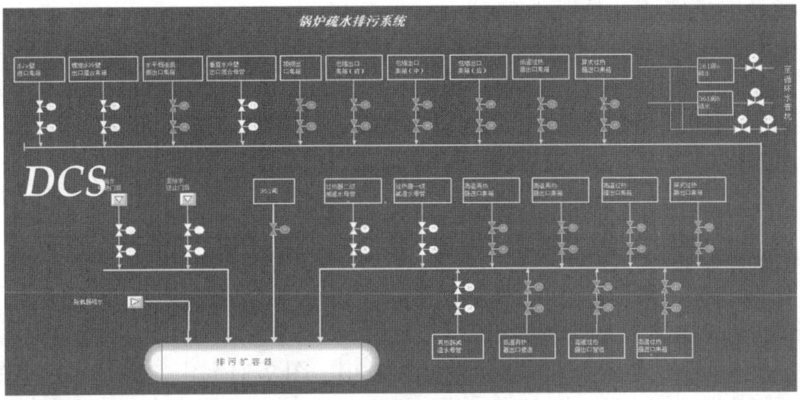

图 4-4　锅炉疏水排污系统

（4）打开就地汽机菜单给水系统检查就地门开启正确，如图 2-43 所示。

（5）在汽轮机 DCS“给水除氧系统”（图 2-42）中，开启电动给水泵再循环电动门和调节门，启动电动给水泵的辅助油泵，启动电动给水泵，开启电动给水泵出口电动门。

（6）在 DCS 锅炉启动系统图中，采用电泵上水，高加水侧走旁路；开启给水旁路调节门前、后电动门；调节给水旁路调节门开度，使锅炉给水流量控制在 90t/h 左右。依次开启省煤器和水冷壁各排空气门。等待分离器储水罐水位上升，当储水罐见水后，注意加强监视，如图 4-5 所示。

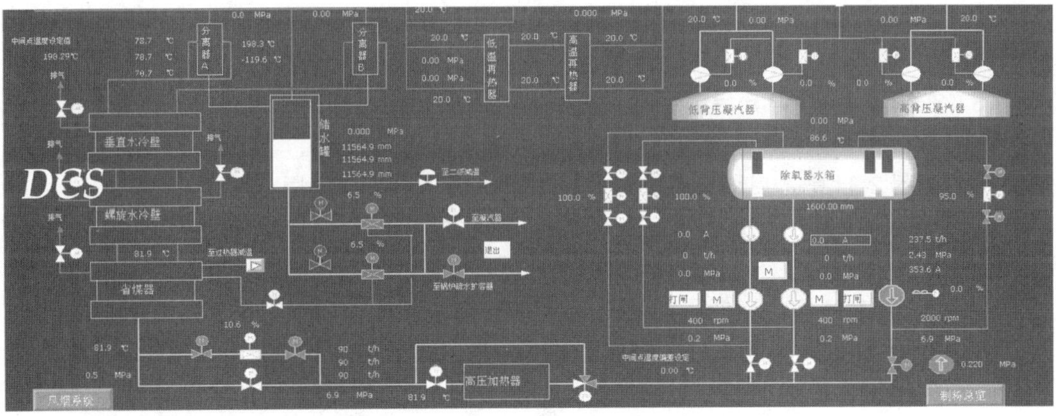

图 4-5　锅炉启动系统

（7）当储水罐水位达到 12000mm 时，检查 361 阀开启，水位自动调节正常。361 阀回水去锅炉疏水扩容器。关闭省煤器和水冷壁排空气门。

四、冷态清洗

等待分离器水位调节稳定之后，调节给水旁路调节门的开度，将给水流量调整到 420t/h 左右进行锅炉冷态开式清洗。注意将 361 阀 A 和阀 B 置于复归位，361 阀 A 指令和阀 B 指令置于自动位，自动值设为 12000mm。冷态开式清洗时注意检查凝汽器和除氧器的水位在正常范围内。

当启动分离器排水水质达到 Fe<500μg/L 或混浊度不大于 3×10^{-6}、油脂不大于 1×10^{-6}、pH 值不大于 9.5 时，冷态开式清洗结束。

冷态开式清洗结束之后，将储水罐至锅炉疏扩电动门关闭，将储水罐至凝汽器电动门打开，进行冷态循环清洗。调节辅助蒸汽至除氧器加热供汽电动调节门的开度，维持除氧器给水温度在 80～90℃。

注意储水罐至凝汽器电动门开启允许条件：361 阀至凝汽器和至定排联锁投入 OR 至定排门已关；凝汽器真空高于 70kPa；主汽压力小于 8.9MPa。

五、汽轮机送轴封

（1）在汽轮机 DCS“主机润滑油”系统（图 2-29）中，确认主机盘车运行。

（2）在汽轮机 DCS 小机润滑油系统（图 2-30、图 2-31）中，确认小机盘车运行。

如果小汽轮机因故不能投入连续盘车，则在主机送轴封后，注意监视小汽轮机排汽温度，条件允许，应定期间断盘车。

（3）在汽轮机 DCS“凝结水系统”（图 2-32）中，确认轴封加热器水侧投入，并有足够的连续流量，轴封加热器再循环门开启。

（4）在汽轮机就地“汽机轴封蒸汽系统”（图 2-33）中，开启轴封供汽管道上的疏水就地门，开启各轴封进口滤网放水门。

（5）在汽轮机 DCS “汽机轴封系统”（图 2-34）中，开启轴封供汽管疏水电动门。

（6）在图 2-33 中，开启轴封加热器排气、疏水就地门，开启辅汽至轴封供汽管道上的就地门。

（7）在图 2-34 中，开启辅汽至轴封供汽管道上的电动门，稍开轴封供汽压力调节阀，进行暖管。

（8）在图 2-33 中，开启低压轴封蒸汽减温水就地门，开启汽机轴封漏汽至轴封加热器就地门。

（9）在图 2-34 中，启动一台轴封风机运行，另一台投入备用。

（10）在图 2-33 中，开启高、中、低压缸轴封进汽分门，开启冷再热蒸汽至轴封供汽母管就地门，开启二次门杆漏汽至轴封加热器就地门。

（11）在图 2-34 中，当低压轴封蒸汽温度在 150℃以上，并有 14℃以上的过热度后，缓慢调整并开大轴封供汽调节门。检查高中压胀差、低压胀差正常变化。

（12）在图 2-34 中，投入低压轴封减温水自动控制，温度设定值为 150℃，并维持低压轴封供汽温度为 150～176℃。将轴封供汽母管压力调节阀投入自动，压力设定值应大于 21kPa。将轴封母管溢流气动调节阀投入自动，压力设定值为 36 kPa 左右。

（13）轴封蒸汽系统投入结束后，关闭轴封滤网放水门和轴封系统的所有疏水就地门。

六、汽轮机抽真空

（1）在汽轮机就地“汽机真空系统”（图 2-35）中，检查相关就地门开启正确。

（2）在汽轮机就地“凝汽器补充水系统”（图 2-36）中，开启水环式真空泵补水就地门，向真空泵疏水罐补水。当真空泵疏水罐水位为 820～880mm（图 4-6）时，关闭真空泵补水就地门（图 4-7），真空泵注水完成。

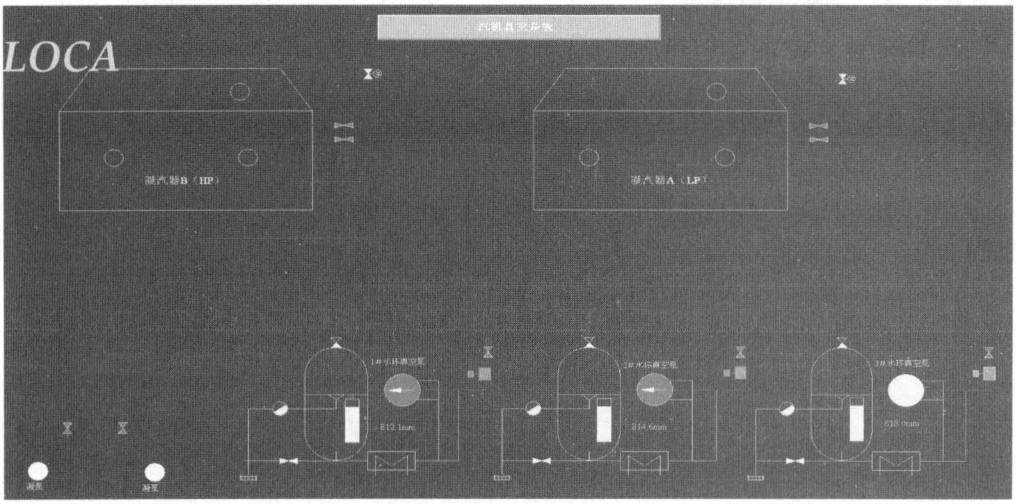

图 4-6 汽机真空系统

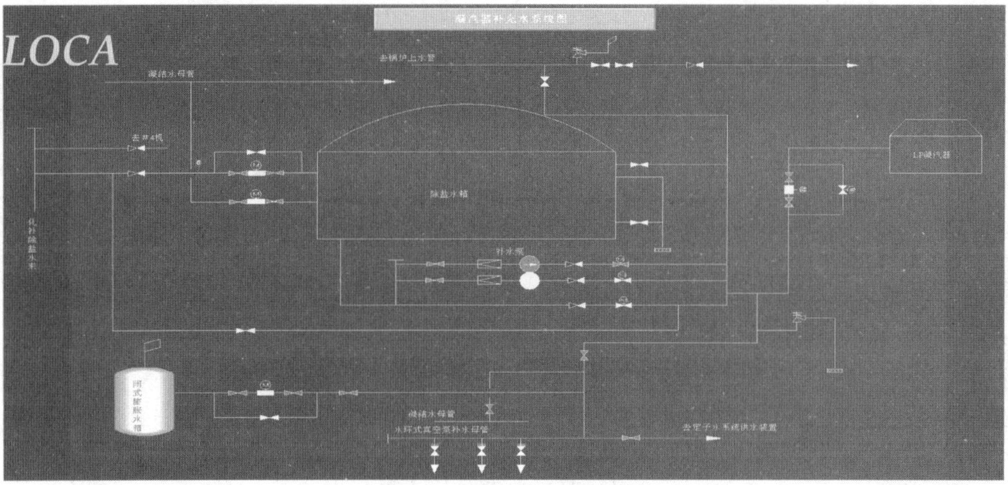

图 4-7 凝汽器补充水系统

（3）在汽轮机 DCS“主再热蒸汽系统”（图 2-37）中，检查开启主、再热蒸汽管道疏水门。

（4）在汽轮机 DCS“汽机本体疏水”系统（图 2-38）中，检查开启汽轮机本体疏水门。

（5）在汽轮机 DCS“抽汽系统”（图 2-39）中，检查开启所有抽汽管道疏水门。

（6）在汽轮机 DCS“小机汽源及疏水系统”（图 2-40）中，关闭小汽轮机排汽蝶阀。

（7）在汽轮机 DCS“凝汽器真空”系统（图 2-41）中，关闭凝汽器真空破坏门，启动三台真空泵对系统抽真空，当真空达到 - 89kPa 后，停止一台真空泵并投备用。

七、启动引、送风机

首先在 DCS 引风机油站画面上启动引风机的冷却风机，启动一台等压力低信号消除之后选好主备投入连锁。在同一幅 DCS 画面中启动引风机电机润滑油泵，如图 3-10 所示。

准备就绪之后回到 DCS 锅炉风烟系统画面，按启动条件启动一台引风机，如图 3-11 和图 3-12 所示。

同理可启动送风机，先启动送风机油站油泵，再据条件启动送风机。注意空气预热器出口二次风门要打开，如图 3-13 和图 3-14 所示。

在一侧送引风机已启动的条件下，注意缓慢开大送风机动叶和引风机静叶，调节风量在 500～600t/h（吹扫条件）范围内，将引风机静叶指令设为自动，维持炉膛负压在–50～–100Pa。

第二台引、送风机在机组并网后可以随时开启。

任务四　点 火 及 升 温 升 压

一、炉膛吹扫

进到锅炉 DCS 菜单的“炉前燃油系统”图中，启动下方一台火检冷却风机，如图 4-8 所示。

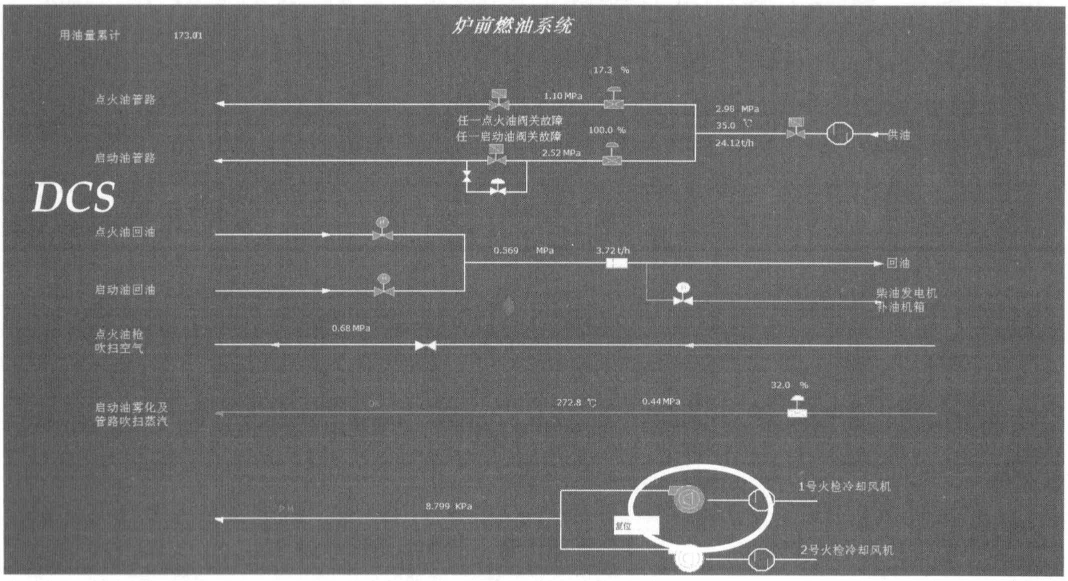

图 4-8　炉前燃油系统

单击进入锅炉 FSSS 帮助菜单，如图 4-9 所示。

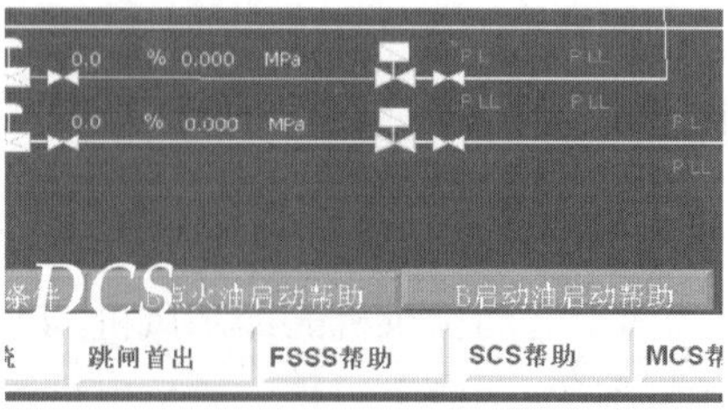

图 4-9　FSSS 帮助

单击“B\D 层油枪”后，点击下部绿色吹扫帮助弹出如图 4-10 所示吹扫面板。

目前的状态是吹扫条件 1 还差两个油泄漏试验的条件没有满足，一般旁路掉即可。单击后面两个旁路按钮，这样吹扫条件就全部满足。

单击“开始吹扫”按钮，在弹出面板中点击“启动再 OK”按钮即开始吹扫。

一般电厂的吹扫时间是 600s，仿真吹扫时间是 120s。

时间倒计时结束之后即自动复位 MFT 保护信号，允许点火。

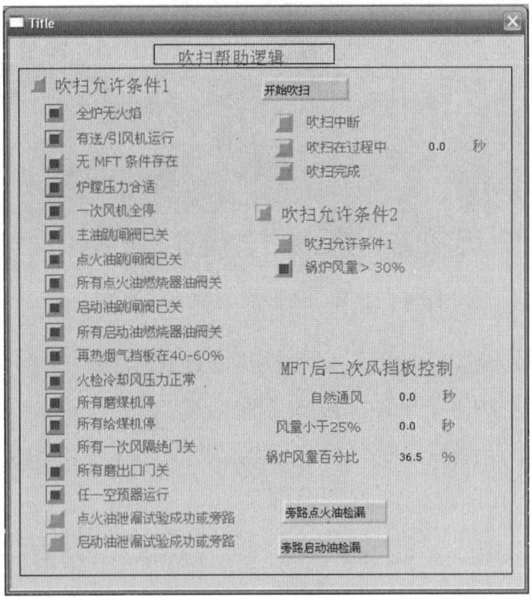

图 4-10　吹扫帮助

二、燃油系统投入

将锅炉就地菜单中锅炉燃油系统就地门打开，如图 3-17 所示。

在 DCS 中检查汽机菜单中辅助蒸汽系统中辅汽至燃油吹扫用汽阀门已经打开。

在锅炉菜单中炉前燃油系统打开辅汽至燃油系统调门，使压力温度合适。打开回油门、进油总跳闸阀、点火油跳闸阀和启动油快关阀，如图 3-18 所示。

三、点火

（1）单击进入锅炉 FSSS 帮助菜单，再单击“B\D 层油枪”后出现如图 4-11 所示的画面。

单击左上角启动“B 点火油组”程控，同理点击右上角启动“D 点火油组”程控。

由于点火油枪出力比较小，所以在点燃点火油枪后投入 B\D 层启动油枪。

在点火过程中维持油压 2.5MPa 左右，可以把油压调门投入自动。

如果锅炉点火失败，必须重新进行炉膛吹扫，吹扫完成后方可再次点火。

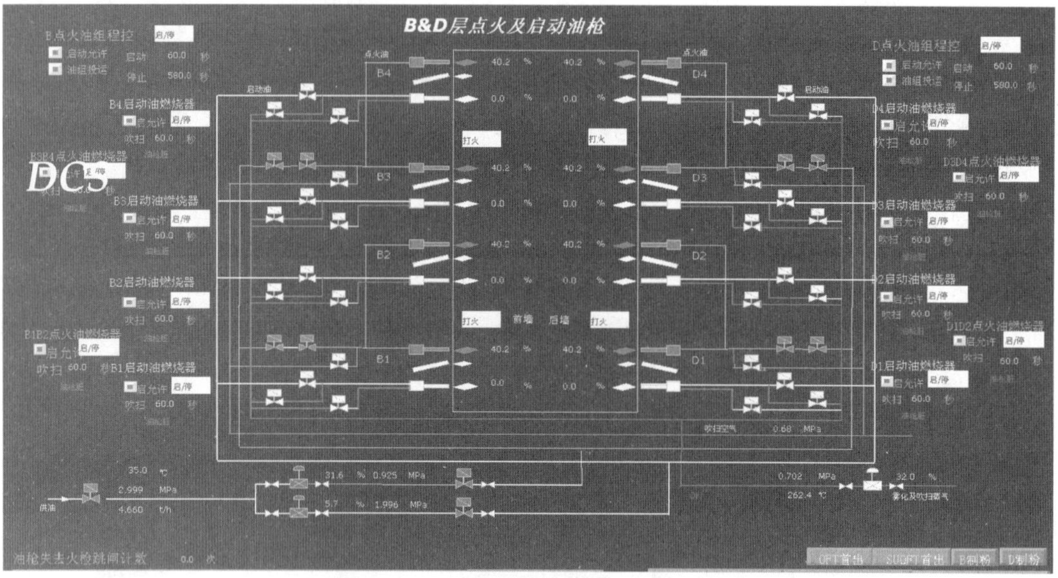

图 4-11　B、D 层点火及启动油枪

（2）在锅炉 DCS 吹灰总貌，投入空气预热器连续吹扫。

（3）在锅炉 DCS 锅炉电视开关，投入工业电视。

（4）在锅炉 DCS 烟温监测系统，投入烟温探针。严格控制炉膛出口烟温低于 540℃，当炉膛出口烟温达到 580℃，退出炉膛烟温探针。

四、升温升压

（1）在过热器压力达到 0.2MPa 的时候关闭过热器各空气门和疏水门。当再热器压力达到 0.2MPa 的时候关闭再热器空气门和疏水门，如图 4-12～图 4-14 所示。

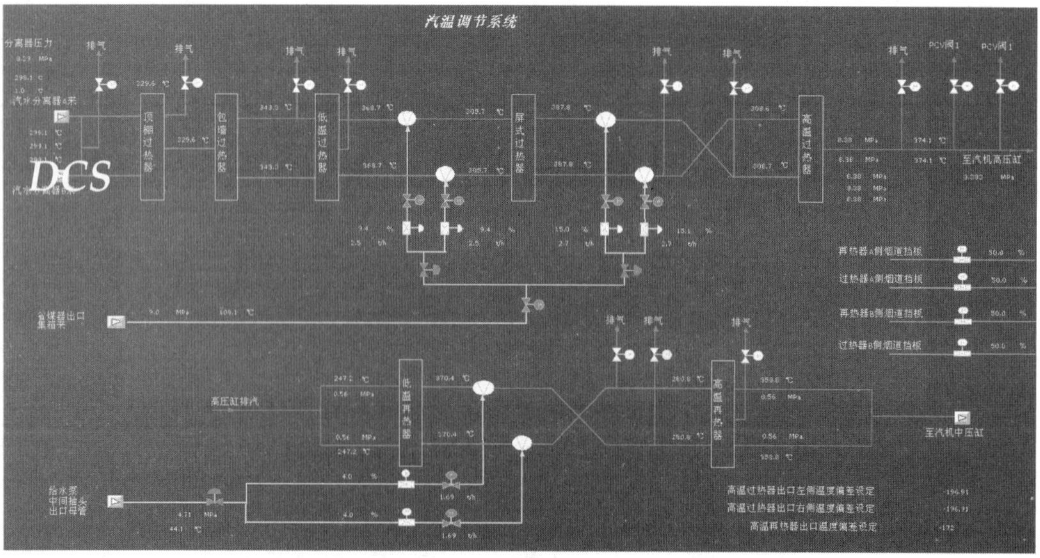

图 4-12　关空气门

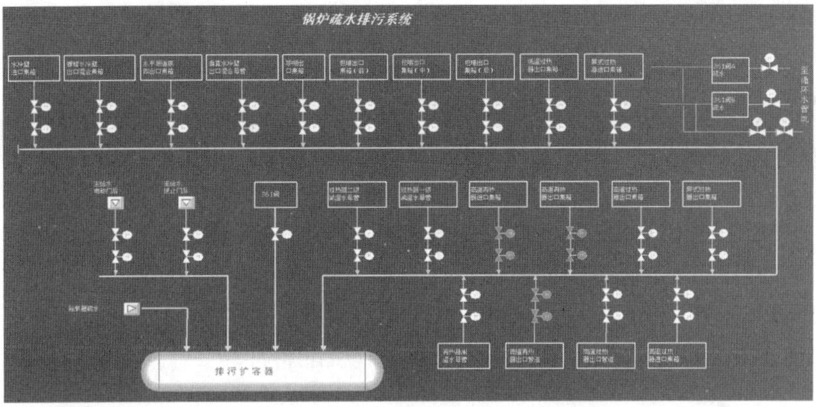

图 4-13 关疏水门（一）

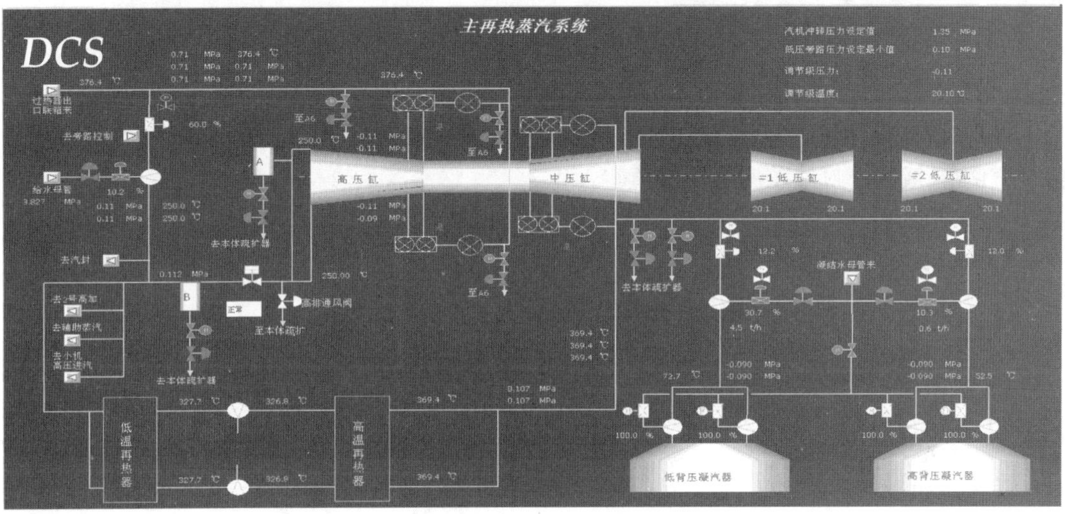

图 4-14 关疏水门（二）

（2）高压旁路投入。在汽轮机 DCS“主再热蒸汽”系统（图 2-58）中，将高压旁路减压阀开启到 2%以上，开启高压旁路喷水截止阀，然后根据高压旁路后蒸汽温度的情况，开启高压旁路减温水调节阀。注意高压旁路后蒸汽温度高于 360℃，高压旁路减压阀会强关，所以要控制好高压旁路出口温度。高压旁路减压阀一般手动控制，减温水在高压旁路蒸汽流量比较大的时候投入自动，为了提高再热汽温，高压旁路出口温度设定值一般在 250℃以上。

（3）低压旁路投入。在汽轮机就地“汽机主再热蒸汽系统”（图 2-59）中，开启低压旁路三级减温水就地门。

在汽轮机 DCS“主再热蒸汽系统”（图 2-58）中，开启低压旁路喷水减温截止阀，然后将低压旁路喷水减温调节阀开到 2%以上，最后开启低压旁路减压阀，即可投入低压旁路。

当再热器压力接近 0.4MPa，或低压旁路蒸汽温度达到 70℃的时候，可以将低压旁路和减温水投入自动。

低压旁路设定值在 MCS 帮助菜单中的旁路控制系统中设定，如图 2-60 所示。低压旁路压力设定最小值即是低压旁路自动时调节压力设定值。一般冲转时再热器压力控制在

0.45MPa 左右。

（4）严格按照锅炉冷态升温升压曲线进行升温升压。随着汽压的升高，注意调整电泵勺管的位置，提高给水压力，维持给水流量在 420t/h。

（5）随着主汽温度的升高，要适当关小高压旁路调节门，使主汽压力和温度同步达到冲转参数。

（6）主汽压力到 8.4MPa 时，此时应投入高压旁路减压调门自动，自动值为 8.4MPa。再热压力到 0.45MPa 时，低压旁路减压调门自动，自动值为 0.45MPa。

（7）升温升压到主汽压力到 8.4MPa，主蒸汽温度达到 374℃；再热压力到 0.45MPa，再热汽温达到 335℃的时候升温升压过程结束，汽机准备冲转。

任务五　冲　　转

一、汽轮机冲转前检查与操作

（1）确认发电机内氢压 0.36MPa，氢纯度不小于 98%，空侧密封油/氢气差压为正常值，空侧/氢气侧密封油差压为正常值。

（2）投入机组下列冷却器：

1）发电机氢冷却器。

2）汽轮机润滑油冷却器。

3）发电机空、氢侧密封油冷却器。

4）励磁刷架空气冷却器。

5）发电机定子水冷却器。

二、汽机挂闸

汽机挂闸的自动控制如图 4-15 所示。

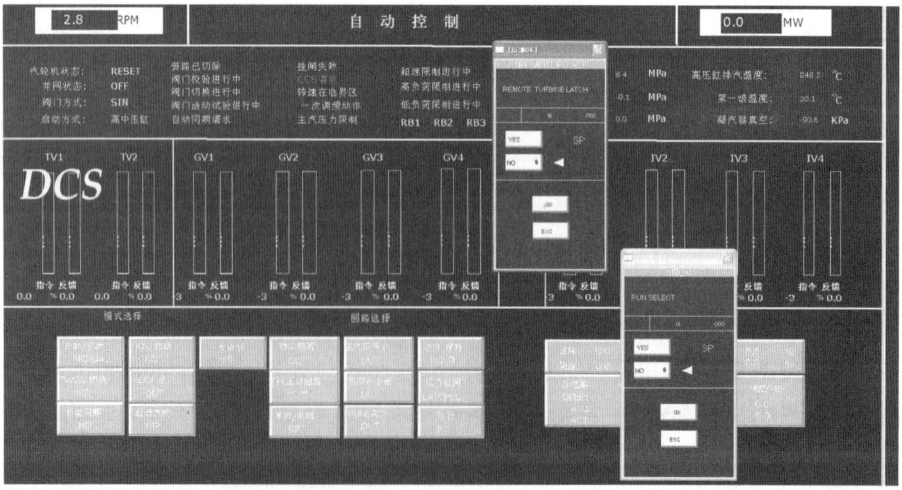

图 4-15　自动控制

汽机挂闸条件：

（1）不存在机组禁止启动条件。

（2）不同控制指标在限额范围内并应充分考虑启动后的变化趋势见表 4-1。

表 4-1 控制指标在限额范围内启动后的变化趋势

控 制 项 目		控制限额（mm）
高压差胀	转子伸长	10
	转子缩短	–1
中压差胀	转子伸长	10
	转子缩短	–2
低压差胀	转子伸长	15
	转子缩短	–4
轴向位移	GOV 侧	0.8
	GEN 侧	–0.8
偏心度		<0.076

（3）汽机冲转参数已达到冷态，主汽压力 8.4MPa、主汽温度 380℃；再热汽压力小于 1MPa、再热汽温度 360℃。

（4）凝汽器真空大于 90kPa。

（5）汽机润滑油温大于 30℃。

（6）汽轮机连续盘车时间至少 2h 以上。

（7）确认汽轮机冲转前高、低压旁路均投“自动”，控制主汽压力 8MPa 左右。

（8）听值长命令挂闸汽机，DEH 盘上按下“远方挂闸”，确认汽机处于可冲转状态。

三、汽机冲转、升速至 600r/min，低速检查

“自动控制”界面如图 4-16 所示。

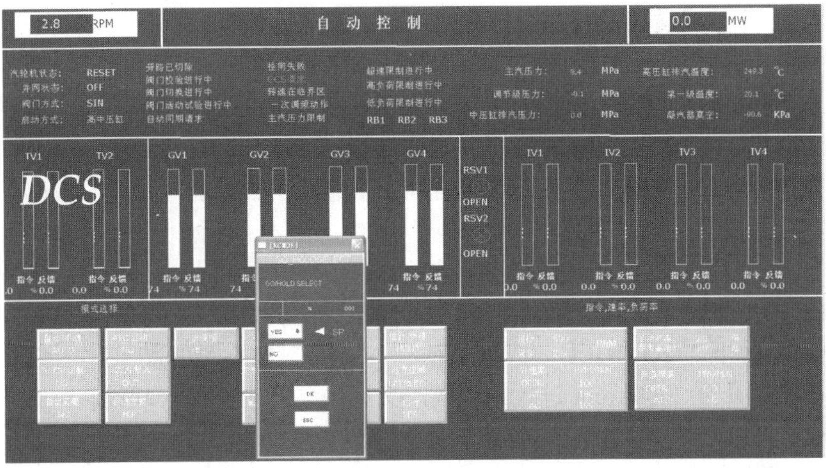

图 4-16 自动控制

（1）DEH 盘顺控画面选择“自动控制”画面，按下“运行”按钮，显示“YES”，设定“目标转速 600rpm”按钮，升速率 100r/min, 确认汽机已冲转， 按下“运行/保持”按钮，显示“GO”，观察“实际转速”上升，转速升到一定值，就地检查盘车已脱开。

（2）机组各轴承振动、回油温度正常，各轴承金属温度正常。

（3）检查润滑油冷油器出口油温在 45℃左右。

（4）确认汽机本体及系统疏水阀打开。

（5）确认“TSI”画面各运行参数正常，无异常报警，对胀差等密切关注。如图 4-17 所示。

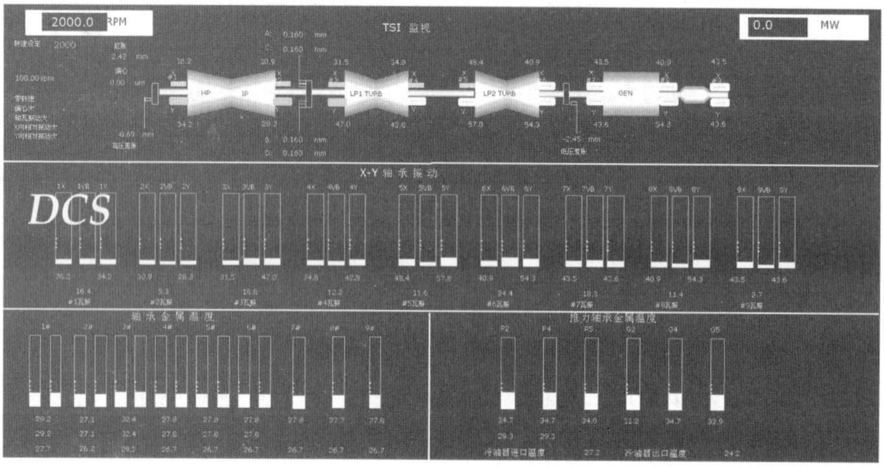

图 4-17　TSI 监视

（6）汽机转速升至 600rpm，进行摩擦检查，对机组所有辅助设备及系统全面检查一次。

四、中速暖机操作，汽机从 600r/min 升速至 2000r/min

（1）DEH 盘画面选择“自动控制”，按照冲转操作步骤，设定目标转速 2000 r/min，升速率 150r/min, 按下“GO/HOLD”按钮，显示“GO”，观察“实际转速”上升，其中这个阶段会经过 2 个临界转速，振动会明显增加，必须加强监视。

（2）在机组升速过程中应注意“TSI”画面上各控制指标的变化趋势，当机组转速升到 700r/min，确认顶轴油泵停运。

（3）当汽机转速大于 1500r/min 时，确认低压缸喷水自动开启。

（4）在 2000r/min 时进行暖机，暖机时间由机组应力决定。

五、机组升速至 3000 r/min

（1）DEH 画面选择“自动控制”，按照冲转操作步骤，设定目标转速 2900 r/min，升速率 150r/min，按下“GO/HOLD”按钮，显示“GO”，观察“实际转速”上升。

（2）在连速升至 2900r/min 进行阀切换，交流油泵停止并投入联锁。

（3）检查 TSI 各个参数正常，低压缸排汽温度正常。

（4）继续升速到达 3000r/min 后做好并网前的各项试验和准备工作，投入高压加热器。

任务六 并　　网

一、检查并网前必须满足的条件

（1）“3 号机 6.9m 层 MCC3 段接线图”中合上“3 号机起励电源”开关如图 4-18 所示。

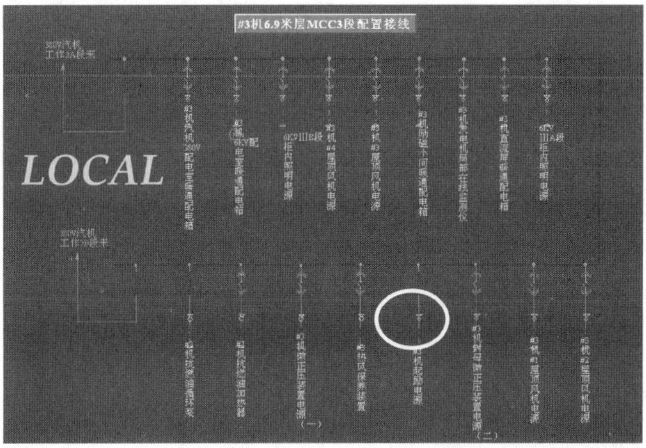

图 4-18　合 3 号机起励电源

（2）投发电机 TV。进入就地，将发电机的三个 TV 投入，如图 4-19 所示。

注意投的时候要将控制回路保险、一次保险和二次保险都投入。直接点 TV，在弹出的面板中可以操作控制回路保险和一次保险；而二次保险在 TV 和 3 号励磁变之间的柜子里（点可弹出画面），如图 4-20 所示。

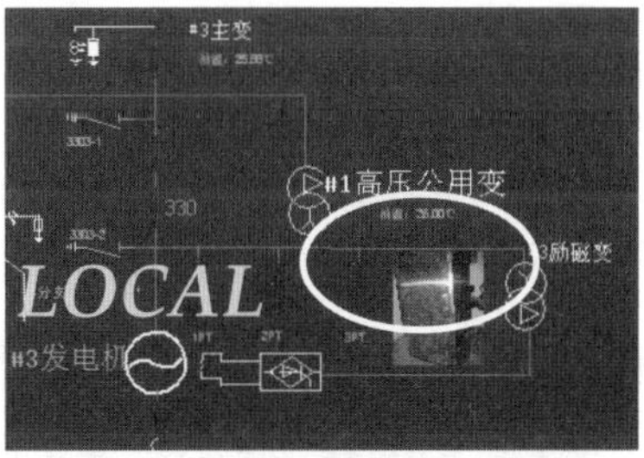

图 4-19　投发电机 TV

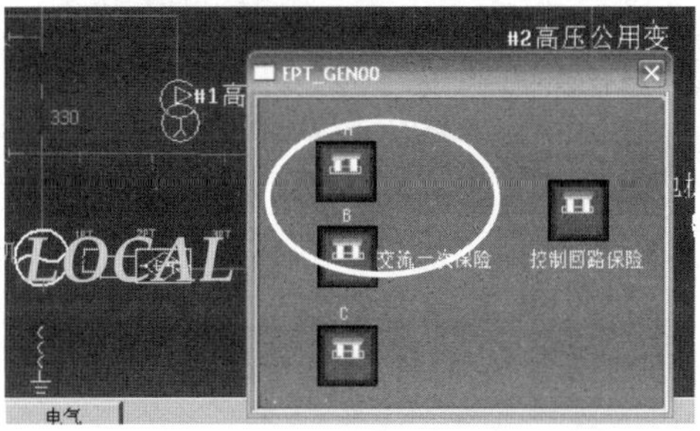

图 4-20　控制回路保险和一次保险

蓝色部分圈出来的分别是三个 TV 的三个二次保险（图 4-21、图 4-22）。最好将此柜中的把手全部投上。

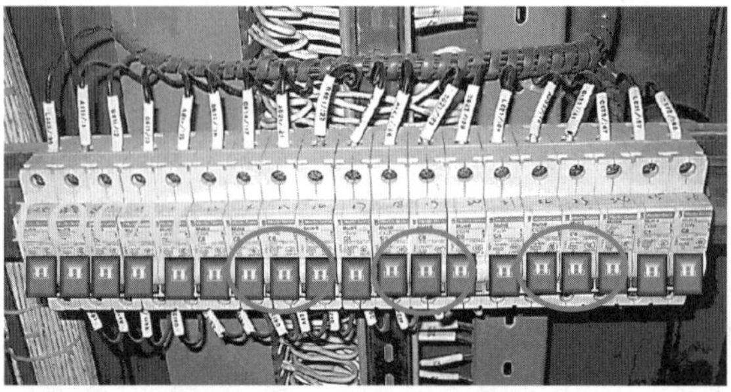

图 4-21　TV 二次保险

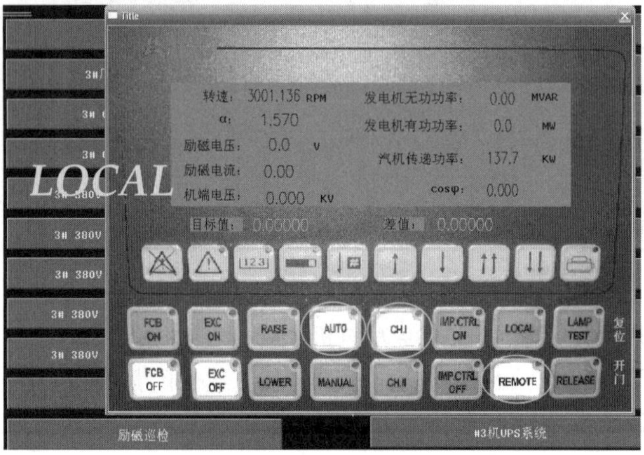

图 4-22　励磁巡检

（3）在“励磁巡检”就地图上将励磁装置分别打到“AUTO”、“CH.I”、“REMOTE”。

注意：如果发电机 TV 没投，此处是投不上自动的。

（4）在“励磁设备间”（图 4-23）中将励磁装置的开关全部合上；将 5 个功率柜的风扇开关全部投入（以上操作要用鼠标点击设备柜门才能打开相应操作面板）。

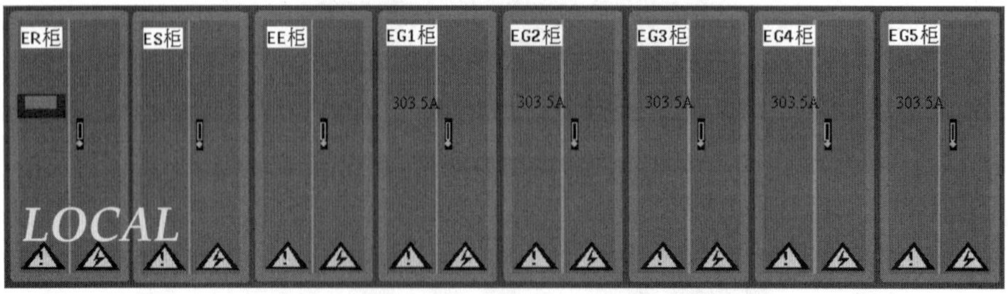

图 4-23　励磁设备间

其中第一个柜 ER 柜里面是励磁装置内部小开关（图 4-24 的左半部分）；后面 5 个柜 EG 柜是功率柜，里面是风扇开关（图 4-24 的右半部分）。

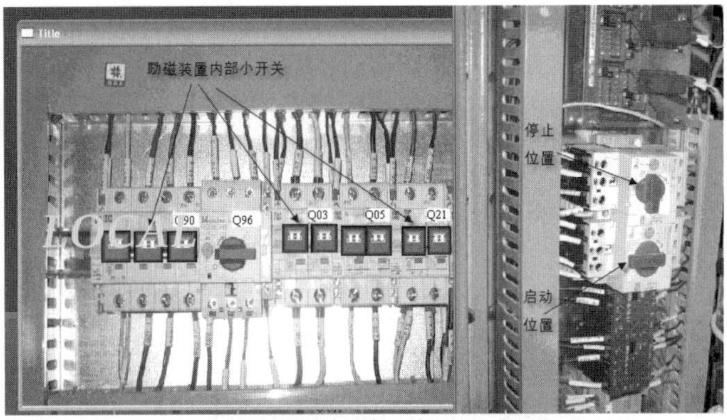

图 4-24　励磁内部小开关

（5）将“同期表盘”上同期闭锁开关打到“TJJ 投入”位；合上同期表盘上的同期表电源（图 4-25）。

图 4-25　同期表电源开关

（6）检查 DCS 电气图中“发电机并网程控启动”（图 4-26）图中的“同期合闸允许条件”中的条件全部满足。

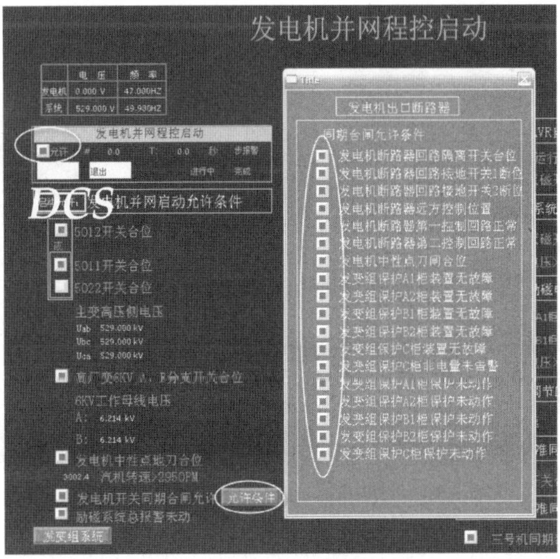

图 4-26　并网程控

二、并网操作

（1）在“发电机并网程控启动”（图 4-27）栏中的“允许”信号灯为红色时，才能进行并网操作。

（2）程控并网操作采用的是单步运行的方式，在每一步操作完成后要仔细检查相关的设备状态和运行参数。

（3）单击图 4-27 中的机组启动按钮，在弹出的“机组启动复位”面板上单击“单步”后点“OK”，机组开始执行单步并网程控操作；本步完毕后会有“单步”字样出现。

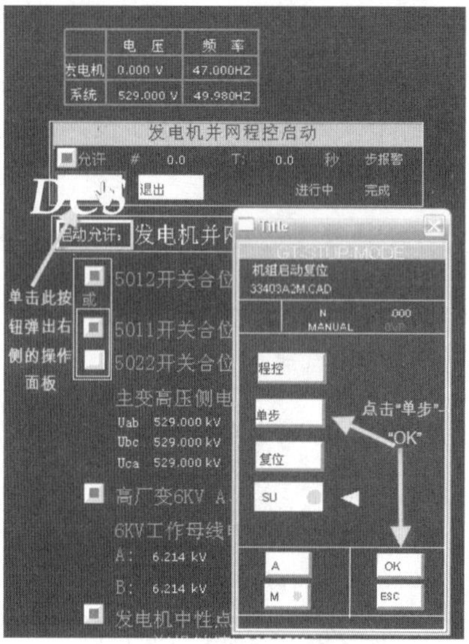

图 4-27　并网程控操作

（4）单击“退出”字样的按钮，在弹出的面板中单击“投入”后点击“OK”（图 4-28），此时并网操作第一步开始执行，操作步骤计数器开始记数；以后每步的投入都要如此操作；注意每个步骤投入时都要等按钮上的小红点返回到“退出”位置才能操作。

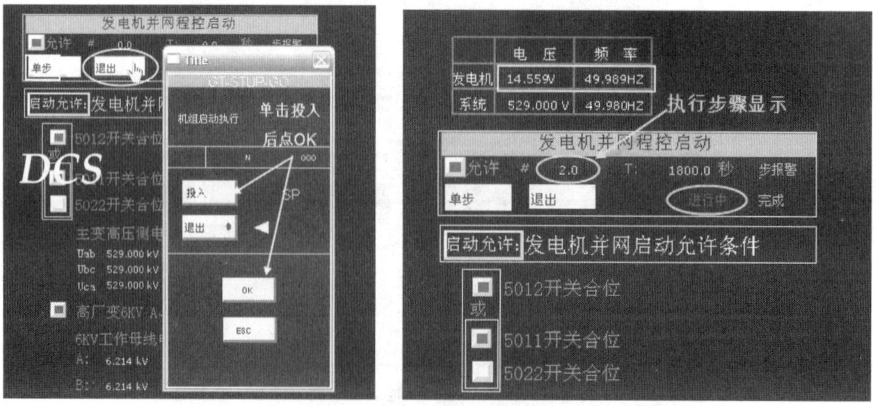

图 4-28　操作及执行步骤显示

（5）当第三步执行完毕后，第四步操作方法为：先将第四步投入，然后将画面切换到

“DEH”中的“自动控制”画面；在“自动同期请求”信号发出后点击左下角的“自动同期”按钮，将同期装置投入；（操作完毕后就地的同期表盘会有同期数据显示）稍等一会当同期条件全部满足后发电机出口开关会自动合闸，第四步结束（图 4-29）。

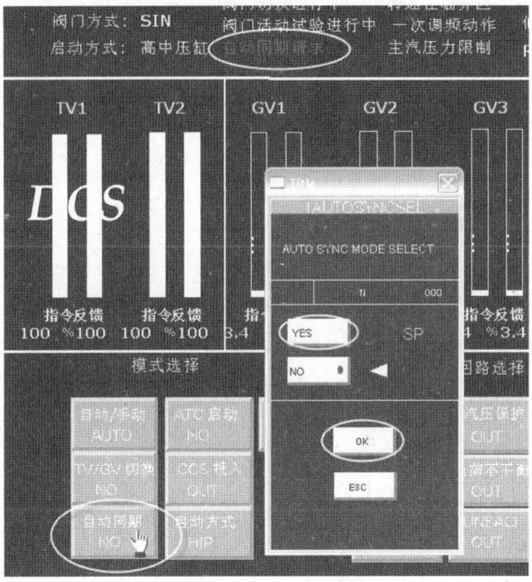

图 4-29　自动同期

（6）第四步的发电机并网成功后，继续执行完毕第五步和第六步即可。

（7）整个并网过程执行完毕后，要在就地的同期表盘将同期表的开关拉下。并网过程结束。

并网结束后，要将“机组保护”中的非电量保护柜上的“发电机热工保护”压板投入。

并网完成后要带初负荷 30MW 暖机。

任务七　升　负　荷

一、机组升负荷至 60MW

（1）确认锅炉主控在手动。

（2）在 DEH 操作员站上设定：负荷目标指令 60MW，负荷变化率 4MW/min。

（3）确认 DEH 逐步开大汽机高中压调节阀升负荷，注意旁路逐渐关闭。适时投入一台磨煤机。

（4）当机组负荷达 60MW 时，确认主汽压力约 8～9MPa，主汽温度约 420℃，再热汽温约 400℃。

二、60MW 负荷升至 150MW 负荷

（1）在 DEH 操作员站上，设定目标负荷 150MW，负荷变化率 4.2MW/min。

（2）确认 DEH 逐步开大汽机高中压调节阀升负荷，注意旁路逐渐关闭。

（3）当负荷升至 90MW 时，确认低缸喷水阀和汽轮机本体疏水自动关闭。

（4）当负荷升至 100MW 时，将辅汽切至冷再热供汽。确认高低旁关闭，旁路退出运行。

（5）当机组负荷升至 120MW 时，确认汽机系统疏水阀自动关闭。

（6）当给煤机 A 出力大于 50%时，投 F 油层正常后，启动磨煤机 F，待暖磨正常后，启动给煤机 F，确认着火正常，逐渐增加锅炉燃烧率。

（7）手动缓慢增加电泵转速，根据燃料量增加给水量，维持汽温的稳定，缓慢关闭给水泵再循环。

（8）当负荷升至 150MW 时，机组负荷保持，确认主汽温度约 480℃，主汽压力 10MPa 左右，再热汽温约 460℃。启动一台汽动给水泵。

三、150MW 负荷升至 240MW 负荷

（1）确认锅炉主控在手动。

（2）在 DEH 操作员站上设定目标负荷 240MW，负荷变化率 4 MW/min。

（3）根据汽温、汽压情况，逐渐增加给煤机 A、F 出力，确认 A、F 磨风量、温度控制“自动”。当给煤机 A、F 转速一致时，投入其转速控制“自动”。

（4）当负荷 180MW 将给水旁路切为主路运行，将汽泵负荷加大。

（5）启动第三组制粉系统 B（或 D 层），先投 B（或 D 层）油层正常后，启动磨煤机 B（或 D）运行，待暖磨正常后，启动给煤机 B（或 D），确认着火正常，逐渐增加锅炉燃烧率。投入磨风量、温度控制“自动”。手动增加给煤机 B（或 D）转速。当给煤机 B（或 D）转速与投自动的给煤机转速一致时，将其转速控制投“自动”。

（6）当机组负荷达 240MW 时，保持负荷。确认主汽温度约 520℃，主汽压力 10～12MPa，再热汽温约 500℃。

（7）当机组负荷达 240MW 时，投入汽机跟随方式，MCS 主控画面“TF”灯亮。

（8）启动第二台汽泵，再循环阀控制投入自动。

干湿态转换注意事项：控制给煤量和给水量的比例稍大，使得中间点有过热度 10～30℃，稳定运行。

四、240MW 负荷升至 300MW

（1）锅炉断油燃烧。停用 B、D 启动油枪油层运行，手动开启燃油再循环阀，保持油系统循环。

（2）按照给煤自动要求，投入燃料主控自动位。

（3）启动另外一台汽泵供水，投入第二组送、引风机和一次风机。

（4）启动第四组制粉系统。

五、300MW 升至 600MW 负荷

（1）当机组达到 300MW 后，尽量投入 CCS 控制模式。

（2）当负荷达 420MW 时，投入氧量控制“自动”。

（3）逐步增加负荷至 480MW，确认主汽压力 19MPa，主汽及再热汽温度设定值应逐步升至 566℃，确认主汽及再热汽温均达 566℃。

（4）锅炉进行一次全面吹灰。

（5）启动第五组制粉系统（C 层）。缓慢增加给煤机 C 转速，待与其他给煤机转速一

致后，投入给煤机 C 转速控制自动。

（6）在 CCS 画面上设定：目标负荷 630MW，主汽压力 24.2MPa。

（7）对机组全面进行一次检查。

（8）确认机组无异常报警。

（9）投入空气预热器热端扇形板密封控制装置。

注意调整送、引、一次风量及给水和减温水量，维持炉膛压力、一次风压、过剩 O_2 量和一、二次汽温在规定的限额内。

项目五　机组运行调整

机组运行调整的目的是：满足负荷需求、安全稳定运行、保持运行参数正常、汽、水品质合格、提高效率及经济性、减少污染物排放。主要任务有：

（1）满足机组负荷的需要，维持蒸发量在额定范围内。

（2）按照机组定滑运行曲线维持正常汽压。

（3）严格按照锅炉的负荷需求调整燃料量及给水量，控制好煤水比，正确投入减温水，保证主、再热汽温在正常范围内。

（4）保持炉水和蒸汽品质合格。

（5）调整燃烧，保持燃烧稳定，减少热损失，提高锅炉的热效率。

（6）正确调整烟风系统各参数，正确配风，减少结渣的可能。

（7）启动阶段，利用锅炉的启动系统建立启动流量，在水质合格的情况下回收工质与热量。

任务一　运行中的主要控制参数

一、锅炉运行中的主要参数（表 5-1）

表 5-1　锅炉运行中的主要参数

名　称	单位	正常值	报警值	跳闸	备　注
过热蒸汽出口流量	t/h	1913			BMCR
过热蒸汽出口压力	MPa	25.4		28.3	≥28.3，MFT 动作
主蒸汽温度	℃	566±5	571		35%～100%BMCR
再热蒸汽温度	℃	566±5	571		50%～100%BMCR
给水温度	℃	281			BMCR
给水流量	t/h	475			0～150MW
炉膛压力	Pa	−50～−100		+3000	+3000，MFT 动作
		−50～−100		−3000	−3000，MFT 动作
空气预热器出口烟温（修正）	℃	122			BMCR
空气预热器出口二次风温	℃	339			BMCR
空气预热器出口一次风温	℃	325			BMCR
空气预热器导向轴承温度	℃	≤60	80		55℃，油泵联启 45℃，油泵停止
空气预热器支撑轴承温度	℃	≤50	70		50℃，油泵联动 45℃，油泵停止

续表

名　称	单位	正常值	报警值	跳闸	备　注
磨煤机电机轴承温度	℃	≤70	75	80	80℃，磨煤机跳闸
磨煤机轴承温度	℃	≤75	80	85	85℃，磨煤机跳闸
磨煤机润滑油温	℃	45～55	60		
磨煤机出口温度	℃	≤70	93	103	103℃，磨煤机跳闸
磨煤机进口风量	t/h	82～102	82	62	<62，磨煤机跳闸
一次风机油压	MPa	2.5～3.5	2.5	0.8	<0.8，一次风机跳闸
一次风机轴承温度	℃	≤90	95	110	>110℃，一次风机跳闸
一次风机电机轴承温度	℃	≤80	85	95	>95℃，停止一次风机跳闸
送风机油压	MPa	2.5～3.5	2.5	0.8	<0.8，送风机跳闸
送风机轴承温度	℃	≤80	85	100	>110℃，送风机跳闸
送风机电机轴承温度	℃	≤80	85	90	>90℃，送风机跳闸
引风机油压	MPa	>0.2	0.2		
引风机轴承温度	℃	≤85	90	100	>100℃，引风机跳闸
引风机电机轴承温度	℃	≤80	85	95	>95℃，引风机跳闸
排烟温度	℃	134			BMCR
炉膛出口过剩空气系数	～	1.14			
省煤器出口过剩空气系数	～	1.15			
燃料消耗量	t/h	245			BMCR
燃油母管压力	MPa	2.6～3.0	2.2	1.72	<1.72MPa，锅炉 OFT 动作
油枪吹扫蒸汽压力	MPa	0.35			

二、汽轮机运行中的主要参数（表 5-2）

表 5-2　汽轮机运行中的主要参数

名　称	单位	正常	报警	跳闸	备　注
功率	MW	600			THA 工况
主汽阀前蒸汽压力	MPa	24.2	25.41		THA 工况
主蒸汽温度	℃	$566\pm^{8}_{24}$	574 552		
再热蒸汽压力	MPa	3.583			THA 工况
再热蒸汽温度	℃	$566\pm^{8}_{24}$	574 552		
主蒸汽流量	t/h	1664			VWO 工况：1913
再热蒸汽流量	t/h	1388.1			VWO 工况：1582

续表

名　称	单位	正常	报警	跳闸	备　注
主、再热蒸汽温差	℃	−28～+42			
再热蒸汽左、右侧温差	℃	＜14			
主蒸汽左、右侧温差	℃	＜10			
给水温度	℃	273.7			THA 工况
调节级压力	MPa	＜13.85	13.92		最高不超过 14.3
低压缸排气温度	℃	＜80	121		
排汽压力	kPa	5.4			THA 工况
一段抽汽压力	MPa	5.859			THA 工况
一段抽汽温度	℃	349.8			THA 工况
二段抽汽压力	MPa	3.982			THA 工况
二段抽汽温度	℃	300.6			THA 工况
三段抽汽压力	MPa	1.801			THA 工况
三段抽汽温度	℃	455.8			THA 工况
四段抽汽压力	MPa	0.935			THA 工况
四段抽汽温度	℃	360.7			THA 工况
五段抽汽压力	MPa	0.385			THA 工况
五段抽汽温度	℃	251			THA 工况
六段抽汽压力	MPa	0.117			THA 工况
六段抽汽温度	℃	125.6			THA 工况
七段抽汽压力	MPa	0.057			THA 工况
七段抽汽温度	℃	84.86			THA 工况
八段抽汽压力	MPa	0.016			THA 工况
八段抽汽温度	℃	54.87			THA 工况
轴封母管压力	MPa	0.031			溢流状态（表压）
低压轴封蒸汽温度	℃	120～180℃			
轴封冷却器真空	Pa	25～30			
轴振动	mm		0.127	0.254	
转子偏心度	mm	＜0.055	0.0761		600r/min 以下时监视转子偏心度盘车时转子偏心度不应超过原始值±0.02mm
汽轮机轴承金属温度	℃	＜85	107		112℃时打闸停机
推力轴承、发电机轴承、励磁轴承金属温度	℃	＜85	99		107℃时打闸停机

续表

名 称	单位	正常	报警	跳闸	备 注
轴承回油温度	℃	＜65	77	82	82℃时打闸停机
润滑油温度	℃	40～45	45		油温高于 10℃才允许启动各油泵，油温高于 22℃时方可启动盘车装置
润滑油压	MPa	0.15～0.17	0.09	0.06 停机	润滑油压小于 0.075MPa 启动交流润滑油泵，润滑油压小于 0.07MPa 启动直流润滑油泵，润滑油压小于 0.031MPa 主机盘车跳闸
顶轴油压	MPa	10～12	6.5	4.2	顶轴油供油压力小于 4.2MPa 联动备用泵，顶轴油泵入口压力小于 0.021MPa（启动闭锁），顶轴油供油压力大于 15MPa 溢流阀开启
EH 油压	MPa	12.41～15.17	≥11.38 或 ≤15.51	9.3	EH 油压降至 11.03MPa 时联动备用泵
EH 油温	℃	38～60	60		≥24℃，EH 油泵许可启动
主油泵进口油压	MPa	0.15～0.27			
主油泵出口油压	MPa	2.2～2.5			
主油箱油位	mm	1600～1800	1500 1800		主油箱油位低至 −100mm，应及时启动润滑油输送泵补油
EH 油箱油位	mm	450～550	<300 或>560	<200	
大轴绝对振动	mm	≤0.076			
轴向位移	mm	±0.6	±0.9	±1 停机	
高中压胀差	mm	+8～−2	+10.3～−5.3	−4.56，+10.28	
低压胀差	mm	+15～−1.5	+19.8～−4.6	−1.02，+16	
凝汽器真空	kPa	−95.1（平均）	−89	20.3	
汽轮机超速	r/min	3000	3240	3300 停机	
高中压缸内外壁金属温差	℃	＜83			
频率	Hz	50±0.2			
密封油温	℃	27～49	53		

续表

名 称		单位	正常	报警	跳闸	备 注
空侧密封油与氢气差压		MPa	0.084			
发电机氢压		MPa	0.4			
发电机氢纯度		%	＞96		85% 停机	氢气纯度小于96%时补排氢；氢气纯度降至90%时减负荷并补排氢
氢压与内冷水的压差			＞0.035	0.035		
氢气湿度(露点)		℃	−5～−25			
定冷水流量		t/h	93	77m³/h低Ⅰ值报警； 70m³/h低Ⅱ值报警		
定冷水温度		℃	35～45	50		
定冷水补水进口压力		MPa	0.36			定冷水进出口压差小于54kPa"定子水流量低"报警；定冷水进出口压差小于86kPa"定子水流量低"报警
定冷水导电度		μs/cm	0.5～1.5		9.5停机	
辅汽压力		kPa				
凝汽器水位		mm				
低加水位		mm				
高加水位		mm	0	±38报警； +88危急疏水门开	+138解列高加	
除氧器压力		kPa	≤1.207			
给水箱温度		℃	≤366.4			
给水箱水位		mm	1950			
蒸汽指标	二氧化硅	μg/kg	＜10			
	氢电导	μs/cm	＜0.15			
	铜	μg/kg	<2			
	铁	μg/kg	≤10			
	钠	μg/kg	<5			
给水指标	pH值（25℃时）		8.0～9.0			
	硬度	μmol/L	～0			
	溶解氧	μg/L	30～200			
	铁	μg/L	＜10			

续表

名　称		单位	正常	报警	跳闸	备　注
给水指标	油	mg/L	～0			
	氢电导	μs/cm	＜0.15			
	二氧化硅	μg/L	＜10			
	钠	μg/L	＜5			

注　VWO—调节阀全开工况；　THA—热耗率验收工况；BMCR—锅炉最大连续蒸发量工况。

三、电气运行中的主要参数（表 5-3）

表 5-3　电气运行中的主要参数

项　目		单位	正常值	低限值	高限值	报警值	跳闸值
定子铁芯及磁屏蔽温度		℃				120	
定子线圈层间温度		℃				90	
转子线圈温度		℃				120	
线棒最大温差（任意两个）		K	≤5			10	14
线棒出水最大温差（同层任意两个）		K	≤5		8	8	12
定子进水温度		℃	大于冷氢温度	45	50	≤42 ≥53	
定子出水温度		℃				85	90
定冷水流量		m^3/h	93				
定冷水电导率		μs/cm	0.5～1.5			高Ⅰ：5 高Ⅱ：9.5	
离子交换器出水电导率		μs/cm	0.1～0.4			≥1.5	
总水管出水	温度	℃	≤80			≥85	
	对进水温升	K	20			≥31	
露点温度		℃	0～25	0	25	10	
氢气纯度		%	≥97	96	99		
额定氢压		MPa	0.4	0.3	0.54	≤0.38 ≥0.44	
漏氢量		m^3/d	11.3				
氢压高于水压		MPa				≤0.035	
冷氢温度		℃	46	40	48	＜40，＞50	

续表

项　目		单位	正常值	低限值	高限值	报警值	跳闸值
热氢温度		℃		45	80		
氢冷器进口水温		℃	35				
氢冷器出口水温		℃	37				
氢冷器冷却水流量		m^3/h	900				
轴承进油温度		℃	38	27	49		
轴承出油温度		℃	65	60	71		
轴承油压		MPa	0.1	0.08	0.12		0.072
轴瓦乌金温度		℃	70			99	107
整流环冷空气温度		℃					
整流环热空气温度		℃					
运行时励端轴承绝缘		MΩ	＞1				
励磁变风温	冷风温度	℃	45		50	52	
	热风温升	K				37	

任务二　汽　温　调　整

一、汽温调整的原则

蒸汽温度是衡量蒸汽品质的重要指标之一，现代大型电站锅炉对过热蒸汽温度和再热蒸汽温度有严格的要求，通常规定蒸汽温度与额定汽温之间的偏差在−10～5℃范围内。

在机组运行的过程中应做到：

（1）在保证各部分金属温度不超限的前提下尽量维持额定的蒸汽参数，以保证机组运行的经济性。

（2）调整机组烟温偏差，防止单侧温度异常造成蒸汽带水或单侧管壁超温。

（3）蒸汽温度变化均匀，防止温度骤变造成短时蒸汽品质恶化或大的热应力。

二、主蒸汽温度的调整

锅炉正常运行时，主蒸汽温度在机组35%～100%BMCR负荷范围内应控制在(566±5)℃，两侧蒸汽温度偏差小于10℃。

（1）煤水比是调整主蒸汽温度的主调手段，而中间点温度的变化能快速反应煤水比变化，维持该点温度稳定才能保证主蒸汽温度的稳定，即图5-1所示标记的参数。

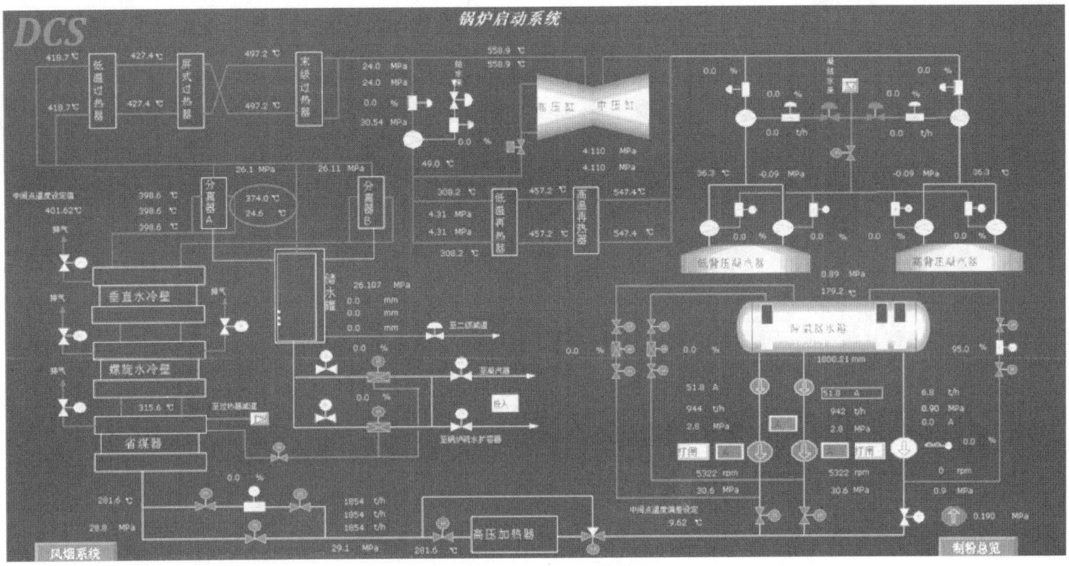

图 5-1　锅炉启动系统

（2）中间点蒸汽过热度的变化反应了工质在水冷壁中蒸干点位置变化，为保护水冷壁不超温和防止过热器进水：

1）在达到临界压力前的直流工况下，该过热度应在 5～15℃范围内。

2）在超过临界压力后，该点蒸汽温度应维持在（410±15）℃之间，异常工况下，应不超出（410±30）℃范围。

（3）中间点过热度和机组负荷均偏高（偏低）时，应优先降低（增加）燃料量；中间点过热度偏高（偏低），而机组负荷低于（高于）目标负荷时，应优先增加（降低）给水量。

（4）主蒸汽一、二级减温水是主汽温度调节的辅助手段。一级减温水（图 5-2）用于保证屏式过热器不超温并调整左右侧温度偏差，二级减温水（图 5-2）用于对主蒸汽温度的精确调整。

1）锅炉低负荷运行时要尽量避免使用减温水，防止减温水不能及时蒸发造成受热面积水。

2）投用减温水要注意，减温后的温度必须保持 20℃以上过热度，防止过热器积水。

3）在一、二级减温水手动调节时要考虑到汽温调节的惯性和迟滞性，注意监视减温器后汽温的变化，不要猛增、猛减，要根据汽温偏离要求值的大小及减温器后温度变化情况及时调整减温水量，若有其他操作，应派专人调节，并加强联系。

（5）其他注意事项如下：

1）在高加投停、启停给水泵、负荷变化、投退制粉系统或油枪、吹灰除焦、炉底大量漏风等情况下，要特别注意蒸汽温度的监视和调整。

2）在主蒸汽温度调整过程中要加强受热面金属温度监视，以金属温度不超限为前提进行调整，必要时要适当降低蒸汽温度或降低机组负荷，并积极查找原因进行处理。

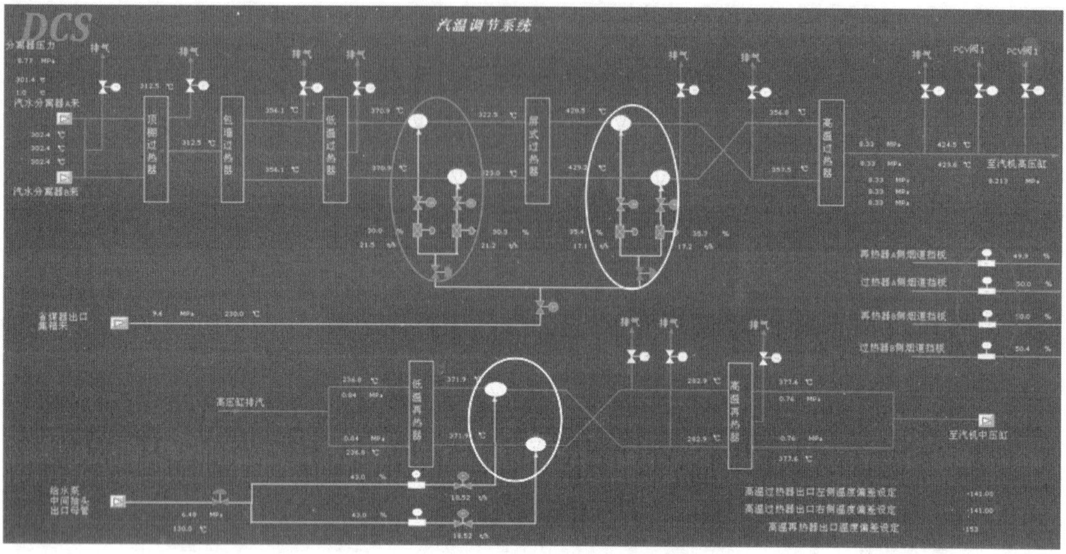

图 5-2　汽温调节系统

三、再热蒸汽温度调整

锅炉正常运行时，再热蒸汽温度在机组 50%～100%BMCR 负荷范围内应控制在（566±5）℃范围内，两侧蒸汽温度偏差小于 14℃，同时受热面沿程工质温度、受热面金属温度不超过规定值。

（1）尾部烟气挡板是再热汽温的主调手段，开大再热器侧、关小过热器侧挡板，可提高再热汽温，反之降低，调节过程中应注意避免两侧挡板同时关闭。

（2）再热器事故减温水（图 5-2）用于再热汽温超限（571℃）时的事故减温，正常运行中要尽量避免开启；在使用减温水时，应保证减温后蒸汽有 20℃以上过热度。

（3）注意事项：

1）锅炉低负荷运行时要尽量避免使用减温水，防止减温水不能及时蒸发造成受热面积水。

2）如用手动方式调节再热蒸汽温度，要考虑到汽温调节的惯性和迟滞性，不要猛开、猛关烟气挡板，事故减温水的调节要注意减温器后蒸汽温度的变化，防止再热蒸汽温度振荡过调。

3）当再热汽温、烟气挡板开度不能维持在正常范围、事故减温水需保持一定开度时，要对系统进行检查分析。检查制粉系统运行方式是否合理；燃烧器执行机构是否损坏，燃烧器配风挡板位置是否正确；燃烧器是否损坏；煤质是否严重偏离设计值；炉膛和燃烧器是否严重结焦；蒸汽吹灰是否正常投入；烟气挡板是否损坏。

4）在负荷变化、启与停制粉系统、投停油枪、吹灰除焦、炉底大量漏风、煤质变化等情况下，要加强蒸汽温度的监视和调整。

5）蒸汽温度的调整要以金属温度不超限为前提，金属温度超限时要适当降低蒸汽温度或降低机组负荷，并积极查找原因进行处理。

任务三 压 力 调 整

一、汽压调整原则

蒸汽压力调节的任务是保持锅炉蒸发量与汽轮机所需蒸汽量的平衡。在直流锅炉中，锅炉的蒸汽量由给水量决定，因此，汽压的稳定，从根本上说是靠调节给水流量实现的。

然而，在汽压的调节过程中，如果只改变给水流量而不改变燃料量，则将造成过热汽温的变化。因此，直流炉在调压的同时必须调温，即燃料量必须随给水流量相应变化，才能确保在调压的过程中维持汽温的稳定。

在额定工况下，主蒸汽压力为（25.4±0.5）MPa。

二、机组“湿态”时的汽压调节

（1）用控制燃料量的大小来控制汽压，当汽压偏高时降低燃料量。

（2）燃料量的增减应该保证各部分金属温度不超限。

（3）保证不低于启动给水流量前提下尽量减少给水流量，并保持给水流量的稳定。

三、机组“干态”时的汽压调节

（1）给水流量的变化会直接影响汽压的变化，给水流量增加汽压上升，温度下降。

（2）当汽压变化较大时，应检查协调工作是否正常，煤水比是否正常（进入锅炉 DCS“重要参数表一”，见图 5-3 中的标记），如果汽压高，温度高，应降低燃料量，将汽压降到正常范围运行。如果汽压高温度低，应适当降低给水量，将汽压维持在正常范围。

（3）当汽压低，温度高时应增加给水量，将汽压升到正常范围运行，如果汽压低、温度低，应适当增加给煤量，将汽压维持在正常范围。

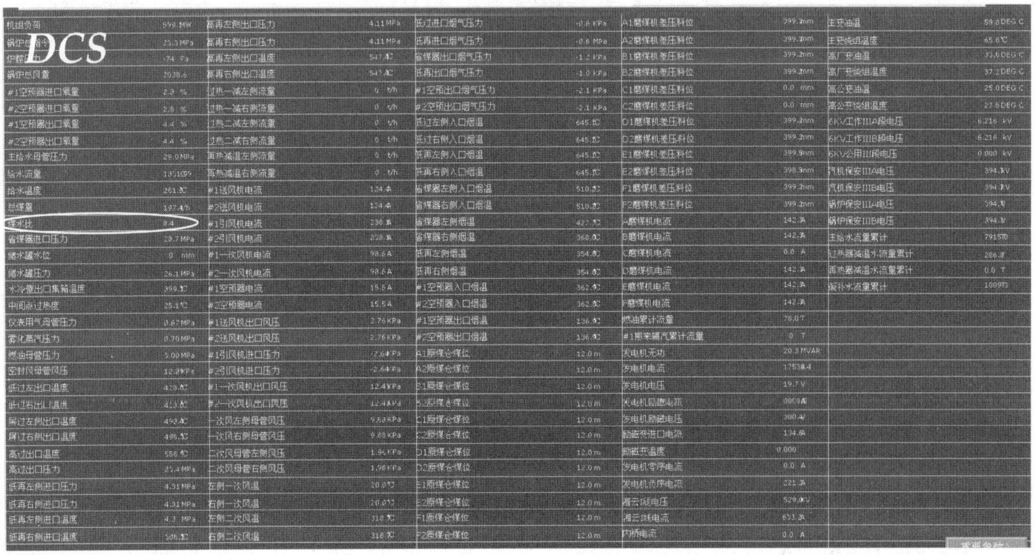

图 5-3　重要参数表

任务四　给　水　调　整

一、正常运行中给水调整原则

（1）根据燃料量调整给水量。

（2）根据启动分离器出口温度修正给水流量。

（3）根据一、二级减温水流量与给水流量的比值修正给水流量。

二、给水调整

机组不论启、停，负荷在 0～150MW 范围内，应维持 475t/h 左右的最小循环流量运行，保证水冷壁管有足够的冷却。

（1）主给水流量在 30%BMCR 以下由主给水旁路调节阀（图 5-4）来调节给水量。

（2）主给水流量接近 30%BMCR 时逐渐全开主给水电动阀（图 5-4），全关主给水旁路调节阀。

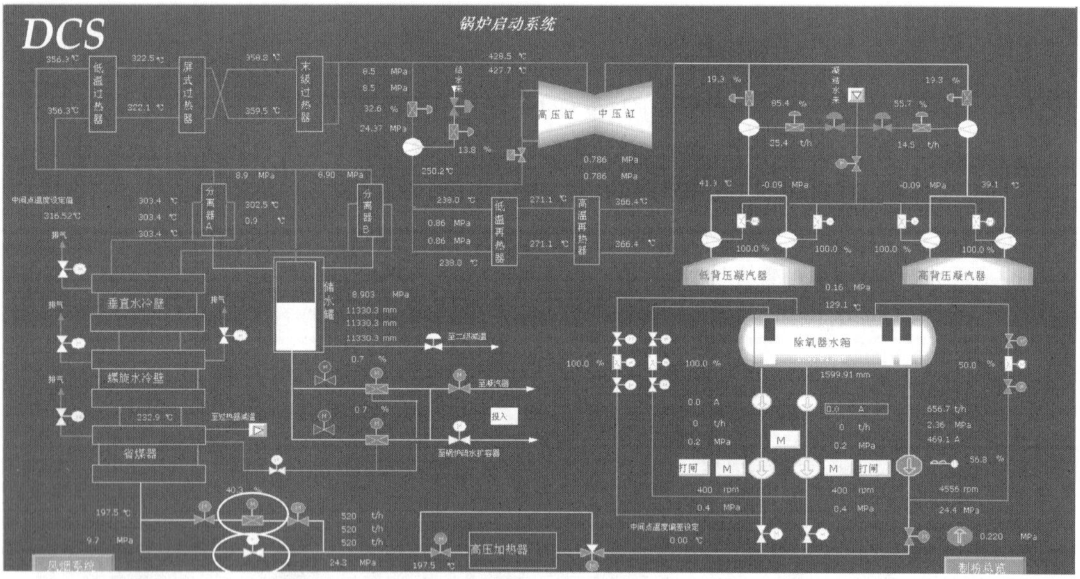

图 5-4　锅炉启动系统

（3）在给水调整的过程中，应注意中间点温度和过热度合适，防止煤水比失调造成参数的大幅度波动。

（4）燃烧工况阶跃扰动、自动给水失灵或手动给水跳闸等造成煤水比失衡，应将给水切至手动方式，参考前 10min 稳定运行时的煤水比，调节给水量使重新恢复平衡，但应尽量避免燃烧和给水同时调节。

（5）启动分离器温度和机组负荷均偏高（偏低）时，应优先降低（增加）燃料量。

（6）启动分离器温度偏高（偏低），而机组负荷低于（高于）目标负荷时，应优先增加（降低）给水量。

任务五　燃　烧　调　整

一、燃烧调整的目的

（1）在保证机组安全的前提下通过合理配风充分提高燃烧的经济性。

（2）使煤粉燃烧稳定，防止喷燃器灭火，提高机组变负荷能力。

（3）在炉膛内形成合理的温度场、适当的煤粉着火点和合理的氧化、还原氛围，以降低锅炉受热面热偏差以及防止炉膛和喷燃器结焦。

（4）使煤粉实现分级燃烧，减少 NO_x 排放量；炉膛配风合理，煤粉着火点适中，煤粉燃烧稳定无闪烁。

二、燃烧调整的要求

（1）通过火焰电视的火焰显示认真监视炉内燃烧情况及煤粉着火距离，正常的燃烧，火焰应呈金黄色，有良好的充满程度，煤粉射流扩散角合适，不偏斜，不冲刷水冷壁。

（2）经常观察火检运行情况，尤其是启停磨煤机和低负荷期间，及时调整煤粉浓度，保证火检强度足够，如发现火检故障立即通知检修处理。

（3）调整好送、引风量，保持负压在−50～−100Pa，防止转正压。

（4）正常运行中，前后墙燃烧器尽量对称投入，以减少热偏差；高负荷情况下，应使各层燃烧器出力尽量均衡，避免局部热负荷过高烧损火嘴。

（5）当负荷变化时，如幅度不大，可用改变磨煤机容量风量的方法来调整（见图 5-5 中标记），如果幅度较大可用启停整台或半侧磨煤机来实现。

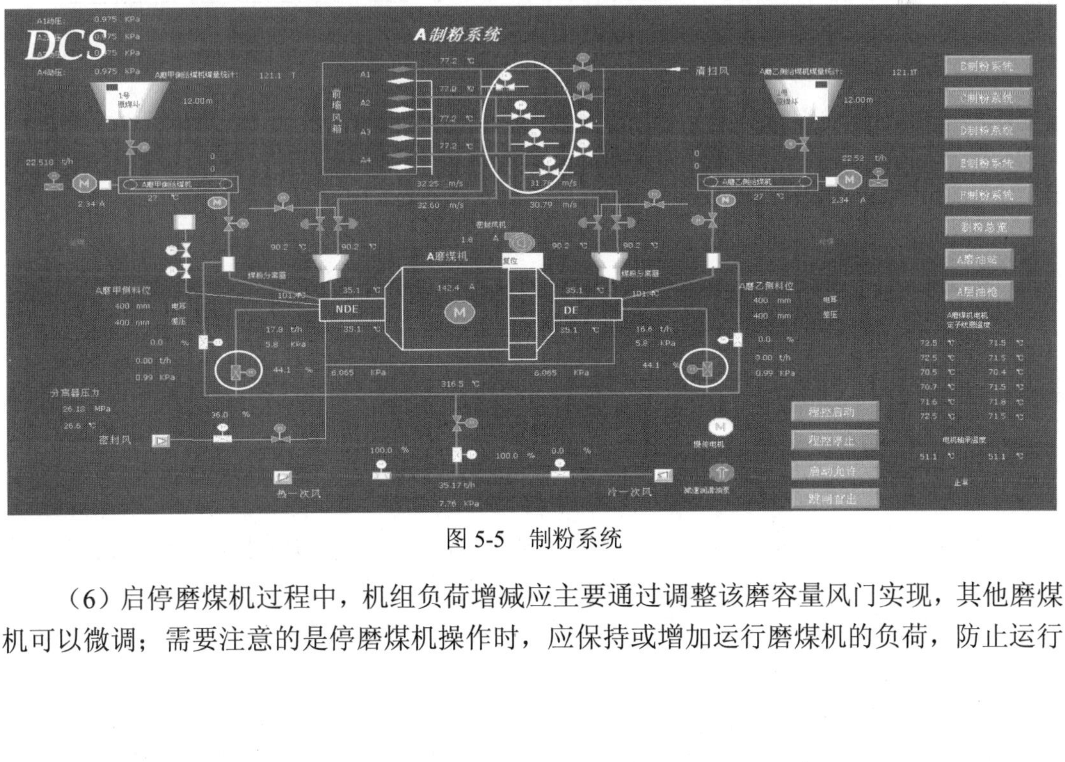

图 5-5　制粉系统

（6）启停磨煤机过程中，机组负荷增减应主要通过调整该磨容量风门实现，其他磨煤机可以微调；需要注意的是停磨煤机操作时，应保持或增加运行磨煤机的负荷，防止运行磨煤机负荷过低，不能维持自身燃烧器着火。

（7）手动调节燃烧时，高负荷下，加负荷应先加二次风后加容量风，负荷降低时应先减少容量风再减少二次风，低负荷时相反。

（8）根据煤质变化、燃烧器投停情况，合理分配各风箱（包括燃烬风室）二次风，尽可能保证燃烧完全。

（9）调整燃料量的同时，给水应配合调节，防止煤水比严重失调，造成参数的大幅度波动。

（10）当负荷过低或其他情况导致燃烧不稳时，应及时投入点火油枪稳燃。

（11）有油枪运行时，值班员应经常就地检查油枪雾化、着火情况，及时发现并消除内漏、外漏等异常，防止燃油系统起火。

（12）保证受热面的清洁，按规定定期吹灰、除焦。

三、二次风的调整

（1）燃烬风二次风挡板运行时的推荐值见表5-4。

表5-4　燃烬风二次风挡板运行时的推荐值

参数 部件	*SAP*	AAP_1	AAP_2	AAP_3	AAP_4	*SAP*
中心风挡板	100	100	100	100	100	100
内二次风调风器	100	25	25	25	25	100
内二次风调风器外挡板	—	100	100	100	100	—
外二次风调风器	—	25	25	25	25	—
外二次风调风器外挡板	—	100	100	100	100	—

（2）燃烧器运行时风门推荐设定值见表5-5。

表5-5　燃烧器运行时风门推荐设定值

部件	参数	BN_1	BN_2	BN_3	BN_4
上　排燃烧器	内二次风挡板	100	100	100	100
	外二次调风器	50	50	50	50
中　排燃烧器	内二次风挡板	100	100	100	100
	外二次调风器	50（>80）	50（>80）	50（>80）	50（>80）
下　排燃烧器	内二次风挡板	100	100	100	100
	外二次调风器	50	50	50	50

注　表中括号内值为燃油时开度。

（3）运行中只有煤粉燃烧器外二次风调风器可调，其余各挡板或拉杆不得随意调整。

（4）燃烧器冷却风门，未投粉应保持开启，投粉时关闭（图5-5）。

（5）燃烧器各层风箱进口调节挡板：用于各层风室风量分配，不能用作总风量调节，在无燃料投入时关闭，炉吹扫时全开；启动油枪投运时手动维持某一点火开度（如 50%），当一层煤粉燃烧器全部投入后才能置自动位（图 5-6）。

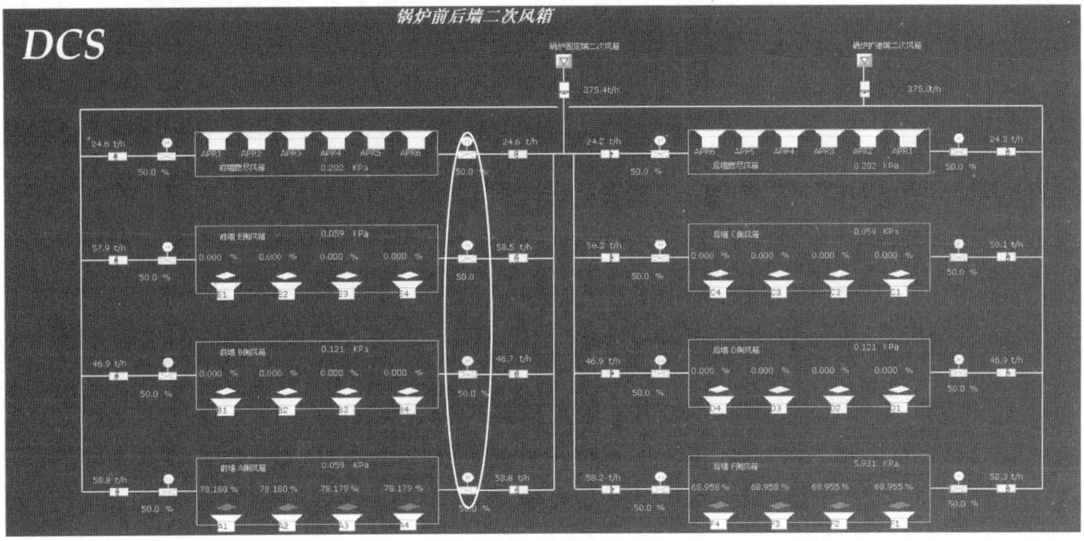

图 5-6　锅炉前后墙二次风箱

任务六　负　荷　调　节

一、机组负荷运行方式说明

（1）机组正常运行中的运行方式应采用“AGC+一次调频”方式。在 AGC 方式下，机组投入协调的最高形式为“汽机为基础自动”方式。发生非本机组原因有关设备、装置故障或调度要求退出 AGC 或一次调频，机组应尽可能保持在“汽机为基础自动”方式。

（2）机组在启动过程中，负荷在 240MW 以下应采用以“锅炉为基础手动”的运行方式，DEH 处于“自动”运行方式。当机组负荷达 240MW 后，可将 CCS 切换为“汽机为基础自动”方式，锅炉主控投入自动，汽机 DEH 控制方式置于“DCS 控制”，当机组负荷升至 280MW 时，向调度申请投入 AGC、AVC 和一次调频。

（3）机组在停止过程中，应尽可能选择“AGC+一次调频”方式。当负荷降至 280MW 时，应联系调度切除 AGC 、AVC 和一次调频。但机组仍可保持“汽机为基础自动”方式，当机组负荷降至 240MW 时，选择“锅炉为基础手动”方式，锅炉主控切手动，汽机 DEH 系统切至“自动”方式，使机、炉各自独立控制。

（4）正常运行中，当发生 RUNBACK 工况时，CCS 系统将立即以设定的负荷变化率将机组负荷降至预先设定值，同时将机组的运行方式自动切至相应的“锅炉为基础”或“汽机为基础“方式。

（5）在机组投入协调控制时，一般要投入“滑压运行”方式，在协调退出运行时，要切至“定压运行”方式。

（6）在发生运行方式自动切换时，应确认切换的原因，并对机组设备及装置作全面的检查，进行相应的处理。

二、机组正常运行的负荷调节

1. 机组负荷调整要求

（1）机组负荷调节时，若调节幅度较大，及时启、停制粉系统，维持磨煤机最佳出力下运行。

（2）值长在接到调度命令后，通知值班人员做好调整负荷的准备。

（3）在负荷变化过程中，应密切注意主汽压力、温度，出现任何不正常情况应立即停止改变负荷，待查明原因后继续进行。

2. 负荷调节的方法

（1）机组在“CCS”方式下的负荷调节：

1）确认“机组主控”（图 5-7）画面上，高、低负荷限制分别设定在 630MW 和 280MW。

2）确认“机组主控”画面上功率变化率设定为 12MW/min。

3）设定目标值，确认“机组主控”画面上调度指令正常变化。

4）确认机组的实际负荷指令以 12MW/min 速率改变，直至实际负荷指令与目标负荷指令一致。

5）负荷调节结束，检查机组的主要控制指标均正常，若在负荷调节过程中，DEH 出现保持工况或其他子系统运行出现异常时，应立即按下 MCS 画面上的“保持”按钮，防止机组失调。

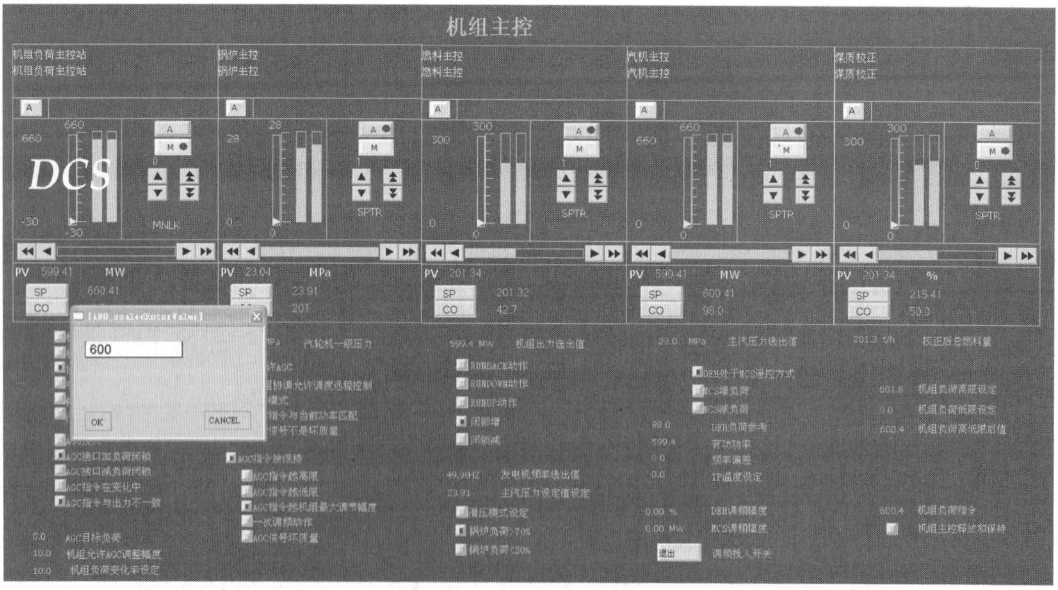

图 5-7　机组主控

（2）机组 AGC、一次调频切除，协调控制在“汽机为基础自动”方式下的负荷调节：

1）确认“机组主控”画面上高、低负荷限制分别设定在 600MW 和 280MW。

2）确认“机组主控”画面上功率变化率设定为 12MW/min。

3）在“机组主控”画面上设定目标负荷指令。

4）确认机组的实际负荷指令以 12MW/min 速率改变，直至实际负荷指令与目标负荷指令一致。

5）负荷调节结束，检查机组的主要控制指标均正常，若在负荷调节过程中，DEH 出现保持工况或其他子系统运行出现异常时，应立即按下 MCS 画面上的“保持”按钮，防止机组失调。

三、AGC 的投入和切除操作

1. AGC 投入步骤

（1）将机、炉各子系统的运行方式投“自动”，并观察正常。

（2）确认 MCS 画面上高、低负荷限制分别设定在 600MW 和 280MW。

（3）确认 MCS 画面上功率变化率设定为 12MW/min。

（4）确认 MCS 画面上“TP ON”投入。

（5）确认 MCS 画面上“PRO.VAR.BLO.EN”投入。

（6）确认 MCS 画面上主汽压力变化率设定在 0.05～0.1MPa/min。

（7）将主汽压力设定值设定在主汽压力测量值附近。

（8）在 MCS 画面上投入“TURB BASE”按钮。

（9）在 MCS 画面上投入锅炉主控为“自动”。

（10）在 DEH 画面上投入“DCS 控制”按钮。

（11）在 MCS 画面上投入“SLIDE PRESS” 按钮。

（12）将主汽压力设定值设定在 24.2MPa。

（13）值长汇报调度可投 AGC 方式，并经批准。

（14）在 MCS 画面上投入“ADS ON” 按钮。

（15）确认 MCS 画面上调度指令正常变化。

（16）确认机组的实际负荷指令以 12MW/min 速率改变，直至实际负荷指令与目标负荷指令一致。

2. 切除步骤

（1）在风烟系统画面上，首先切除送风自动方式到手动方式。

（2）在 MCS 画面上切除锅炉主控到手动方式。

（3）在 DEH 上切除“DCS 控制”。

3. AGC 运行注意事项

（1）影响 AGC 正常投运的通信设备、自动控制以及主辅设备的所有检修、操作活动，由运行人员向调度办理审批手续。

（2）在协调控制系统和各子系统以及 AGC 投运期间，运行人员进行操作时，应充分估计到对各有关自动调节系统的扰动影响，尽量将扰动量控制在最小限度内，保证各自动调节系统的正常运行。

（3）运行人员应认真做好 AGC 装置切、投的记录工作，并注明时间、原因。凡遇控制、通信、主辅设备异常造成的 AGC 无法正常投运情况时，运行人员应及时联系有关人员消缺处理，同时应认真做好消缺记录。

四、机组一次调频投运

1. 投运要求及条件

一次调频功能投入与退出操作须获得调度的许可，投运要求及条件如下：

（1）负荷在300～600MW。

（2）主汽压力不大于25MPa。

（3）转速在（3000±2）r/min。

（4）所有控制装置运行正常。

（5）AGC投入。

（6）在投AGC和一次调频时，负荷上限闭锁定在600MW，下限闭锁定在300MW。由运行人员在MCS画面上设置。

2. 机组投入一次调频的方式

（1）CCS+DEH方式（首选）：即在汽机为基础自动、滑压方式下的协调控制投入情况下，CCS与DEH的一次调频回路均投入运行。

（2）CCS方式（备用）：即在汽机为基础自动、滑压方式下的协调控制投入情况下，CCS的一次调频回路投入运行。

3. 一次调频投入步骤

（1）CCS+DEH方式的一次调频投入步骤：

1）投入汽机为基础自动滑压协调控制方式（按AGC运行规程要求的步骤进行）。确认炉主控在自动、压力控制为滑压方式、DEH在“DCS控制”方式。

2）在MCS画面上，按下“Δf”按钮，投入CCS一次调频回路。

3）在DEH操作盘上按下“一次调频”按钮。

（2）CCS方式的一次调频投入步骤：

1）投入汽机为基础自动滑压协调控制方式（按AGC运行规程要求的步骤进行）。确认锅炉主控在自动、压力控制为滑压方式、DEH在“DCS控制”方式。

2）在MCS画面上，按下“Δf”按钮，投入CCS一次调频回路。

4. 一次调频切除步骤

（1）正常情况下的一次调频切除步骤：

1）在DEH操作盘上按下“一次调频”按钮。

2）在MCS画面上，按下“Δf”按钮，退出CCS一次调频功能。

（2）异常情况下的一次调频切除步骤：

1）在机组发生异常时，首先切除“送风自动”，（使协调控制系统全部切除），确认送风自动切到手动、锅炉主控切到手动、制粉主控切到手动。

2）在DEH操作盘上按下“一次调频”按钮，切除DEH一次调频功能。

3）运行人员根据运行规程要求进行异常处理。

5. 投运一次调频的注意事项

（1）一次调频的速率主要是以CCS到DEH的46MW/min速率为标准，根据试验结果，实际一次调频速率不大于46MW/min。

（2）一次调频的死区为±2 r / min，一次调频投运后，转速在（3000±2）r/min内，一次调频不起作用。一次调频作用负荷最大变化范围在±36MW（在CCS中设置了闭锁）。

（3）当转速大于3002r/min时，一次调频功能起作用，调门下关，转速每上升1r/min，负荷下降4MW，负荷下降最大在36MW左右，主汽压力上升，煤量下降。主汽压力上升的幅度大约在1MPa左右。

（4）当转速小于2998r/min时，一次调频功能起作用，调门上开，转速每下降1r/min，负荷上升4MW，负荷上升最大在36MW左右，主汽压力下降，煤量上升。

项目六　机　组　停　运

一、机组滑参数停运前的检查准备工作

在仿真操作停机前，各岗位值班人员对所属设备、系统进行一次全面检查，有一些设备需要做切换试验，不满足条件不能停机，其中主要有辅助蒸汽，轴封用汽、除氧器加热汽源、炉前燃油准备。

交流润滑油泵、直流润滑油泵、氢密封油备用泵、空侧直流密封油泵、顶轴油泵、盘车电机、小机直流油泵、盘车电机试运行和连锁保护试验。

二、机组滑参数停运

（1）全面抄录 TSI 数据，从开始减负荷起，应每隔 1h 抄录一次，注意停机需要全值人员配合，滑参数停运需参照机组滑停曲线参数控制主蒸汽、再热蒸汽的降温速度和降压速度；金属温降小于 2℃/min，各抽汽管道上下金属温差小于 35℃。

（2）负荷从 85%开始，机组进入滑压运行方式，主汽压随着负荷下降相应下降；机组负荷减至 510MW 时，根据情况停用第一台磨煤机（优先停用 C 磨煤机）；机组负荷减至 420MW 时，根据情况停用第二台磨煤机，保留 A、B、F 磨煤机运行；将汽轮机进汽方式切换至“喷嘴调节”方式，逐渐降低过、再热汽温度、压力设定值，减负荷至 350MW 阶段应尽量使用协调控制，减负荷速度一般应控制在 5～10MW/min。

（3）负荷在 CCS 模式下降至 350MW 后注意：将锅炉主控切换至手动，汽机主控在自动，将机组控制方式切至汽机跟随模式；按照制粉系统要求停相关磨煤机，燃料主控手动方式调整锅炉燃料量；检查煤水比是否合适，检查主再蒸汽温度压力是否合适，其中汽温下降要更加缓慢。

（4）从 350MW 开始在汽机跟随模式下将机组负荷降至 180MW，降负荷速率 10MW/min。

（5）机组降压过程中根据汽轮机调门的开度手动调整主汽压力定值，维持汽机调门开度在合适开度；必要时 A、F 制粉系统煤自动；四段抽汽压力不够时将辅汽供汽由第四段抽汽切换至邻机供汽，检查投入辅汽供除氧器调节门自动。

（6）300MW 以下停运制粉系统都需要投油稳燃，投入 A12、A34 点火油枪，停止 A 制粉系统运行；在减负荷过程中，应加强对风量、中间点温度及主蒸汽温度的监视，应及时手动进行风量、燃水比及减温水的调整；如果是采用电泵停机需要启动电泵，进行汽泵和电泵的切换。

（7）从 180MW 降负荷至 0MW 是类似启动过程的逆过程，基本在手动模式下进行操作，压力要求稳定在 8.4MPa，通过控制燃料量来控制负荷，注意不要使得 MFT 条件出现，以 10MW/min 速率继续降低负荷；投入 F12、F34 点火油枪，停止 F 制粉系统运行；所有磨煤机停止后，停止制粉系统密封风机运行，停止一次风机运行；确认轴封汽源切换正常，

检查调整轴封汽温使轴封供汽温度与转子表面温度相匹配，两者温差应不大于 121℃，并保证轴封蒸汽过热度不小于 14℃，汽压正常；检查除氧器水位自动切至单冲量，注意凝结水流量、凝汽器、除氧器水位；给水流量降低至 475t/h 时，切除给水泵自动，给水管道走旁路，用给水旁路调节门维持流量恒定不变；当启动分离器储水罐见水后，检查主汽压力应降低至 8.4MPa，否则应停止减燃料，适当开大汽轮机调门进行降压，必要时稍微增加燃料，防止储水罐水位升高；当启动分离器储水罐见水，并且主汽压力低于 8.4MPa，开启疏水排凝汽器电动门及疏扩减温水门，储水罐水位高于 12m，检查 361 阀自动开启、动作正常，关闭 361 阀暖阀系统各阀门。

（8）当主汽压力达 8.4MPa 时，检查高、低旁自动开启，维持机前压力 8.4MPa 定压运行。

（9）负荷减至 120MW，检查汽机中、低压部分疏水门正常开启。

（10）负荷降至 100MW，停止 1～3 号高加运行。

（11）除氧器汽源切换至辅汽，检查除氧器运行正常。

（12）负荷减至 90MW，查低压缸喷水阀自动开启，低压缸排汽温度正常。

（13）负荷减至 60MW，检查汽机高压部分疏水门正常开启。

（14）监视汽机缸温、差胀、缸胀、轴向位移、振动的变化，如超过极限值，应立即打闸停机。

（15）检查机组负荷减到零，无功负荷接近于零。

（16）启动主机交流润滑油泵和氢密封油备用泵，检查运行正常，接到值长命令后，汽轮机打闸停机。

（17）检查发电机解列灭磁，汽轮机转速下降，高、中压主汽门、调门关闭，抽汽电动门、逆止门及高排逆止门均关闭。

（18）拉开发电机出口刀闸。

（19）断开发电机出口开关的控制电源以及出口刀闸的闭锁电源。

三、紧急停机

紧急停机后操作注意如下事项：

（1）锅炉紧急停运后的处理。在确认锅炉主燃料切断保护动作后，检查所有喷燃器和油枪已灭火。一套引风机、送风机应维持运行，进行炉膛吹扫。检查过热器、再热器减温水门已关闭。手动控制给水门，保持汽包或汽水分离器水位正常。打开主蒸汽管上的疏水阀，有条件的还要投用炉膛温度监测器，不致使锅炉急剧冷却。

（2）若故障原因能迅速查明并很快被消除后，锅炉则可重新点火。若锅炉灭火原因一时难查清或是由其他原因引起，则应按热备用停炉进行处理，停止各风机运行，关闭各风门挡板，以保持锅处于热备用状态。

（3）汽轮机紧急跳闸后的处理。紧急停机时，尽可能先手动启动顶轴油泵、盘车油泵和辅助油泵，以保证汽轮机转子惰走时轴承油的供应。紧急停机破坏真空，则应首先停止真空泵运行，并开启真空破坏门，真空未降至零时，不得停用轴封供汽。汽轮机跳闸后，应立即开启汽轮机疏水阀，并定期检查润滑油与轴封温度、轴向位移、胀差及加热器、除氧器水位等主要检测项目。

（4）在汽轮机惰走过程中，仔细检查惰走情况、汽轮机脱扣，确认转速下降，记录惰走时间。汽轮机转速至零时，立即投入盘车，并注意盘车工况与大轴偏心度。若大轴偏心度超过正常值，而经盘车后已恢复到正常值，则还应继续盘车至少 1h，以消除残余热应力，否则不得再次启动。在凝汽器真空至零时，方可停止轴封供汽，其余操作与正常停机操作步骤相同。

发电机在确认主断路器和励磁开关已跳闸后，其操作与正常停机操作步骤相同。

项目七　事　故　处　理

1. 事故处理的原则和事故设置方法

（1）处理原则。事故发生时，应按“保人身、保设备、保电网”的原则进行处理；事故原因不清不放过，该受到教育者没有受到教育不放过，没有采取改进措施不放过。

（2）事故设置步骤。选定合适的工况，在教练员站界面进行设置，单击第三栏“故障管理”，在左边的菜单中选取需要选取的故障，单击“设置”按钮，在弹出的对话框中进行设定，设置内容是延时时间和渐变过程时间，设置完成后单击“触发”按钮，事故开始触发，可以开始处理。

（3）事故取消步骤。有一些事故可以处理完成，有一些需要取消才好进行下一步操作，取消的步骤是选定已经触发的事故，单击“清除”按钮进行取消操作。具体操作如图 7-1 所示。

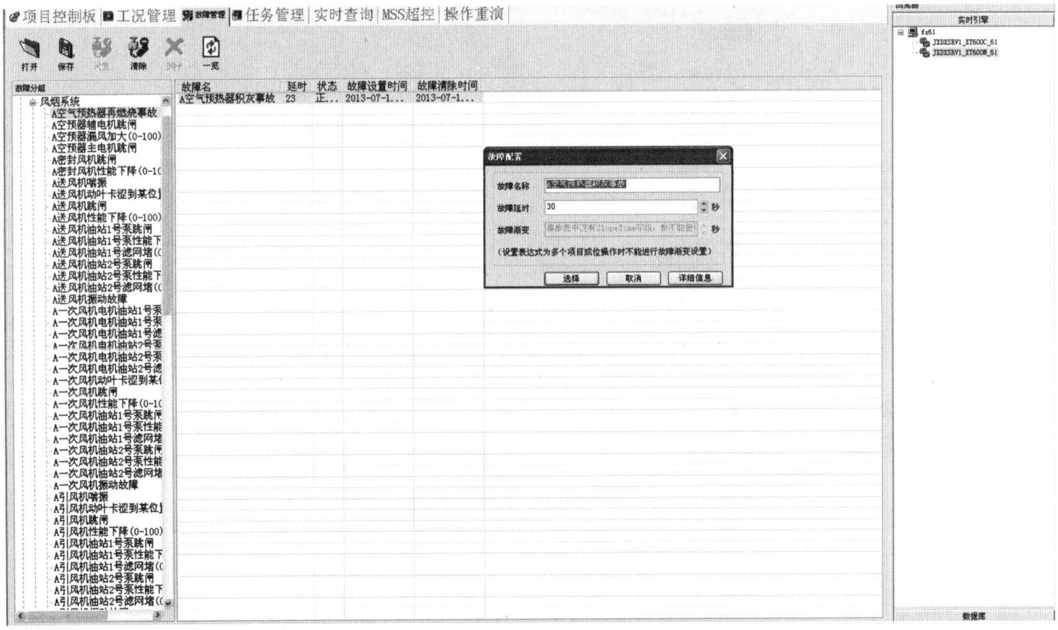

图 7-1　故障设置

2. 仿真机能实现的事故种类

本仿真机能实现的事故种类主要有电气事故、锅炉事故、汽轮机事故。

（1）电气事故。主要有 6kV 工作段母线故障、TV 故障、发动机故障、高厂变高压侧和低压侧故障、主变故障、各个工作段母线故障等，如图 7-2 所示。

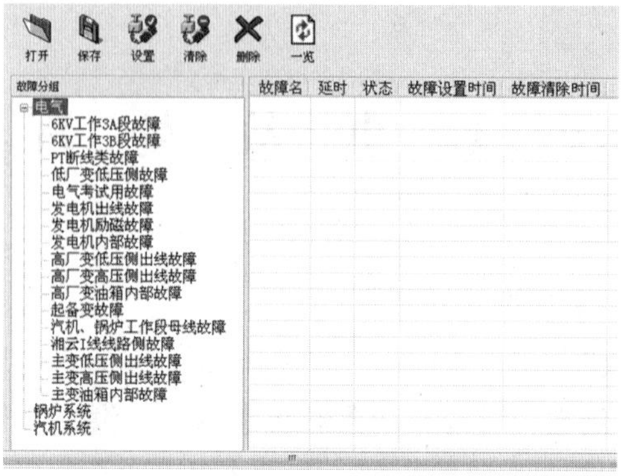

图 7-2 电气主要故障

（2）锅炉事故。主要有风烟系统故障、工业水系统、压缩空气系统、汽水系统、燃烧系统、制粉系统等，如图 7-3 所示。

（3）汽轮机事故。主要有汽轮机本体事故、开式闭式水系统、给水系统、凝结水系统、润滑油系统、主蒸汽系统等，如图 7-3 所示。

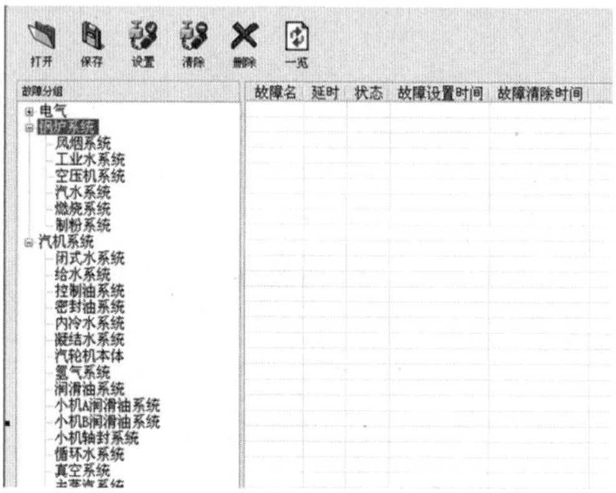

图 7-3 锅炉与汽轮机主要故障

以上三大类事故每一个系统展开可以有很多小故障选择，如风烟系统可以展开的故障有空气预热器积灰、空气预热器再燃烧、送风机跳闸等，如图 7-4 所示。

图 7-4 锅炉风烟系统主要故障

任务一　机组综合事故处理

一、锅炉 MFT 事故及处理

1. MFT 动作条件

（1）全燃料中断。

（2）两台引风机全停。

（3）炉膛压力高。

（4）炉膛压力低。

（5）锅炉总风量小于 30% BMCR。

（6）两台送风机全停。

（7）紧急停炉按钮动作。

（8）锅炉给水流量低。

（9）所有火焰丧失。

（10）汽轮机跳闸。

（11）火焰检测器冷却风压力低。

（12）机组运行两台一次风机跳闸。

（13）两台空气预热器均跳闸。

MFT 跳闸如图 7-5 所示。

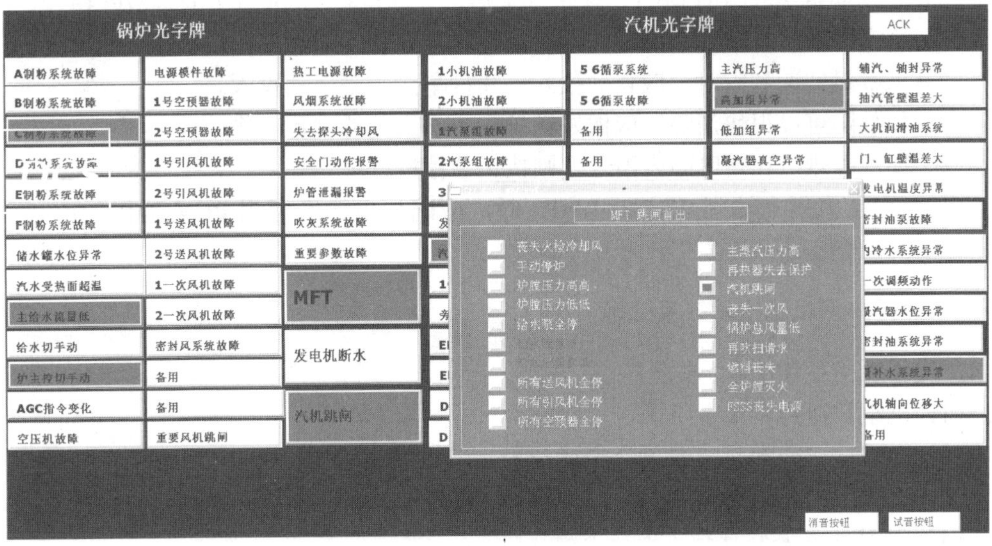

图 7-5　MFT 跳闸

2. MFT 动作后的现象

（1）“MFT 动作”声光报警。

（2）引起 MFT 动作的首出原因显示。

（3）锅炉灭火，汽机、发电机跳闸。

（4）两台一次风机跳闸，联锁动作跳去所有运行磨煤机及密封风机。

（5）OFT（Oil Fuel Trip，油燃料跳闸）动作，关闭燃油跳闸阀、燃油再循环阀及油角阀。

（6）锅炉过热器、再热器减温水电动阀、调节阀联锁关闭。

（7）锅炉主给水电动阀、旁路上水电动阀联锁关闭。

（8）两台汽泵、电泵跳闸。

（9）炉膛火焰检测器扫描无火。

（10）炉膛压力偏负。

（11）汽温、汽压、蒸汽流量急剧下降。

（12）确认厂用电快切装置 CKQ 动作，厂用电自动切为备用电源开关供电。

3. 锅炉 MFT 后的处理

（1）立即检查自动装置，按下列方式动作：

1）将磨煤机控制切为手动（磨煤机风量、煤量、磨煤机后温度）。

2）将炉风量控制切为手动，调节定值自动切换到既定吹扫定值。

3）关闭过热器喷水截止阀及调节阀，并将过热汽温控制切为手动。

4）关闭再热器喷水截止阀及调节阀，并将再热汽温控制切为手动。

5）5min 后，全开磨煤机冷风挡板。

（2）检查磨煤机，一次风机是否全停，否则应立即手动停止。

（3）检查汽轮发电机应跳闸，确认润滑油泵自启动，否则手动启动。

（4）检查汽泵、电泵均应自动跳闸，否则手动停运。

（5）非风烟系统故障的 MFT，在炉熄火后，立即进行 5min 以上的事故吹扫。

（6）检查炉前所有燃油角阀关闭，燃油跳闸阀、燃油再循环阀关闭。

（7）当汽机转速到零时，应自动投入连续盘车，否则手动投入。

（8）如故障可以很快消除，应做好锅炉极热态启动的准备工作。

（9）如故障难以在短时间内消除，则按正常停机处理。

（10）当主汽压力达到 27.5/28.0MPa 时，应确认电磁安全阀 PCV 动作，否则手动开启。

二、运行中汽机跳闸事故及处理

1. 汽机跳闸事故现象

（1）机组负荷到零。

（2）DCS 上“汽机远方跳闸”声光报警。

（3）DEH 上“脱扣”、“解列”红灯亮。

（4）DEH 上实际转速指示值在下降。

（5）ETS 画面灯亮。

（6）DEH 上所有进汽阀阀位指示到零。

ETS 跳闸如图 7-6 所示。

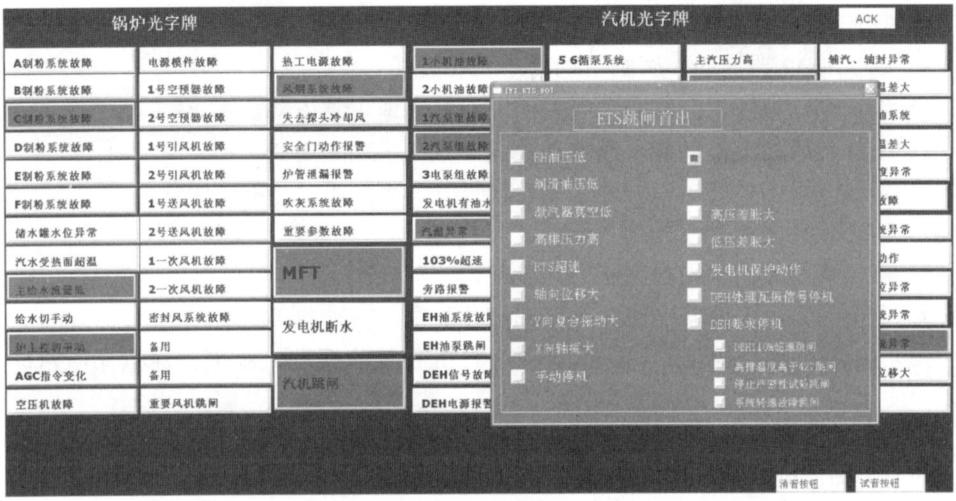

图 7-6 ETS 跳闸

2. 运行中汽机突然跳闸的原因

（1）凝汽器真空低于 80.9kPa。

（2）汽机转速大于 3330r/min。

（3）高压缸排汽温度大于 500℃。

（4）润滑油压小于 60%（0.15～0.18MPa）。

（5）调节油压小于 2.7MPa。

（6）汽机轴向位移小于–0.8mm 或大于 0.8mm。

（7）汽轮发电机组任一轴颈振动大于 0.254mm。

（8）锅炉 MFT 保护联动。

（9）发变组保护联动。

（10）DEH 电源失去。

（11）主控室、就地手动跳闸按钮误碰。

（12）发电机逆功率。

（13）DCS 来的跳闸条件。

（14）防火保护（主控室、就地、电子间）。

（15）氢油水来的跳闸条件。

（16）汽轮机瞬时应力超限。

（17）汽轮机控制器跳闸（各主要测点）。

（18）主油箱油位低于 200mm。

（19）轴承温度高于 120℃。

（20）高压缸鼓风摩擦保护大于 580℃。

（21）低压缸鼓风摩擦保护大于 120℃。

（22）凝器热井水位大于 3100mm。

3. 汽机突然跳闸的处理

（1）确认锅炉 MFT 保护动作正常，否则立即手动 MFT 保护。

（2）确认发电机跳闸，厂用电快切装置 CKQ 动作、厂用电由工作电源开关供电自动切换为备用电源开关供电。

（3）确认 BOP 自启动，否则手动启动。

（4）确认高、中压主汽阀和调阀关闭，汽机转速正常下降。

（5）确认各级抽汽电动截止阀自动关闭，否则手动关闭。

（6）确认汽机本体高、中压疏水阀自动打开，否则手动打开。

（7）检查除氧器和凝汽器的水位正常。

（8）停机后及时调整轴封汽压力和温度。

（9）危及设备及人身安全时，应立即破坏真空，按紧急停机处理。

（10）在转子惰走过程中，注意监视汽轮机各瓦的振动、温度；注意倾听汽轮机的声音。

（11）查清跳闸原因，汇报有关领导，做好再启动准备。

（12）人为原因引起汽机突然跳闸，则尽快恢复机组启动。

三、机组 RB

1. RB 动作现象

（1）相应的主要辅机跳闸报警。

（2）机组负荷指令受 RB 逻辑联锁控制并进行自动降负荷，条件满足时，发“机组 RB 动作”信号。

2. 设备跳闸机组控制系统发出 RB 动作信号

（1）单台送风机跳闸。

（2）单台引风机跳闸。

（3）单台一次风机跳闸。

（4）汽动给水泵 A 跳闸。

（5）汽动给水泵 B 跳闸。

（6）电动给水泵跳闸。

RB 动作如图 7-7 所示。

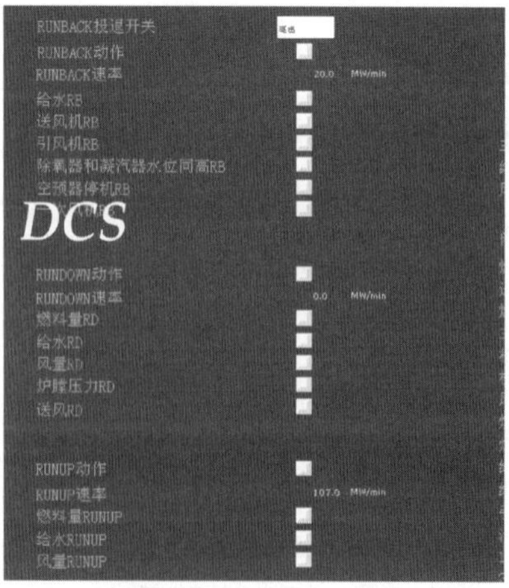

图 7-7　RB 动作

3. 机组任一台汽动给水泵运行中跳闸的RB动作逻辑

（1）当机组负荷小于300MW时，发出故障报警，RB不动作。

（2）如果机组负荷在300～480MW之间，任一台汽动给水泵运行中跳闸，RB逻辑动作为：

1）发出电泵启动信号。

2）电泵自启动成功，不发RB信号，机组仍为协调控制。可依据机组工况进行给水量调整。保持汽、电泵并列运行。锅炉主控指令强制负荷指令不大于480MW。

3）如果电泵自启动不成功，机组发RB信号，机组控制方式切为机跟随。自动按顺序停磨，最终保留下三层磨运行，投运E磨等离子点火器或未跳闸两层制粉系统油层自启动。锅炉主控指令强制将负荷指令减至300MW，300s后自动释放。

（3）如机组负荷在480～600MW之间，任一台汽动给水泵运行中跳闸，RB逻辑动作为：

1）自动联启电泵。

2）电泵自启动成功，发出RB信号，机组仍为协调控制。自上向下自动停运磨煤机，保留下四层制粉系统运行。锅炉主控指令强制至480MW，300s后释放后由RB指令维持在480MW运行。

3）如果3s后电泵未自启动，机组控制方式切为机跟随。自动按顺序停磨，最终保留下三层磨煤机运行，投运E磨煤机等离子点火器或未跳闸两层制粉系统油层自启动锅炉主控指令强制将负荷指令减至300MW，300s后自动释放。

4. 引、送、一次风机任一台跳闸的RB动作逻辑

（1）机组负荷在高于300MW负荷，发出RB信号。

（2）锅炉主控指令强制至300MW，释放后由RB指令维持在300MW运行。机组发出RB动作信号，自动由“机炉协调”控制切换为“机跟随”方式。

（3）自动按顺序停磨，最终保留下三层磨运行，投运E磨等离子点火器或未跳闸两层制粉系统油层自启动。

5. 机组RB处理原则

（1）任一汽泵跳闸后应立即检查电泵自启动是否正常，并监视自动并泵程序，必要时进行手动干预。检查机组控制方式切换是否正常，否则立即手动切换。

（2）检查实际负荷已至RB动作设定值，否则立即手动将机组负荷降至RB要求值。

（3）密切注意给水量及燃煤量，维持水煤比在7.0左右，调整中间点温度在正常范围内。同时注意对汽压、汽温的调整。

（4）检查机组真空、振动、胀差、轴向位移和推力轴承工况的变化。

（5）调整锅炉燃烧，维持炉膛压力正常，确认E磨煤机等离子点火器或未跳闸制粉系统油层自启动，否则手动投运。

（6）调整机组运行工况，使其稳定在新的负荷点上。

（7）查明RB动作原因，如跳闸设备误动，立即恢复。

（8）如跳闸设备确有故障，将其隔离，通知检修处理。

（9）如检查未发现明显故障，可试启一次跳闸设备。

（10）故障消除后，尽快恢复机组正常运行方式。

任务二 锅炉事故及处理

一、水冷壁泄漏、爆管

1. 水冷壁泄漏、爆管现象

（1）给水流量不正常地大于蒸汽流量。

（2）炉膛负压瞬时偏正且不稳定。

（3）炉管泄漏检测装置报警。

（4）炉膛不严密处可能向外喷烟气和水蒸气，并有明显泄漏声。

（5）主蒸汽压力下降。

（6）泄漏点后各段烟气温度下降，排烟温度降低。

（7）锅炉燃烧不稳定火焰发暗，严重时引起锅炉灭火。

（8）引风机投自动时，静叶开度不正常地增大、电流增加。

2. 水冷壁泄漏、爆管现象原因

（1）管内结垢超温。

（2）管内腐蚀。

（3）燃烧方式不当，火焰偏斜。

（4）管内有异物，水循环不良。

（5）管壁长期超温运行。

（6）吹灰器内漏或未正常退出，蒸汽吹破炉管。

（7）管材质量不合格，焊接质量不良。

（8）水冷壁结焦或磨损。

（9）大块焦砸坏水冷壁管。

（10）锅炉长期超压运行。

（11）锅炉启动升温、升压速度过快。

（12）管材老化失效。

3. 水冷壁泄漏、爆管处理

（1）投油助燃，稳定燃烧，控制炉膛负压正常。

（2）水冷壁泄漏不严重，尚能维持燃烧时，可以降低压力、负荷短时运行，同时向公司领导汇报。

（3）若水冷壁爆管，虽降低负荷、压力仍不能维持运行，汇报调度及公司生产领导，申请紧急停炉。

（4）其余按 MFT 紧急停炉处理。

二、省煤器泄漏、爆管

1. 省煤器泄漏、爆管现象

（1）炉管泄漏检测装置报警。

（2）给水流量不正常地大于主蒸汽流量。

（3）省煤器两侧烟气温差变大，泄漏侧排烟温度下降。
（4）烟道负压变小。
（5）空气预热器两侧出口风温偏差大，且风温降低。
（6）省煤器爆管处有泄漏声，并从不严密处可能冒蒸汽和烟气。
（7）烟道下部不严密处可能漏灰、水。
（8）投自动的引风机电流增大。

2. 省煤器泄漏、爆管原因

（1）管内腐蚀。
（2）飞灰磨损使管壁变薄。
（3）管材质量不合格，焊接质量不良。
（4）管内有杂物堵塞。
（5）省煤器长期超压运行。
（6）吹灰不当造成管壁磨损。
（7）运行中发生断水、严重缺水、超温。
（8）尾部烟道发生二次燃烧，使省煤器管壁过热。

3. 省煤器泄漏、爆管处理

（1）省煤器泄漏不严重，可以降低压力、负荷短时运行，同时向公司领导汇报。

（2）若省煤器爆管，虽降低负荷、压力仍不能维持运行，汇报调度及公司生产领导，申请紧急停炉。

（3）其余按 MFT 保护按钮紧急停炉处理。

三、过热器泄漏、爆管

1. 过热器泄漏、爆管现象

（1）炉管泄漏检测装置报警。
（2）给水流量不正常，大于蒸汽流量。
（3）炉膛负压瞬时偏正且不稳定。
（4）过热器爆管侧有泄漏声，不严密处可能向外冒蒸汽。
（5）主蒸汽压力下降。
（6）过热器爆管侧排烟温度下降。
（7）投自动的引风机电流不正常地增大。
（8）低温过热器爆管，主蒸汽温度升高。
（9）过热器、再热器两侧汽温偏差增大。

2. 过热器泄漏、爆管原因

（1）过热器管内结垢、热偏差等，引起管壁长期超温。
（2）飞灰磨损造成管壁减薄。
（3）受热面积灰结焦使管壁过热。
（4）过热器区域发生二次燃烧。
（5）管材质量不合格，焊接质量不良。
（6）过热器管内有杂物。

（7）吹灰器使用不当造成管壁磨损。

（8）过热器管内水塞引起局部过热，或交变应力引起疲劳损坏。

（9）锅炉启动升压、升温速度过快。

（10）锅炉长期超压运行。

（11）管内腐蚀。

（12）管材老化失效。

3. 过热器泄漏、爆管处理

（1）投油助燃，稳定燃烧，控制炉膛负压正常。

（2）过热器泄漏不严重，尚能维持燃烧时，可以降低压力、负荷短时运行，同时向公司领导汇报。

（3）若过热器爆管，虽降低负荷、压力仍不能维持运行，汇报调度及公司生产领导，申请紧急停炉。

（4）其余按 MFT 紧急停炉处理。

四、再热器泄漏、爆管

1. 再热器泄漏、爆管现象

（1）炉管泄漏检测装置报警。

（2）再热蒸汽压力下降，再热蒸汽流量下降。

（3）炉膛负压瞬时偏正且不稳定。

（4）泄漏点后的再热管壁严重超温，泄漏点前壁温下降。

（5）再热器泄漏侧排烟温度下降。

（6）再热器泄漏点有泄露声，不严密处向外冒蒸汽。

（7）投自动的引风机电流不正常地增大。

（8）过热器、再热器两侧汽温偏差增大。

2. 再热器泄漏、爆管原因

（1）过热器管内结垢、热偏差等，引起管壁长期超温。

（2）再热器长期超压运行。

（3）管材质量不合格，焊接质量不良。

（4）受热面积灰结焦使管壁过热。

（5）再热器区域发生二次燃烧。

（6）管内有杂物堵塞。

（7）飞灰磨损使管壁变薄。

（8）吹灰器使用不当。

（9）管壁腐蚀。

（10）管材老化失效。

3. 再热器泄漏、爆管处理

（1）投油助燃，稳定燃烧，控制炉膛负压正常。

（2）再热器泄漏不严重，尚能维持燃烧时，可以降低压力、负荷短时运行，同时向公司领导汇报。

（3）若再热器爆管，虽降低负荷、压力仍不能维持运行，汇报调度及公司生产领导，申请紧急停炉。

（4）其余按 MFT 紧急停炉处理。

五、尾部烟道二次燃烧

1. 尾部烟道二次燃烧现象

（1）尾部烟道二次燃烧部位及以后烟道温度急剧升高。

（2）炉膛、烟道内负压急剧变化，烟道不严密处冒烟气、火星。

（3）空气预热器电流摆动大，轴承、外壳温度升高，严重时发生卡涩。

（4）汽温、省煤器出口水温、热风温度不正常，温度升高。

（5）引风机静叶自动开大，引风机电流上升。

（6）如在一侧燃烧时，两侧烟温差增大。

2. 尾部烟道二次燃烧原因

（1）风煤不匹配，燃烧不完全。

（2）油燃烧器燃烧或雾化不良，使未燃尽的油滴沉积在烟道内。

（3）锅炉低负荷运行时间过长，炉内温度过低或过剩空气量太小造成煤粉或油燃烧不完全在尾部积聚。

（4）停炉后燃料漏入炉内并在尾部积聚或停炉及 MFT 后炉膛吹扫不充分使未燃尽的煤粉或油在尾部积聚。

（5）吹灰器故障，长期投运不正常。

3. 尾部烟道二次燃烧处理

（1）轻微二次燃烧时，排烟温度不正常升高 20℃以内时应立即检查各段烟温，判断二次燃烧部位并进行蒸汽吹灰。

（2）停止上部燃烧器运行，调整燃烧使火焰中心下移。

（3）尾部烟道发生严重再燃烧并威胁锅炉设备安全时应立即停炉。

（4）停炉后停止送、引风机运行，保持空气预热器运行，关闭各风烟挡板并进行蒸汽吹灰灭火。

（5）待再燃烧现象消除，烟道内温度不再上升并趋稳定下降时，方可缓慢调节风、烟挡板，进行必要的通风冷却和吹扫。

（6）空气预热器发生二次燃烧，按相应规定处理。

4. 尾部烟道二次燃烧运行中防止二次燃烧的措施

（1）锅炉点火前应对锅炉进行 30%额定风量吹扫；锅炉灭火后必须对锅炉进行不少于 5min 的 30%额定风量吹扫，否则不准锅炉重新点火。

（2）精心调整锅炉制粉系统和燃烧系统运行工况，防止未完全燃烧的油和煤粉存积在尾部受热面或烟道上。

（3）锅炉烧油时，应调节合适的风量、燃油流量及雾化蒸汽压力，确认油枪雾化良好、燃烧完全。若发现油枪雾化不好应立即停用，并进行清理。

（4）在应用油层进行投粉时， 投粉前应确认各油层各燃烧器着火良好，否则不准投粉。

（5）锅炉在油粉混燃期间，应加强对燃油系统及油枪着火情况的检查，防止运行中发生油层缺角燃烧。

（6）正常运行中，运行人员注意监视省煤器、空气预热器烟道在不同工况下的烟温，发现异常，应就地检查及时发现火情。

（7）空气预热器出入口烟/风挡板，应能电动投入且挡板能全开、关闭严密。

（8）若发现预热器停转，应立即重新冲转，若无法重新转动，应将其隔离。

（9）锅炉点火后应加强预热器吹灰，10%负荷前应投连续吹灰，10%负荷后每 8h 吹灰一次。

（10）若锅炉较长时间低负荷燃油或煤油混燃，可根据具体情况利用停炉对空气预热器受热面进行检查，重点是检查中层和下层传热元件；若发现有垢时要碱洗。

（11）锅炉停炉 1 周以上时，必须对空气预热器受热面进行检查，若有存挂油垢或积灰堵灰现象，应及时清理并进行通风干燥。

（12）预热器正常吹灰应使用辅汽吹灰。

六、主蒸汽温度异常

1. 主蒸汽温度异常现象

（1）主汽温度高于 582℃或低于 560℃报警。

（2）主汽温度快速变化时，汽机轴向位移、差胀等有异常变化。

（3）若蒸汽带水，机组会发生水冲击。

（4）DCS 画面显示主汽温度异常。

2. 主蒸汽温度异常原因

（1）燃料与给水比例失调，分离器出口温度异常。

（2）煤质影响或燃烧工况变化，如升降负荷过快；投停磨煤机及制粉系统异常；增减风量幅度过大等。

（3）炉膛火焰中心改变，如炉底水封破坏、制粉系统层次变化等。

（4）减温水控制失灵，使减温水流量不正常地减小或增大。

（5）给水温度突变降低。

（6）风煤不匹配。

（7）受热面二次燃烧。

（8）炉膛严重结焦。

（9）受热面泄漏、爆管。

（10）烟气挡板开度不正常。

3. 主蒸汽温度异常处理

（1）自动装置失灵时，应立即将其切至手动，手操调节使之恢复正常。

（2）修正分离器出口温度过热度。

（3）适当改变水煤比，并及时调整风量。

（4）设法调节减温水量。

（5）调节烟气挡板至适当开度。

（6）若汽温异常是由于受热面泄漏、爆管或烟道内可燃物二次燃烧引起，除按汽温过高处理外，还应分别按相应规定处理。

（7）按规定对炉膛水冷壁进行吹灰，判断为锅炉受热面污染严重时，应增加炉膛吹灰次数。

（8）加强对汽轮机膨胀、胀差、轴向位移，轴振及轴瓦温度的监视，若出现异常，按相应规定处理。

（9）采取上述措施后，如果主汽门前主汽温度仍继续升高至585℃持续15min以上，或超过596℃，应故障停机。

（10）主汽门前主汽温度3min内急剧降低了70℃时，应故障停机。在负荷大于300MW时主汽温度低至474℃或负荷在300MW以下，汽温低至460℃时，应故障停机。

任务三 汽轮机事故及处理

一、真空下降

1. 真空下降的现象

（1）DCS界面真空指示下降。

（2）DCS低压缸排汽温度指示上升。

（3）光字牌上“凝汽器真空低”声光报警（图7-8）。

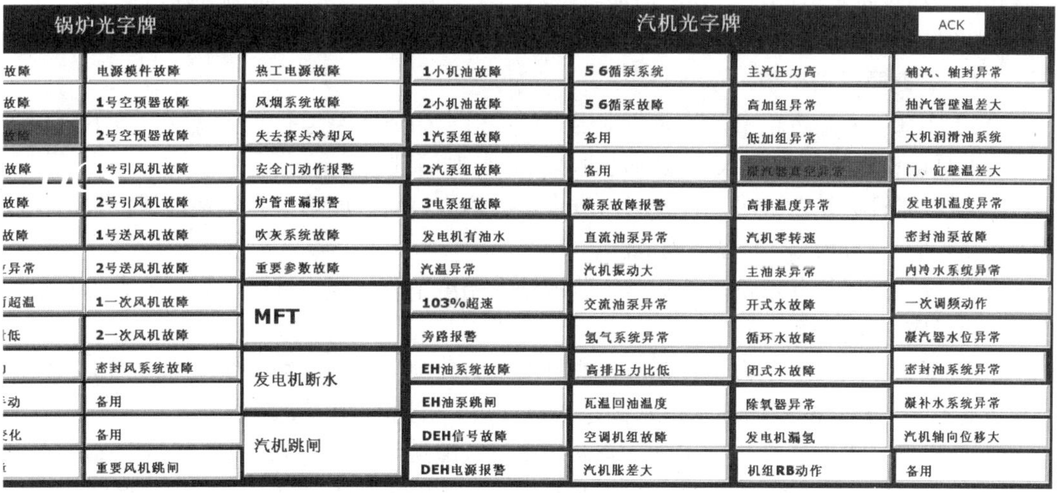

图7-8 凝汽器真空低

（4）凝结水温度不正常，温度上升。

（5）相同负荷下蒸汽流量增加，主蒸汽压力升高。

（6）机组优化系统真空耗差不正常升高。

2. 真空下降的原因

（1）真空系统管道和设备损坏、泄漏。

（2）循环水泵故障跳闸后备用泵未自启。

（3）备用循环水泵出口阀被误开或循环水联络阀被误关造成循环水量减少。

（4）轴封汽压力下降或中断。

（5）真空泵水位异常、真空泵冷却器脏污、运行真空泵进口气动蝶阀误关闭或备用真空泵进口气动蝶阀误开启。

（6）凝汽器热井水位过高。

（7）凝汽器管板脏污。

3. 真空下降时的处理

（1）发现真空下降时，应迅速核对就地真空表指示及 LCD 真空显示读数，核对汽机排汽温度的变化，只有在真空下降，同时排汽温度也相应上升情况下，才属于汽机真空真正下降。

（2）真空下降时，运行人员应迅速查明原因，检查备用真空泵自启动，否则手动启动备用真空泵，并根据真空下降情况降负荷处理。

（3）当凝汽器真空下降到 84.4kPa，LCD 上“凝汽器真空低”声光报警，应“手动”关闭高调阀快速降低负荷直到报警消失。

（4）在真空下降过程中，应密切监视低压缸排汽温度，当低压缸排汽温度达 80℃时，确认低压缸喷水阀打开；若排汽温度达 120℃，则脱扣停机。

（5）当真空下降到 80.9kPa，LCD 上出现“高、低压凝汽器真空低”声光报警时，汽机保护应自动脱扣；否则手动脱扣汽机，按故障停机处理。

（6）因真空系统管道或设备损坏而造成真空下降时，除按正常处理外，应立即隔绝故障部分系统和设备。若隔绝无效，但能维持汽机一定真空时，应汇报领导研究处理，真空不能维持时则减负荷停机。

（7）检查循环水系统：

1）循环水压力是否正常，若循环水压力低，检查循环水泵运行是否正常，若不启动备用循环水泵，检查循环水泵入口滤网是否堵塞，及时清理。

2）凝汽器管板是否脏污，若凝汽器进水压力增大，受热度增大真空逐渐下降，则管板脏污，此时应进行凝汽器半边解列清洗。

3）检查凝汽器热井水位是否正常，若凝结水温度下降，真空逐渐下降，则为热井水位过高，此时应设法恢复水位正常。

4）检查循环水出水压力是否正常，若出水压力异常上升同时循环水受热度增大，则循环水回水不畅，检查凝器循环水出水阀是否被误关，并进行相应处理。

5）检查循环水泵运行是否正常，若循环水泵故障跳闸，引起凝汽器真空下降，一台循泵故障脱扣则人为降低机组负荷，调整循环水联络阀开度，通知另一机组相应调整循环水量，确保凝汽器真空在 84.4kPa 以上；两台循泵同时故障脱扣或循环水中断时，应立即脱扣汽机，按循环水中断处理。

6）检查运行循泵出口阀是否误关、备用循泵出口阀是否误开，若有误关(或误开)应立即恢复正常。

（8）检查轴封系统：

1）轴封母管压力是否正常，若压力低，检查轴封二路汽源和溢流阀门是否正常，及时调整轴封汽压力值至正常，因某种原因造成轴封汽中断时，如真空急速下降，则应立即脱扣，如真空下降缓慢，则采取措施恢复轴封汽。否则，减负荷直至停机。控制气失去时，应维持轴封汽母管压力正常。若轴封汽失去时，应注意监视汽机负差胀，不得超过限额值，否则应立即脱扣停机。

2）若轴加风机故障脱扣，或轴加负压低，启动备用风机，检查轴加 U 形水封是否破坏，水位是否高；若两台轴加风机均不能运行时，且不能在短时间内恢复，应严密监视机组真空和差胀变化情况。

3）如果轴加严重泄漏，不能维持轴封系统运行时，汇报领导，申请停机。

（9）检查真空泵运行状况：

1）检查真空泵水位是否正常，若不正常应手动调节至正常。

2）检查真空泵冷却器是否脏污，若脏污则进行清洗。

3）检查运行真空泵进口蝶阀是否误关，若误关设法将其打开。

4）检查备用真空泵进口蝶阀是否误开，若误开设法将其关闭。

（10）检查真空破坏阀是否误开，若误开立即关闭；真空破坏阀水封是否正常，若不正常应手动调节至正常。

二、汽机振动大

1. 振动大现象

（1）光字牌上声光报警。

（2）DEH—TSI 轴颈振动显示 *X*、*Y* 方向同时增大、报警（图 7-9）。

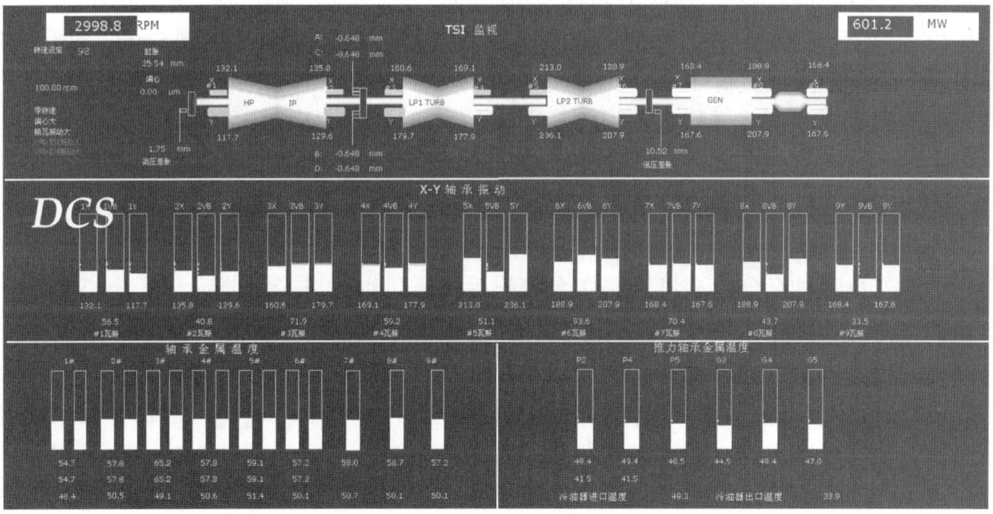

图 7-9　TSI 监视

（3）就地检查振动明显增大。

2. 振动增大的原因

（1）机组升速中发生油膜振荡。

（2）汽机启动过程中，暖机不充分或滑销系统膨胀不畅引起振动。

（3）启动和运行中轴弯曲或差胀超过规定值。

（4）由于运行状态的剧烈变化，使轴向推力异常变化，动静间隙的消失而引起动、静摩擦。

（5）断叶片或汽机内部部件损坏脱落。

（6）汽机进冷汽、冷水或水冲击。

（7）润滑油压严重下降，使轴承油膜破坏或供油中断。

（8）油温过高，使轴承油膜破坏。

（9）真空下降引起汽机中心偏移，或末级叶片振动。

（10）因发电机磁场不平衡或风叶脱落等，发电机、励磁机方面原因造成的机组振动。

（11）发电机两侧氢冷器冷却水流量不均，导致发电机两侧壳体温度偏差大。

（12）密封油空/氢侧油温偏差过大，造成密封油/氢气差压波动。

（13）运行中高压主汽阀、调节阀突然全关。

3. 机组振动的处理

（1）在启动过程中，进行如下处理：

1）当机组转速在 600r/min 以下，偏心度大于 0.076mm 时，应降速到零，进行盘车直到偏心度低于 0.076mm 时，方可启动。

2）汽机转速大于 600r/min 时，当振动达到报警值 0.127mm 时，应停止升速，保持 15min，观察振动情况，若振动无下降，则降低转速 200r/min，保持 15min，再观察，若仍无下降，则继续降速观察，直至振动下降稳定在报警值之下。此时，增加 200r/min，保持 15min，当振动正常后，方可继续升速，在降低转速过程中，如转速必须下降到 650r/min 以下时，则转为监视偏心度。

3）禁止将汽机转速停留在临界转速范围之内。

（2）在负荷控制过程中，当振动达到报警值时，停止升负荷，保持 15min，进行观察，若振动无下降，则降低负荷 10%，再保持 15min，若仍无下降，则继续下降 10%负荷，保持 15min，直到振动下降并稳定在报警值之下，方可恢复到所需带的负荷。在降负荷过程中，若负荷必须降到 5%以下时，将汽机脱扣。此过程中，一旦振动大于 0.254mm，保护未动时，手动脱扣汽机，按紧急停机处理。

（3）机组冷态启动时，当发现属于滑销系统膨胀不畅引起机组振动增大时，要保持机组负荷稳定，待暖机充分，汽机缸胀完全胀出后，方可继续升带负荷。

（4）汽机在运行中因某种原因可能发生动、静叶片断落，振动异常增大，并能听到汽机内部有金属碰撞声，此时应立即脱扣汽机，并破坏真空；不论振动有何变化，发现汽机内部有金属碰击或摩擦声，应立即脱扣破坏真空停机，并不准再启动。运行中发现轴封有明显摩擦声，甚至冒火花时，也应立即脱扣破坏真空停机。

（5）检查轴承金属温度及润滑油温、油压是否正常，不正常则进行调整，当轴承温度达 112℃时，则紧急停机。

（6）检查密封油空/氢侧油温是否正常，否则将其调整正常。

（7）检查差胀与转子位置。运行中差胀异常增大时，必须立即查明原因，予以消除。停机过程中，负差胀接近跳闸时，采用提前破坏真空，真空到零后，可继续送轴封汽盘车，直到负差胀开始下降为止。

（8）若发现由于发电机三相电流不平衡引起的振动，应降低机组负荷，查明发电机三相电流不平衡的原因，予以消除；若属发电机内部局部过热，产生质量不平衡而引起振动，应立即降负荷、降励磁电流，控制振动值不超限，然后查明原因，予以消除；若属氢冷却器冷却水流量不均，导致两侧氢温偏差产生振动时，应调整氢冷器冷却水流量，使两侧氢温相等。

（9）检查汽机有关进汽阀是否误关，若误关应设法恢复或采取降负荷措施降低振动。

三、轴承温度高

1. 轴承温度高现象

（1）光字牌显示轴承温度高、报警。

（2）DCS 回油温度指示和就地轴承回油温度指示升高。

2. 轴承温度升高的原因

（1）冷油器冷却水中断或冷油器脏污导至润滑油温异常升高。

（2）轴承进出油管路堵塞。

（3）轴承动静摩擦。

（4）轴封漏汽大。

（5）机组剧烈振动。

（6）轴承本身损坏。

（7）润滑油压力低或油质不合格。

（8）盘车时，顶轴油压失去。

（9）运行中高压主汽阀、调节阀突然全关。

3. 轴承温度升高的处理

（1）发现轴承金属温度及回油温度均比正常升高时，运行人员应立即核实下列数据：

1）同一轴承 DEH 温度指示、现场回油温度指示全部升高。

2）各轴承温度均升高时，应核实冷油器出口油温、油压及汽机振动变化情况。

3）现场监听轴承内部声音。

（2）若证实轴承温度异常升高，应迅速降低负荷，并汇报调度及有关人员。

（3）若润滑油温偏离额定值，应调节润滑油温正常。

（4）若轴封压力高，轴封漏汽大，检查轴封汽调节阀，调整轴封压力至正常值。

（5）任一轴承温度升高达 107℃以上，回油温度达 77℃，光字牌上声光报警，经处理无效，轴承温度继续升高达 112℃或回油温度达 82℃时，应按故障停机处理。

四、轴向位移增大

1. 轴向位移增大的现象

（1）光字牌显示报警。

（2）DCS 上“推力轴承磨损大”声光报警。

（3）推力轴承温度异常升高。

2. 轴向位移增大的主要原因

（1）负荷或蒸汽流量骤变。

（2）汽轮机进冷汽、冷水。

（3）推力瓦块磨损。

（4）叶片严重结垢。

（5）叶片脱落。

（6）汽机过负荷。

（7）凝汽器真空异常变化。

（8）汽机发生强烈振动，使平衡鼓汽封片磨损严重，失去平衡作用。

3. 发现推力轴承温度异常升高，运行人员应核对

（1）TSI 和 DCS 推力轴承金属温度指示及回油温度指示是否全部升高。

（2）细听推力轴承内部及汽机内部是否有摩擦声。

（3）冷油器出口油温与油压是否正常。

（4）汽机是否异常振动。

（5）汽机轴向位移变化是否与正常负荷变化相适应。

4. 轴向位移增大时处理

（1）负荷与蒸汽流量骤变，应迅速稳定负荷、调整主蒸汽参数至正常值。

（2）申请调度降负荷，直至轴向位移恢复正常。

（3）轴向推力异常增大时，切除 AGC、一次调频，禁止负荷调节。

（4）如机组轴向位移上升，并伴有不正常响声、剧烈振动则应紧急停机。

（5）当推力轴承任一侧回油温度大于 77℃，推力轴承金属温度达 98.9℃时，DEH—LCD 和 DCS—LCD 发出声光报警；当推力轴承温度异常升高到 107℃，应立即脱扣汽机并破坏真空。

（6）轴向位移指示小于–0.8mm 或大于 0.8mm 时汽机应自动脱扣，否则手动脱扣。

五、汽轮机进冷汽、冷水

1. 汽机进冷汽、冷水现象

（1）主蒸汽或再热蒸汽温度指示急骤下降。

（2）严重进冷汽冷水时，主汽阀、调阀的阀杆、阀盖、法兰处、汽机轴封部、汽缸接合面等将冒出白色蒸汽。

（3）加热器满水，光字牌发声光报警。

（4）推力轴承温度升高、轴向位移异常增大。

（5）机组振动增加，严重时发生强烈振动。

2. 汽机进冷汽、冷水的主要原因

（1）锅炉汽温控制失灵，造成主蒸汽、再热蒸汽温度急骤下降，甚至带水。

（2）煤水比严重失衡，保护拒动。

（3）加热器满水，而加热器保护失灵或抽汽逆止阀卡涩关闭不严密。

（4）轴封汽温度调节失灵，冷汽、冷水进入汽机轴封部位。

（5）汽机高、中压缸疏水不畅。

（6）7 号、8 号低加满水直接进入低压缸。

（7）凝汽器水位控制失灵，凝汽器满水。

（8）高旁减温水阀不严、内漏。

3. 汽机进冷汽、冷水时的处理

（1）汽机进冷汽、冷水时，应首先切断水源，手动打开有关疏水控制阀，加强疏水，

直到事故源完全消失为止。同时严密监视推力轴承金属温度及回油温度、轴向位移、高低压缸差胀、振动的变化。

（2）运行中发现主汽、再热汽管道，法兰、阀门密封环、高中压缸汽缸接合面有白色蒸汽冒出时，立即脱扣，按紧急停机处理。

（3）如因加热器满水、抽汽管进水，而加热器保护未动时，应立即关闭其抽汽电动阀，手动强开其事故疏水，并视加热器水位变化趋势决定是否将给水切为旁路运行。

（4）汽轮机进水脱扣时，必须详细记录惰走时间，倾听机组内部声音，注意推力轴承温度、轴向位移及振动等，以确定机组是否可以再次启动。惰走时间明显缩短、或在惰走中听到内部有摩擦声或脱扣前后发生强烈振动，禁止再启动。

（5）汽机惰走结束投盘车时，要特别注意盘车电流是否增大，转子变形严重或内部动静部分摩擦盘车盘不动时，严禁强行盘车，应关闭所有疏水、采用“闷缸”方式处理。

（6）汽轮机进水紧急停机后，必须连续盘车24h以上。

（7）在汽轮机重新启动过程中应注意监视轴向位移、差胀、振动等控制指标及汽机本体的有关蒸汽管道的疏水情况，发现有异常声音与动静摩擦，应立即破坏真空停机。

六、调节油系统故障

1. 调节油系统的主要故障

（1）调节油油压下降。

（2）主油箱油位降低。

（3）润滑油油温高。

2. 调节油油压下降时的现象

（1）光字牌上“调节油压低”声光报警。

（2）就地油压表指示调节油压低。

3. 调节油压下降的原因

（1）主油箱油位过低。

（2）调节油系统泄漏。

（3）调节油系统过压阀故障。

（4）调节油泵出口滤网差压大。

（5）调节油泵故障。

（6）蓄能器组件中过压阀故障。

4. 主油箱油位下降的现象

（1）光字牌画面油位指示下降，“主油箱油位低”声光报警。

（2）主油箱就地油位指示下降。

5. 润滑油油温高现象

（1）光字牌润滑油温指示升高。

（2）润滑油就地油温指示升高。

6. 调节油温高的原因

（1）主冷油器脏。

（2）主冷油器冷却水管堵。

（3）润滑油、调节油在线过滤装置长期投运。

7. 调节油系统故障时的处理

（1）当调节油压降至3.6MPa时，调节油备用泵应自启动，否则在DAS画面手动启动调节备用泵。

（2）当润滑油温高于 48℃时，则检查主冷油器运行工况，必要时联系维修人员清理冷油器。

（3）检查调节系统有无泄漏，如有泄漏，在保持调节油压前提下，隔离泄漏点，联系维修处理。

（4）就地检查调节油过压阀动作情况，若动作不正常，联系维修处理。

（5）在DCS画面检查有无调节油泵出口滤网差压高报警，若差压高，则切至备用滤网，联系维修清洗滤网。

（6）检查调节油泵出口压力，若出口压力低，则启动备用调节油泵，停止运行泵，联系维修处理。

（7）当调节油系统严重泄漏无法隔离时，应立即将汽机脱扣，并停止调节油泵运行。

（8）调节油压降至2.7MPa，汽机应自动脱扣、否则手动脱扣汽机。

七、润滑油系统故障

1. 润滑油系统故障

（1）润滑油压力下降。

（2）润滑油箱油位降低。

（3）润滑油温高。

2. 润滑油压力下降的现象

（1）光字牌上“汽机轴承润滑油压力低”声光报警。

（2）光字牌显示轴承金属温度及回油温度上升。

（3）光字牌画面和就地润滑油压力指示下降。

3. 润滑油压力下降的原因

（1）主油泵工作不正常。

（2）压力油管泄漏。

（3）冷油器泄漏。

（4）主油箱油位低。

（5）BOP、EOP出口逆止阀不严。

（6）油压调节阀在运行中自动变更。

（7）润滑油滤网堵塞、差压高。

（8）润滑油温异常升高。

（9）盘车期间，BOP故障。

4. 润滑油箱油位下降的现象

（1）光字牌画面油位指示下降。

（2）主油箱就地油位指示明显下降。

（3）润滑油压力下降（油管破裂时）。

5. 润滑油箱油位下降的原因

（1）主冷油器泄漏。

（2）润滑油系统泄漏或有关放油阀内漏。

（3）润滑油净化装置放水阀误开跑油。

6. 润滑油油温高的现象

（1）光字牌油温指示升高。

（2）润滑油系统就地油温指示升高。

7. 润滑油油温高的原因

（1）冷却水调节阀故障误关。

（2）主冷油器脏污。

8. 润滑油系统故障时的处理

（1）润滑油压下降时，应迅速查明原因。

（2）当油压下降到 60%(1.5～1.8MPa)时，BOP 应自启动；当油压下降到 40%(1.5～1.8MPa)时，EOP 应自启动，否则手动启动。

（3）润滑油压下降时，运行人员应立即检查各轴承金属温度、回油温度，发现轴承金属温度及回油温度异常升高达到跳闸值时，应立即脱扣并破坏真空停机。

（4）检查主油箱油位。如油位低应启动润滑油输送泵，向主油箱补油，并注意油位变化，如因油管道大量漏油而造成油压下降、油位异常降低且无法控制时，立即脱扣紧急停机，同时应向主油箱补油，以保证汽机安全停机。

（5）检查主油泵进、出口压力，若是主油泵工作失灵，联系维修处理。

（6）检查润滑油滤网差压是否正常。若差压大于 0.04MPa 确认自动旁路阀打开，切换滤网，通知维修人员清洗滤网。

（7）在停止 BOP 或 EOP 时应特别注意润滑油压变化，若 BOP 或 EOP 出口逆止阀不严，造成润滑油压异常下降时，应立即重新启动 BOP 或 EOP 运行，并汇报有关领导研究处理。

（8）润滑油压低至 40%(1.5～1.8MPa)时，汽机应自动脱扣，否则手动脱扣汽机，按紧急停机事故处理。

（9）启动过程中，因 BOP 故障而造成润滑油压下降时，应立即启动事故油泵 EOP 并脱扣汽机，待故障消除后，方可再启动。

（10）主油箱油位异常下降时，除向主油箱补油外，还应进行如下处理：

1）对主冷油器进行查漏，若是冷油器泄漏，应迅速切换至备用冷油器，并隔绝故障冷油器。

2）检查润滑油净化装置放水阀是否误开跑油。

3）检查润滑系统是否有泄漏、有关阀门是否有内漏，并做相应处理。

（11）当润滑油温异常升高时，可进行如下处理：

1）检查主冷油器调节器定值和冷却水调节阀动作是否正常。若不正常，可打开冷却水手动旁路阀控制油温，联系维修处理。

2）检查主冷油器是否脏污。若主冷油器脏污，应立即切换至备用冷油器，通知维修清理冷油器。

任务四　电气事故及处理

一、电气事故处理原则

事故处理时应头脑清醒，迅速果断，牢固树立保人身和保主设备的意识。迅速限制事故发展和避免事故扩大，消除事故根源并解除对人身和设备的危险。尽力保持和尽快恢复厂用电。准确判断事故原因，果断进行处理。统筹兼顾全厂，使其尽快恢复正常或把事故缩小到最小影响范围，调整全公司出力，尽力保持全公司总负荷不变。及时汇报有关领导、部门，必要时保护好现场，以便事故分析。

二、发电机紧急停运

发生以下情况之一，发电机可以紧急停运：

（1）必须停机才能避免的人身和设备事故。

（2）发电机振动大大超过允许值。

（3）发变组内部冒烟、着火或爆炸。

（4）发电机有明显的故障特征，保护该动作跳闸而拒动者。

（5）定子线棒温差达 14℃或定子引水管出水温差达 12℃，或任一定子槽内层间测温元件温度超过 90℃或出水温度超过 85℃时，在确认测温元件无误后，应立即停机。

三、机组主开关跳闸的处理

1. 现象

发电机有功、无功、定子电流指示到零，掉闸开关绿灯闪光，光字牌显示故障类型。

2. 处理

（1）检查 6kV 厂用电快切成功，复归各开关闪光信号。

（2）启动交流润滑油泵。

（3）若 6kV 厂用电快切未成功，不能盲目强合备用开关，必须确保厂用分支开关在断位、没有本段保护动作信号并且备用分支开关指示灯正常的情况下，强合备用电源开关，恢复厂用电正常。

（4）若 MK 开关、6kV 厂用电工作电源未掉闸，应采取先拉后合的方法倒厂用电，并拉开 MK 开关。

（5）检查光字及保护动作情况，恢复各开关闪光，判别故障原因。

1）如确属人员误碰或保护误动引起，应汇报值长退出误动保护，尽快将发电机并入系统。

2）若为发变组内部故障引起保护动作掉闸，应根据光字牌及动作保护，对保护范围内的设备进行详细检查，并汇报值长，联系检修处理。

3）如为发变组外部故障引起，应对发变组设备进行检查，如未发现明显的故障点，设备又无异常，可对发电机变压器组零起升压，耐压 10min，无问题并得到总工程师批准后可将发电机并入系统。

四、6kV 厂用工作电源开关掉闸

1. 现象

喇叭响，掉闸开关绿灯闪光，根据故障类别出现光字。

2. 处理

（1）查 6kV 厂用电快切是否成功，若 6kV 厂用电快切成功，复归各开关闪光信号。

若 6kV 厂用电快切未成功，不能盲目强合备用开关，必须确保厂用分支开关在断位、没有本段保护动作信号并且备用分支开关指示灯正常的情况下，强合备用电源开关，恢复厂用电正常。若备用电源开关仍拒绝合闸而又无任何光字及故障特征，在主开在未跳闸情况下可强送工作电源开关一次。

（2）若强送备用电源后开关又掉闸，或强送工作电源后开关掉闸，这两种情况均可以认为母线故障或负荷故障保护未动或开关拒动引起的越级掉闸，应到配电室进行详细检查。

若查配电室无明显故障，应检查负荷开关有无保护动作而开关未掉的情况，若无此情况，此时应将故障母线所有负荷开关断开，断开母线 TV，对母线绝缘进行测量。若为母线故障，应将该段母线转为检修。

（3）未查出明显故障点时，应用备用电源开关向空母线试送电一次，若送电成功，则可能是越级造成的母线停电，所有负荷应按照先重要后次要的顺序，测量绝缘良好后分别送电。

若工作电源开关跳闸是工作变压器本身故障引起的，在恢复母线运行后，按变压器的事故处理进行。

（4）发电机运行中参数指示异常处理：

1）运行中发电机定子电流、转子电流、电压、有功、无功表及系统参数指示异常时，不能靠单一表计进行盲目调整，应参考相关表计进行调整。

2）有功表指示失常时，可根据定子电流、电压和无功表指示进行调整，并根据机炉蒸汽压力、流量有无明显变化，判断是否表计问题。

3）转子电流表指示异常时，可根据转子电压、无功表指示判断是否表计问题。

4）若 TV 二次回路故障引起发电机电压、有功、周波表指示失常，此时应监视定子电流、转子电流不得超限，禁止调压及调整有功负荷，通知检修处理。

5）若 TA 二次回路引起发电机定子电流、有功、无功表指示失常，此时应停止调速、调压，通知检修处理。

五、发电机失磁

1. 现象

发电机无功表反指，有功表指示降低；转子电压、电流表指示到零或有少许指示；定子电压表指示降低，定子电流表指示升高，并有周期性摆动。

2. 处理

如失磁保护动作跳闸，按发电机掉闸处理。发电机失磁后，如失磁保护未动作，运行人员立即将发电机解列，不允许维持发电机继续运行。查明原因，无异常后重新启动并列。

六、发电机定子冷却水系统故障

运行定子冷却水泵掉闸，备用泵不自投且手动抢合失败，当掉闸泵无明显故障时，应立即抢合掉闸泵一次，抢合无效，运行定子冷却水泵掉闸，备用泵应自动投入。如未自投时，应立即手合备用泵开关，并调整定子冷却水压力正常。

发电机定子冷却水断水。若断水 RB 投入则断水 RB 启动，以 300MW/min 速率减负荷，在 90s 内将负荷降至 18MW，允许继续运行 1h，若 1h 后冷却水不能恢复，断水保护动作停机；如在发电机断水后 30s 内负荷下降值小于 100MW 或 90s 内负荷未降至 45MW 时，断水保护动作停机。若 RB 不投，断水后 30s 断水保护停机。

定子冷却水冷箱水位急剧下降，应加强水箱补水，并检查定子冷却水系统放水门是否误开、水冷器是否泄漏，系统管道是否破裂等，检查发电机内部是否泄漏。

定子冷却水压力降低，应检查定子冷却水系统运行情况，滤网是否堵塞，系统管道是否漏水、阀门是否误关。

定子冷却水系统导电度大，通知化学进行化验。确证水冷器泄漏应进行切换，定子冷却水箱进行换水（换水期间应有专人监视水位）。

定子水冷泵出口压力低于 0.5MPa 备用泵自投，发电机内冷水进水压力低于 0.1MPa 或高于 0.3MPa 同时流量低于 15t/h 时，发电机断水。

七、发电机起励失败

1. 现象

起励命令发出后，8s 内发电机没有成功建压，调节器即判断起励失败，发“起励失败”信号、切除起励电源。

2. 处理

检查起励回路电源，转子回路，及碳刷磨损等情况。

（1）整流柜故障。

1）现象：当一台并联运行的整流柜故障，发报警信号，并闭锁整流柜的脉冲；当两台并联运行的整流柜故障，发报警信号，并闭锁整流柜的脉冲，限制强励。

2）处理：一台或两台整流柜故障，自动闭锁故障整流柜输出，联系检修检查处理（整流柜交、直流侧刀闸仅作为停机检修时设备断开点用，机组运行时禁止拉合整流柜交、直流侧刀闸）；如整流柜风机故障掉闸，30s 后闭锁该整流柜输出，联系检修处理。整流柜故障处理好后，复归人机接口站故障报警，按下该整流柜内脉冲控制板上复位按钮 3s 以上，将整流柜投入。三台同时或相继故障，则励磁系统故障保护动作停机。

（2）发电机强励动作。

1）现象：警铃响，出“强励动作”光字牌；无功、定子电流、转子电流、电压可能大幅度持续或断续上升；AVR 自动励磁调节器输出增加；“手动”自动跟踪作用解除。

2）处理：当系统内或其他并列运行的发电机发生事故，引起电压下降，发电机的自动励磁调节器强励动作增加到最大时，强励时间不允许超过 10s；当强励输出超过定值时，过励限制保护将动作，如果过励限制未动，应立即切至恒电流方式运行；如“强励动作”信号出现而系统正常，AVR 自动装置输出摆动时，应立即切至恒电流方式运行，汇报值长，联系检修进行处理，无问题后恢复自动状态。如果发电机和系统都无不正常情况而出现强励报警，可能是强励信号误报警，在复归信号后通知检修检查并消除。

（3）调节器 TV 断线。

1）现象：当调节器测量的机端 TV 二次电压小于 0.85 倍同步电压，调节器判断 TV 断线，随之自动从主通道切换为从通道运行；如果双通道发生 TV 断线，则调节器切到“恒流方式”运行。

2）处理：检查发电机端部 TV 回路，通知维护人员检查信号采集回路；处理过程中密切监视发电机励磁系统各参数；用万用表测二次保险是否熔断，若熔断可更换；若一次保险熔断，请示值长后再作处理，通知检修。

八、变压器温度过高

1. 现象

警铃响，出“变压器温度高”光字牌；上层油温表指示大于 75℃；油位可能升高；

2. 处理

检查变压器是否过负荷，冷却器工作是否正常，下部油温是否正常，变压器有无其他异常现象；与同样条件、同样负荷的变压器比较，如果相差超过 10℃或变压器本身负荷不变，且油温继续上升，应迅速降低负荷使油温低于 75℃，否则应将变压器停止运行；如油位升高超过最高限且不下降，应联系检修放油。将未开启的冷却器开启，检查风扇电源是否失电，应在降负荷降温的同时，将电源恢复。